U0118216

山寺桃花始盛開

芳菲盡
人間四月

XIA SUI SHENG

中國器官移植先驅
夏穗生的故事

樓惠子 著

青森文化

人間四月芳菲盡

作者：　樓惠子
編輯：　青森文化編輯組
內頁設計：　4res

出版：　紅出版（青森文化）
地址：香港灣仔道133號卓凌中心11樓
出版計劃查詢電話：(852) 2540 7517
電郵：editor@red-publish.com
網址：http://www.red-publish.com

香港總經銷：　香港新零售（香港）有限公司
台灣總經銷：　貿騰發賣股份有限公司
地址：新北市中和區立德街136號6樓
電話：(886) 2-8227-5988
網址：http://www.namode.com

出版日期：　2021年12月
ISBN：　978-988-8743-33-9
上架建議：　人文歷史/ 人物傳記/ 科普
定價：　港幣128元正/ 新台幣510圓正

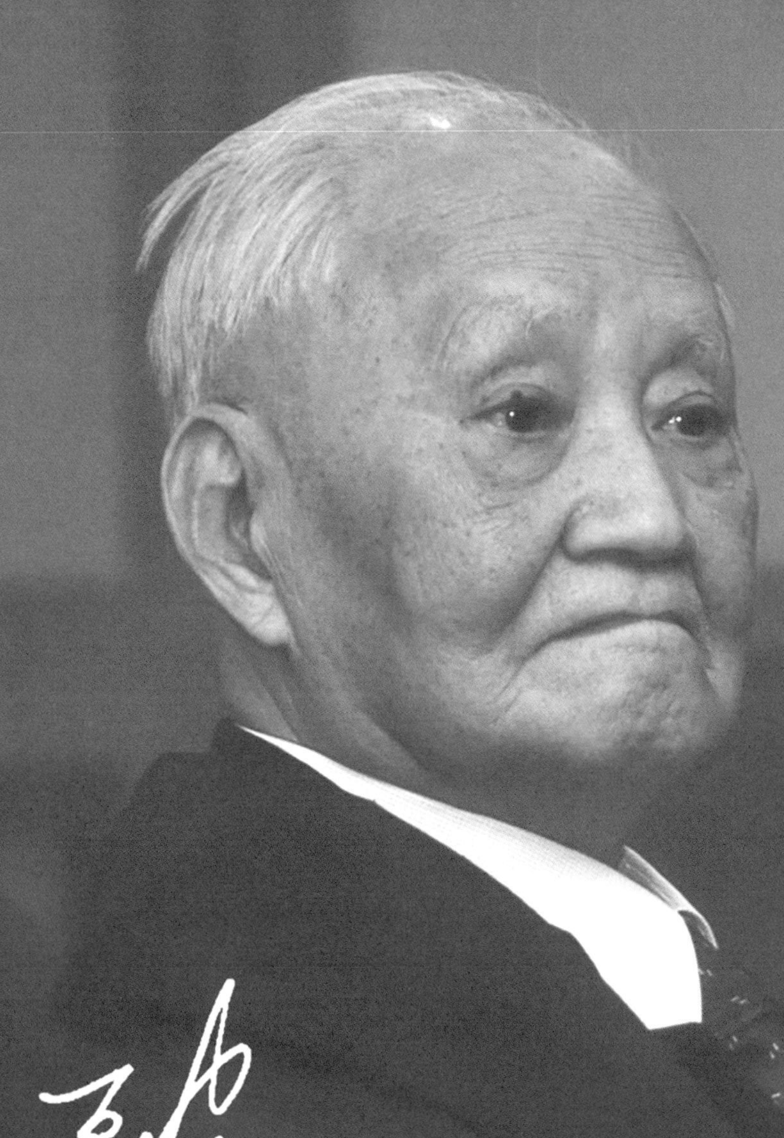

目 錄

第三章　經年相伴

第四章　動蕩時代中的科學理想

第五章　器官移植：魔幻現實主義下的科學

自 序

器官移植被譽為二十世紀最偉大的醫學奇跡，挽救了無數病友的生命。與一般外科手術不同的是，許多時候它必須同時面對兩個生命，同時面對死的無奈與生的渴望，安頓亡靈的同時挽回生命。而移植醫生的眼裏不能有一絲淚水，心裏不能有一毫慌張，手上更不能有一分差錯。

在醫學裏，人類對科學無止境的探索與人類對同類無私的救助使得科學的精神與人道主義的力量熠熠生輝。而對器官移植來說，以一物替一物而救一人，更是彰顯出人類的智慧、勇氣與仁心。這也是為什麼器官移植從其一出世便站在了人類醫學的巔峰之上，被稱為醫學皇冠上的明珠。

人類對器官移植的幻想與憧憬遠古已有之，但在現實中，由於手術難度大、器官排斥反應、社會倫理道德和習俗等種種障礙，人類歷史上第一台成功的器官移植手術並沒有多長的歷史。那麼，器官移植這個魔幻現實主義醫術到底是怎樣來到中國？並在中國發展起來的呢？

本書希望通過記錄夏穗生，一個中國器官移植先驅的人生軌跡來回答這個問題，一方面是紀念先賢在跌宕起伏的歷史背景中所走過的曲折一生，另一方面則是因為他一生的故事正好反映了中國器官移植事業從夢想到現實、從實驗到臨床的歷程。

夏穗生是一個典型的二十世紀二十年代出生的中國知識分子。他出生在一個江南地主紳商家庭裏，中學與大學時期在上海歷經了日本侵華戰爭、太平洋戰爭與國共內戰，在殘酷的戰爭環境下、在風雲變換的歷史大背景中，他艱難地完成了全部學業，成為了一名醫生。而戰爭中，他親眼見到了外科手術救人的實效，便義無反顧地選擇了外科的道路。

建國後一連串的政治運動讓他的理想、志向與難以企及的才華在動蕩的年代裏難以實現，但在無法抗拒的時代洪流中他始終堅守著科學的理想與人道主義的悲憫情懷。無論是早期的肝切除手術、大躍進期間嘗試性的狗肝移植實驗，還是 1973 年開始的 130 例狗肝移植實驗，都反映了他對科學的探索與追求。

改革開放後，已經 54 歲的他奮力改寫命運的苦難、彌補歷史的缺憾，克服重重困難，逐漸將各種不同器官移植和多器官聯合移植搬上臨床，開創了器官移植事業並培養了大批接班人。作為中國器官移植的先驅，夏穗生的一生都獻給了中國器官移植事業。2013 年 3 月 26 日，已經 89 歲的他正式登記成為了一名器官捐獻志願者。簽字儀式上，他留下一句話："沒有器官就沒有器官移植手術，再有能力的醫生也無法挽救病友的生命，所以捐獻者是偉大的，對以救死扶傷為己任的醫生來說，捐獻遺體器官是本分工作。”按照他本人生前遺願，夏穗生逝世後捐獻了自己的眼角膜。

本書亦獻給每一位器官捐獻者和他們的親屬，是他們的愛化死為生。

本書的寫作全部基於真實材料，作者試圖將夏穗生與其家族放到他們所屬的時代背景中來敘述，特意將夏穗生的家族背景、成長、求學、從醫的經歷與中國近現代史、醫學史、器官移植史相結合，這種人文歷史與醫學交叉的寫法也使得本書具備了一定知識性與科普性，適合讀者閱讀。

作者使用的材料包括夏穗生日記、手稿、各種書籍文章、口述，還包括了一些他的同仁、學生、鄉親所提供的信息，希望能給讀者們帶來一種家族與個人命運在變幻的歷史背景中浮沉的厚重感。由於寫作內容時間跨度大，作者得到了大量親朋好友的指導、幫助與鼓勵，在此不一一道謝，但請相信作者已經將所有的感激都銘記在心。

當然，最應該感謝的，還是夏穗生。他是個純粹的外科醫生，慣看生死，一生都拿著柳葉刀，站在生死之間，化死為生。而作者所做的，只不過是簡單地效仿他的勇氣，為他寫下人間這生死的輪替。

作者最後一次見到夏穗生是在 2019 年 4 月 20 日，漢口殯儀館，他的追悼會上。在人間四月芳菲盡之時，在放棄了一切旗幟後，他的身上僅覆蓋著白色的花，大概也只有那些潔白無瑕的花才配得上一個醫生純粹的靈魂。在一切塵歸塵，土歸土之後，留於人間的唯有他的學識、風骨與仁心。

總有讀者詢問，為何本書起名為《人間四月芳菲盡》，是否意為“山寺桃花”才始盛開呢？作者本無此意，斯人來也人間四月，去也人間四月，悲傷而已。可白居易的詩句過於深入人心，彷彿人間四月就必然要跟山寺桃花連在一起。如果一定不能沒有那些桃花，那麼作者以為那些被器官移植術所拯救的病友倒是可以被稱為“始盛開的山寺桃花”，以彌補人間四月芳菲盡的缺憾。

儘管時間終會帶走一切，夏穗生所做的一切還是在拼盡全力為人們留住他們所愛的人。從這種意義上，文學倒和醫學一樣，只不過一個用刀一個用筆而已，他以血水寫就的移植人生，作者在此只是以淚水略述而已，但作者在此所寫的一切也都是在拼盡全力為我們留住我們所愛的人，儘管時間已經帶走了一切。

樓惠子

2020 年 11 月 27 日於深圳蛇口

第一章
夏家大少爺

1. 江南

一切要從江南說起。

國人對家鄉總是有著超乎想像的執念，人傑地靈這個詞便由此而來，而這個詞用來形容江南再適合不過了。在漫長的歲月中，江南一詞的具體範圍雖然屢有變化，但這都不妨礙它集所有美好於一身，成為那個魂牽夢繞的所在。

到底何處是江南並沒有定論，字面上的江南是長江以南，但事實上絕非如此。江南大可包括蘇皖南部、浙江全部及江西大部，小則僅為太湖東部平原之一角，中則為蘇南、浙北與上海地區。但江南的意義早已經不僅限於地理、文學、藝術、社會、文化的領域，它早已經成了一個情結，一個關於夢和美的想像載體。

不僅數不盡的詩文、繪畫都在竭盡全力地描繪它的美好，命運對它也是格外垂青。早在春秋戰國時，吳、越就已經開發，雖然那時無法與中原相較，但江南的土壤、水利與氣候已經顯示出它的潛力。大規模的移民潮出現在了東晉之後，經濟重心與文化精英的南移被史書稱為“衣冠南渡”。而在南朝統治下，江南的經濟與財稅政策都為後來的唐宋打下了基礎。

錢穆先生說：“下經安史之亂，南部的重要性日益增高，自五代十國迄宋，南方的重要性竟已超過了北方。我們也可以說，唐以前中國文化的主要代表在北方，唐以後中國文化的主要代表則轉移到南方了。”作者想，錢穆先生的話正是指出了中國史的拐點——安史之亂。安史之亂使得北方中原地區受到重創，大量漢人再次南遷。到了五代和北宋時期，江南已經十分繁盛，以至於在北宋末、南宋初，便已經有話“蘇杭熟，天下足”。這一區域，不但農業產量高，還有絲麻茶竹等農產品，物產豐富的同時也帶來了手工藝的超高水平。水路、沿江、沿海的運輸便利則促進了貿易與城市的發展。

如果說唐之後的五代與北宋依然是在政治上以中原為中心，僅有經濟重心南移，那麼靖康之變後的南宋就是政治經濟文化中心徹底南移了。再後來，經過北方征服王朝的統治，政治中心再回到了北方，但經濟與文化的中心卻再未北歸，一直留在了江南。

這就是為什麼想要理解江南，就一定要理解南宋。南宋除了經濟上的轉移外，第一次將政治中心轉移至江南。而在我們這個國家，政治總是決定著一切。這次政治中心與經濟文化中心在南宋江南的重合，造就了南宋之後的整個中國。劉子健先生就曾有一個大膽的假說，他提出：“中國近八百年來的文化，是以南宋為領導的模式，以江浙一帶為中心。”按照此種假設來看，在西學東漸之前，我們的國家應該就延續著這南宋而來的傳統文化，而且這種傳統文化的核心區域，便是江南。

那麼“南宋模式”的傳統文化到底是怎樣的呢？

從經濟上說，江南是富足的，蘇杭本就是天堂，其他城市也大有可觀，是朝廷的經濟命脈所在。此後，元、明、清三朝，江南地區經濟發展始終居於全國領先地位，這一點文獻中多有描繪，諸如：“元都於燕，去江南極遠，而百司庶府之繁，衛士編民之眾，無不仰給於江南。”

政治上來說，南宋是政治生態惡化的時期，與北宋“天子與士大夫共治天下”的氣象相去甚遠，當然這個巨大的轉折點便是在建炎南渡的宋高宗之處。在應對女真人南侵的特殊時期，他君權獨斷，任用權相，穩定局面，使得這一君主專政或權相代理的模式延續南宋整朝並定型。再加上後來蒙元專制，明清不說也罷，好在元明清三代江南都與政治中心保持了較遠的距離。

文化上重文輕武，軍人地位低，尚武精神逐漸缺失。此外，科舉定型，大量士人扎根地方，自謀出路。思想上理學興起。理學也稱新儒學，是儒學的升級版用來應對中唐以來的社會新狀況的。從思想史來說，理學的理論很複雜，但此處我們不談架空的理論，而只強調理學的延續下行與具體的鄉村實踐。通過一系列的家規、族譜、地方志、祠堂把新儒家的教條與理念由士人下行逐漸滲透至最基層社會，可以說，南宋以來，一直到新文化運動之前，中國的社會秩序便是新儒家的理念塑造的。

南宋之後，慘烈的蒙元征服戰爭，對北方進一步破壞，而江南諸城的紛紛投降卻保住了一世繁華。元代，若從江南的發展來看，並不是一個黑暗時代，相反巨大的領土使得江南豐富的物產以水陸兩種方式向更大的世界開放。可宋元時期江南的繁榮卻在明初遭遇挫折，直到明中期，逐漸擺脫了洪武體制與遠離了政治中心後，江南才得以繁榮再現。到了清代，即便後期經歷了太平天國的洗劫，江南仍是全國首善之地。王瑞來先生就說過：近世乃至近代，最具中國元素之地，舍江南而無他。

就在這最具中國元素之地，人傑也隨之而來。通常來講，經濟越發達的地方，文化也就越發達。用唯物主義的理論來說，便是經濟基礎決定了上層建築。這樣說來，地靈人傑也就自然而然了。但人不會天生成才，教育自是必不可少的。宋代大興科舉，可是員多闕少，到了南宋通過科舉而獲得官位的仕途已經擁擠不堪，這使得不少士人，也就是傳統時代的知識分子們不得不放棄仕途，轉而回鄉發展，扎根地方社會。元代說來也奇怪，這個科舉開了跟沒開一樣的朝代，竟然為後世設立了科舉考試的典範內容，那便是朱熹的《四書章句集注》。但不管怎樣，元代漢族知識分子並沒有出路，更是只能扎根鄉土，經營家族，以求宗族式發展，而這些背景正是明清強勢鄉紳社會的由來。

在明清江南傳統而典型的鄉紳社會中，浙江餘姚的韓夏村就是其中之一，並不起眼，夏家便是那裏的第一大戶。餘姚自南宋起便屬紹興府。“紹興”本為越州，靖康之變宋高宗一路南逃，到越州後才算勉強站穩腳跟，為了重振山河，在越州由“建炎”改元“紹興”，寄托“紹祚中興”之意，自此越州得名“紹興”。宋元明清民國，紹興府轄八縣，餘姚縣始終為其一，直到本朝才將餘姚劃歸寧波。雖然行政區劃如此，但傳統上、心理上，餘姚都偏向紹興，無論是其口音或是口味。以地圖來看，餘姚本就處在寧波與紹興之間也就是寧紹平原的中間位置，而韓夏村正與紹興市上虞區接壤，因而口音更加夾雜。但無論哪朝哪代，行政區劃如何，韓夏村始終農業經濟特色明顯，產業以水稻和棉花為主。

生活在這樣的江南鄉村，若沒有堅船利炮和西學東漸，也許一切都風平浪靜，夏家也許世世代代都波瀾不驚，歲月靜好。一個江南的傳統鄉紳家庭能跟器官移植這種現代醫學有什麼關係？如果有關係，那可能就是冥冥中的命運了。

2. 祖宗：南渡之人

《上虞桂林夏氏宗譜》尊英國公夏榮為一世祖，這樣算來，夏穗生是為英國公第三十四世孫。夏穗生的曾祖父夏召棠即為最後一次修譜的主要主持人與贊助人。宗譜於光緒三十三年（1907）修成，當時夏穗生的父親夏福田年僅 4 歲，為宗譜所載最後一代，第三十三世。

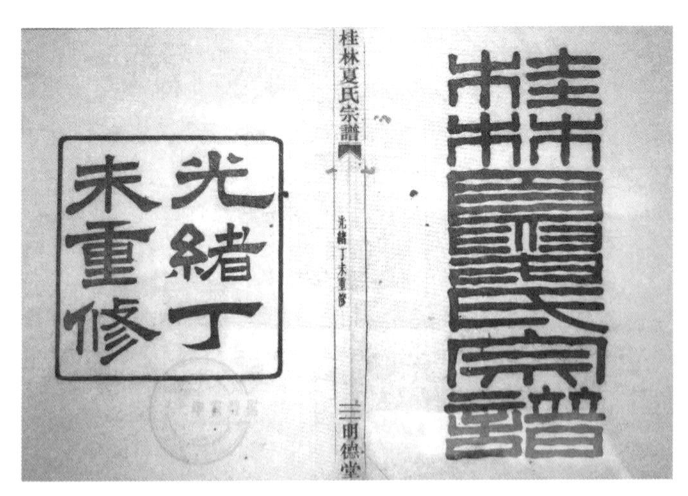

《上虞桂林夏氏宗譜》

宗譜開篇即說：“觀宗譜，孝悌之心可油然生。”作者叛逆之心頗重，不以為然。畢竟，時代不同了，君君臣臣、父父子子或許有一定道理在，但已經不足以感動一個現代教育下成長之人。對祖先的崇敬，可以成為一個枷鎖，讓你事事萎縮不前、不敢偏離半步。但對祖先的崇敬，同樣可以轉化成一種超越的動力。

除了家鄉，國人的另一個執念便是祖宗。這是農業文明的顯著特點，如果家鄉是土地的話，那麼祖宗則是教你如何在這片土地上耕作的人。作者猜想這大概也是祖先崇拜思想難以動搖的源頭。

夏氏歷史源遠流長，但追溯太多好像也沒有什麼用，太久的祖先跟後代好像也沒有什麼關係，但追溯一半好像又對列祖列宗們不敬。所以兩難之間，作者索性簡單追溯到頭，也好有個來龍去脈，但時間久遠，可信度無法保證，讀者們應自行考量，信就憑信心，不信便一笑了之。

浙江餘姚韓夏村的夏氏跟許多中原古老姓氏一樣，有著明顯隨時代遷徙的特點。按照《上虞桂林夏氏宗譜》的說法，夏氏是大禹之後。大禹因為治水有功，得到了舜的禪讓，而有了天下。大禹之後則上古禪讓之風已盡，開始了父傳子的家天下，夏朝便始於此。

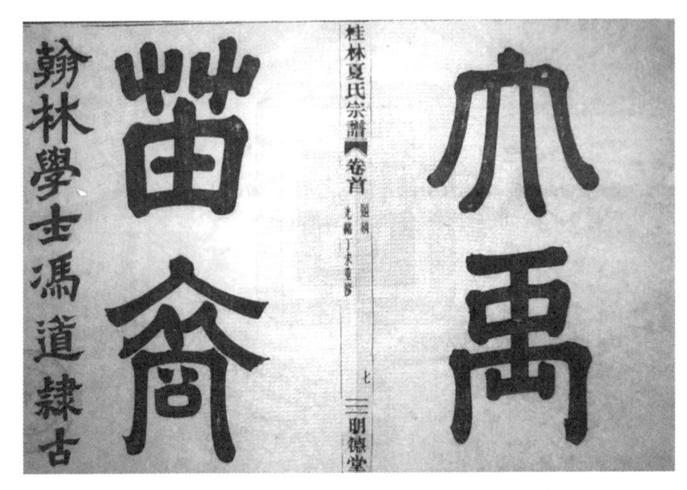
大禹

桂林夏氏宗譜 卷首 題額

光緒丁未重修

七

三 明德堂

苗裔

翰林學士馮道隸古

《上虞桂林夏氏宗譜》所示上虞桂林夏氏為大禹苗裔

時光飛逝，一晃就到了周武王時期。武王克商之後，四處找尋夏禹的後裔，最後找到了東樓公，“姒”姓，將他分封在了杞國做諸侯王，讓他延續杞國國祚，主管對前夏朝君主的祭祀。這個杞國就在今天的河南杞縣。“姒”姓則是上古八大姓氏之一。後世的許多姓氏，當然也包括夏氏都是由“姒”姓分化而來。這上古八大姓全部包含女字邊，也是上古社會母系氏族的反映。再說回杞國，這杞國國君的爵位，雖然《史記》記載杞國為公爵國，但實際上杞國的爵位是變化不定的。周武王初封“杞”，杞國地位極高，平王東遷之後，周王室衰落，杞國封號也逐漸遭貶，在《春秋》等史書中，杞國國君時而被稱為“杞候”、時而被稱為“杞伯”，甚至被稱為“杞子”，由此可見，亂世之中，杞國命運不濟，難怪憂天。

杞國其實並非始於東樓公，早在殷商時期，杞國便時封時絕。

只是到了東樓公時，才有了確切的記錄，而東樓公封於杞的記錄來自《史記·卷三十六·陳杞世家第六》，這本書被眾多專家認為是一本比較靠譜且時常被考古發現驗證的史書，且信之。可以這樣說，到了東樓公，整個夏氏的源頭可信度增高了，神話傳說的成分大大減少。因此《上虞桂林夏氏宗譜》的源流圖中將西周時期的東樓公定位為一世祖。

東樓公之後，杞國傳至第十六世簡公時被楚惠王所滅。簡公的弟弟佗則出奔魯國。魯悼公將夏禹後裔這一脈封為夏陽侯，由此得姓"夏侯氏"。佗之後，第二十九世夏侯初則由魯地遷徙至沛（江蘇沛縣）。夏侯初的孫子便是鼎鼎大名的夏侯嬰，正是他祖父遷居沛縣，這才有了他追隨漢高祖從沛縣開始搞革命一事。事成後，夏侯嬰便成了大漢的開國功臣，封汝陰文侯，三代後因罪除國，但"夏侯"這個姓氏一直傳到了七十世。

事情在夏侯七十一世時起了變化。到了七十一世，時間已經進入了大唐。當時的七十一世夏侯顯在唐武宗會昌年間任掌書記一職，主要從事文秘工作。夏侯顯耿直，因向皇帝李炎直諫忤逆，不得已"去侯稱夏"隱居九江避禍。而這正是夏侯由複姓成為單姓的由來。夏侯顯在唐光化二年（899）臨終時對兒子夏相說了這麼一段話："吾本夏侯是也，不得已更今姓，汝從吾姓，又不當忘源流之所自。"

這一幕頗為感人，不忘源流大概跟今天不忘初心一個意思。至此，夏侯徹底變成了夏，這才有了夏氏。因此，在《上虞桂林夏氏宗譜》中，統宗圖的一世祖便成了夏侯顯（夏顯）。夏侯顯的孫子，宗譜記載名夏忠，他也沒什麼成就，但頗有風骨，祖父事大唐，而如今唐亡，他追隨祖父遺志，隱居不出，拒不仕後梁。

又過了三代後，也就是第七世時，夏竦橫空出世，宗譜記載他的父親因抗契丹而死，因此他蔭恩入仕。夏竦生活在北宋，政治與文學上頗有作為，在《宋史．卷二百八十三．列傳第四十二．夏竦傳》有傳記可查，並且首獲"英國公"封號。

夏竦之孫夏伯孫之時，已經到了北宋末年，夏伯孫攜子孫護宋高宗御駕南遷，其實就是拖家帶口跟著趙構一起往南逃，並最初落腳在紹興山陰。自此，夏氏子孫在紹興一帶四散開來。宗譜載，有遷往會稽之東關者，有遷往嘉禾吳淞廣信姚江者，而夏穗生所出的那一支系便遷往了上虞桂林。這就是為什麼宗譜名為《上虞桂林夏氏宗譜》。而這裏的桂林並不是廣西桂林，此桂林為今上虞蔡林，古稱上虞桂林。

夏伯孫之重孫夏榮大有作為，南宋初年時屢立戰功，因戰功封兩浙節度使，再封"英國公"，並賜第於上虞桂林。夏榮於紹興十六年十二月三日離世（1146），謚忠定。但是讀者們應該知道的是，南宋一朝，武將不受信任與重視，節度使銜在宋朝是個虛銜而已。

英國公夏榮的事跡詳載於《浙江通志》與《上虞縣志》的寓賢傳，《上虞桂林夏氏宗譜》作為宗譜當然亦是大寫特寫，不僅附有宋高宗御祭文，還稱英國公夏榮為始祖或始遷主，宗譜總世系則以英國公夏榮為一世主。後世子孫凡有修譜或作為者皆自稱英國公後。當然後世子孫引以為傲並不是沒有道理的。

按宗譜所述：英國公夏榮早年，在北宋之時追隨張叔夜，參與平定宋江與《水滸傳》的兄弟們。靖康之變時，張叔夜守汴梁失利，英國公則出奔當時的“天下兵馬大元帥”趙構，並被招為麾下與女真人戰鬥。建炎期間，又跟隨張俊，參與了平定苗劉兵變，護駕明州（今寧波），據記載，他身中五十多槍，因戰功封兩浙節度使，於紹興五年（1135）辭老。

寫到此處，頗為尷尬。南宋一朝，不同往昔，告老之時，竟是無鄉可返了！故鄉已經成了北朝蠻夷之地，還好英國公有御賜宅第於上虞桂林可以養老。

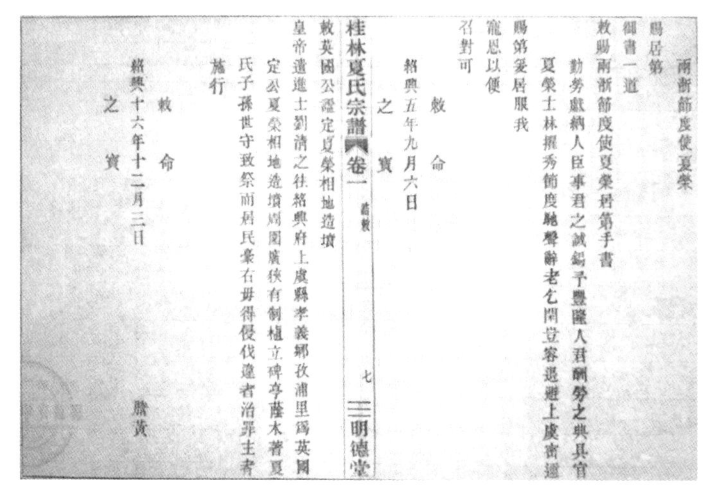

兩浙節度使夏榮
賜居第
御書一道
敕賜兩浙節度使夏榮居第手書
勤勞獻納人臣事君之誠錫予豐隆人君酬勞之典具官
夏榮士林擢秀節度馳聲辭老乞閑豈容退避上虞當道
賜第爰居服我
寵恩以便
召對可
敕命
紹興五年九月六日
之寶

桂林夏氏宗譜　卷一　誥敕　七　三明德堂

敕英國公謚定夏榮相地造墳
皇帝遣進士劉清之往紹興府上虞縣孝義鄉孜浦里爲英國
定公夏榮相地造墳周圍廣袤有制植立碑亭蔭木著夏
氏子孫世守致祭而居民彙右毋得侵伐違者治罪主者
施行
敕命
紹興十六年十二月三日　謄黃
之寶

《上虞桂林夏氏宗譜》所載宋高宗敕命賜第於上虞桂林（右部）

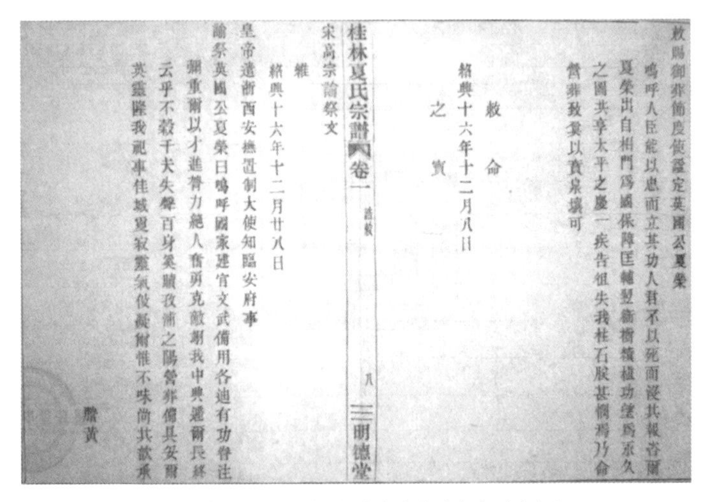
敕賜御葬備度使霍定英國公夏榮
嗚呼人臣能以忠而立其功人君不以死而浸其報咨爾
夏榮出自相門爲國保障匡輔翌翁擒穡植功緒爲永久
之圖共享太平之慶一疾告徂失我柱石朕甚惻焉乃命
營葬致奠以賁泉壤可
敕命
紹興十六年十二月八日
之寶

桂林夏氏宗譜 卷一 誥敕 八 明德堂

宋高宗諭祭文
維
紹興十六年十二月廿八日
皇帝遣浙西安撫置制大使知臨安府事
諭祭英國公夏榮曰嗚呼國家建官文武備用各迪有功曾注
爾重爾以才進膂力絕人奮勇克敵翊我中興遷爾長丞
云乎不穀千夫失聲百身莫贖孜浦之陽營葬備具妥爾
英靈隆我祀事佳城夏寂靈氣攸凝爾惟不昧尚其歆承
贈黃

《上虞桂林夏氏宗譜》所載宋高宗諭祭文（左部）

據宗譜載，英國公榮休後跟他的兒子說我們的祖先是大禹，在南巡的途中於會稽去世並葬於此，我們現在遷居至此，正是要繼承大禹的明德。然後他又說，他在家鄉見到的孝子大都是些隱逸之士，既不出仕，也不從商，現在他老了，後輩以繼統之孝來供養他，這不就是善嗎？所以，以後應謝絕世故，怡然自得，以詩書忠孝訓後。

作者猜想這大概是《上虞桂林夏氏宗譜》堂號名曰明德堂的緣故。“大禹的明德”到底是什麼？祖宗向來話語簡練，從不明說，作者根據南渡之時的境況推測，可能有兩重意思：一是北返，恢復故土。二是，若是回不去，便在大禹所葬之處扎根繁衍，以示心不忘故土。其中，北返的意思並不明顯，估計也不敢明顯，極有可能是因為南宋最初在江南站穩腳跟後，以“和議”為國策，武將言兵，朝廷之大忌，岳飛、韓世忠等都是例子。將軍退隱江湖，不問世事，耕讀傳家，可能才是保身保族之策。否則，一個中興武將為何口不言恢復，而一心“謝絕世故，怡然自得”呢？

如是這般，後世馮友蘭寫道：“南渡之人，未能有北返者。晉人南渡，其例一也；宋人南渡，其例二也；明人南渡，其例三也。風景不殊，晉人之深悲，還我河山，宋人之虛願。”

夏家不過是這千萬“南渡之人”之一。這個家族和這個國家一樣，在江南扎下根來。

至此已經可以看出，“宋之南渡”是一次大型的人口遷徙，國之命運，即家族之命運。無論是“國家”還是“家國”都是將“國”與“家”捆綁在一起的。家族的命運隨著國家的命運而起伏，夏家並沒有什麼特殊，沒有什麼巨大貢獻，也未曾有過扭轉命運時局的魄力，不過是浮沉其中，身不由己罷了。

3. 祖宗：江南紳商

當我們追溯祖宗們的故事，我們便會懂得，在我們這個國家，那些狹隘的地域觀念或者地域歧視是極其幼稚與無知的，我們的祖先大多來自中原，隨著時代而遷移，無論他們遷往何處，都是一部命運的史詩。

天邊血跡斑斑，將軍卸甲歸田。

英國公生於 1073 年，辭老之時年六十又二，正值紹興五年

（1135）。而紹興年間大名鼎鼎的和平條約“紹興和議”簽訂於1141年，可見那時硝煙並未散去。但將軍年事已高，硝煙彌漫他也管不了了，空有忠腸無用。

於是這般，一世主英國公夏榮就此閉門謝客，退隱江湖了。

據宗譜載，英國公育有五子。分別是夏梗、夏呂、夏圭、夏玦、夏璧。他守越州（今紹興）時曾說過：“會稽山水東南為最，吾當攜家居之。”，但後來又有風水之人說：“會稽山水秀而不實，山水俱秀者首推姚虞。”於是英國公命諸子作室姚虞：夏梗與夏呂遷餘姚鳳亭，夏璧遷姚江，只有夏圭和夏玦與英國公夏榮一起仍然居住在上虞桂林。

《上虞桂林夏氏宗譜》總世系圖顯示夏榮與留在上虞桂林的二子夏圭與夏玦

自此之後，繁衍生息，雲淡風輕。哪怕由宋入元時號稱天下而亡，但對於江南一隅來說，影響不大，反而有欣欣向榮的趨勢。由宋入元時，夏氏宗族開枝散葉，逐漸成了七個公支。傳到英國公十二世時，萬四公支的夏福二（又稱夏祥）由上虞桂林贅入餘姚蘭風鄉一都一裏成家村。宗譜在十二世、十三世、十四世時由元入明，又在二十四世時由明入清，一切都波瀾不驚，變化不大。

圖為航拍今日寧波餘姚韓夏村

餘姚韓夏的夏氏始於第十二世夏福二，因此宗譜稱夏福二（至元二十五年 - 洪武二年，1288-1369）為韓夏始祖。福二公活了 81 歲，他的妻子成氏，也跟他一樣長壽活到了 80 歲，兩人都從元世祖一直活到了明太祖。這個歲數放在今天可能根本不算什麼，但在醫學十分原始之時，這個歲數是相當驚人的。夏福二贅入餘姚蘭風鄉後，成氏凋零，而夏氏繁衍生息，後來“韓夏村”也因此得名。

於是這般，時光流失，到了明中葉，韓夏村的夏氏一族已經枝繁葉茂。頗值得一提的是宗譜中關於韓夏始祖福二的家傳，家傳寫於清光緒三十一年（1905），其中在寫到餘姚蘭風鄉成氏變夏氏時，竟用到了“天擇物競”一詞。“物競天擇，適者生存”源自嚴復在1895年時對《天演論》的翻譯。在宗譜中出現此種詞語更能想見那時西學影響之大，又或是亡國滅種危機之重。但不管是不是物競天擇的結果，夏福二這一支逐漸繁衍生息，夏穗生便出生於這一脈之中。

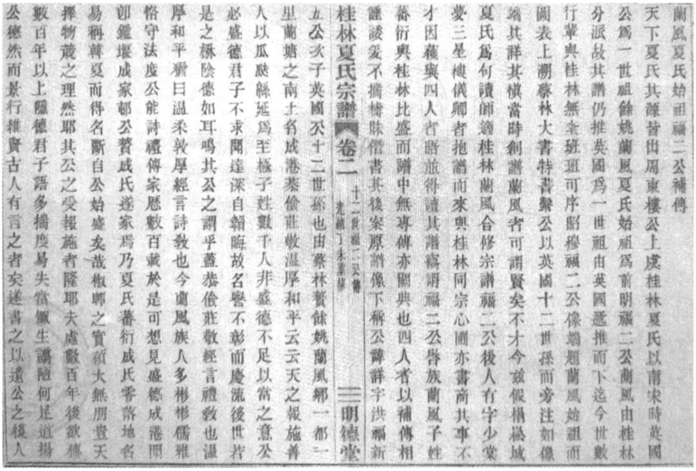
蘭風夏氏始祖福二公補傳
天下夏氏其源皆出周東樓公上虞桂林夏氏以南宋時英國
公爲一世祖餘姚蘭風夏氏始祖爲前明福二公蘭風由桂林
分派故其譜仍推英國爲一世祖由英國遞推而下迄今世數
行輩與桂林無紊班班可序昭穆福二公像端題蘭風始祖而
圖表上溯蔡林大書特書繫公以英國十二世孫而旁注如像
端其詳其慎當時創譜蘭風者可謂賢矣不才今茲假館慈城
夏氏爲句讀師適桂林蘭風合修宗譜福二公後人有字少棠
婁三星樓儀卿者抱譜而來與桂林同宗心圖亦書商其事不
才因獲與四人者晤並得讀其譜竊謂福二公暨族蘭風子姓
蕃衍與桂林比盛而譜中無專傳亦闕典也四人者以補傳相
謙讓爰不揣檮昧僭書其後案原譜像下稱公諱詳字洪福新
桂林夏氏宗譜 卷二 十二世福二公傳 光緒丁未重修 三 明德堂
五公次子英國公十二世孫也由蔡林贅餘姚蘭風鄉一都二
里蘭塘之南土名成港恭儉莊敬溫厚和平云云天之報施善
人以瓜瓞綿延爲至極子姓數千人非盛德不足以當之意公
必盛德君子不求聞達深自韜晦故名譽不彰而慶流後世若
是之極陰德如耳鳴其公之謂乎蓋恭儉莊敬經言禮教也溫
厚和平續曰溫柔敦厚經言詩教也今蘭風族人多彬彬儒雅
恪守法度公能詩禮傳家歷數百載於是可想見盛德成港間
郎鑑堰成家都公贅成氏遂家焉乃夏氏蕃衍成氏零落地名
易稱韓夏而得名斷自公始盛矣哉椒鄉之實碩大無朋豈天
擇物競之理然耶其公之受報施者隆耶夫處數百年後欲傳
數百年以上隱德君子語多揣度易失當顧生譾陋何足道揚
公德然而景行維賢古人有言之者矣遂書之以遺公之後人

《上虞桂林夏氏宗譜》中韓夏始祖夏福二的家傳

一個傳統而典型的江南士紳家族，歷宋元明清四代的風風雨雨而生生不息，想必多少有些竅門。作者以為，隨時代而變可能算是主要竅門之一。一世主英國公乃武將出身，其顯赫的身份來自戰功，而非科舉。讀者們需要知道的是，唐宋之後，科舉制度逐漸定型，且被視為知識分子的主要出路，通過科舉獲取功名被視為成功通達的正路。

從某種意義上說，武將是為朝廷南遷抛頭顱灑熱血的人，可在有宋一朝偏偏不受待見。南渡後英國公立刻退休轉型，科第傳家。說是宋代重文輕武也好，又或是上天有好生之德也好，畢竟，一將功成萬骨枯，反正棄武從文之路便開始了。這次轉型非常成功，後代們顯然基因良好，並非只能武而不能文。從宗譜的職銜錄中可以看出，僅南宋一朝，英國公一族便出了三位進士，上舍與貢元若干。

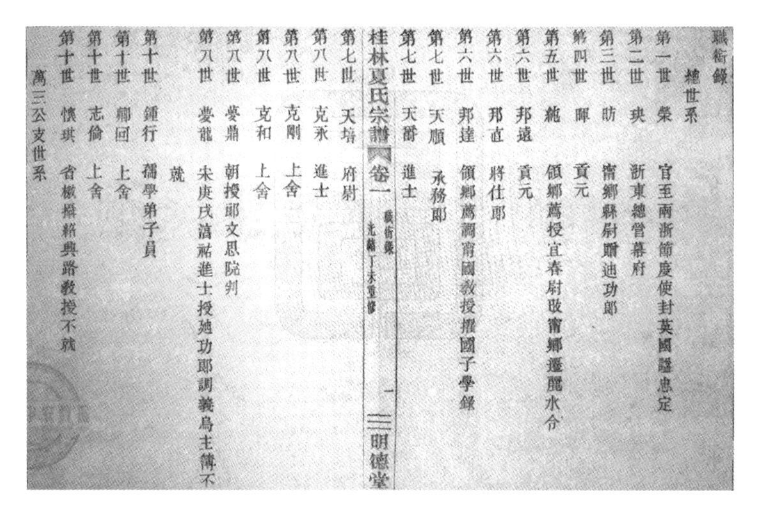
職銜錄
總世系
第一世 榮 官至兩浙節度使封英國謚忠定
第二世 玦 浙東總管幕府
第三世 昉 甯鄉縣尉贈迪功郎
第四世 暉 貢元
第五世 純 領鄉薦授宜春尉改甯鄉遷麗水令
第六世 邦遠 貢元
第六世 邦直 將仕郎
第六世 邦達 領鄉薦調甯國教授擢國子學錄
第七世 天順 承務郎
第七世 天爵 進士
桂林夏氏宗譜 卷一 職銜錄 光緒丁未重修 一 明德堂
第七世 天培 府尉
第八世 克永 進士
第八世 克剛 上舍
第八世 克和 上舍
第八世 夔鼎 朝授郎文思院判
第八世 夔龍 宋庚戌淳祐進士授廸功郎調義烏主簿不就
第十世 鍾行 儒學弟子員
第十世 卿回 上舍
第十世 志倫 上舍
第十世 懷琪 省檄攝紹興路教授不就
萬三公支世系

《上虞桂林夏氏宗譜》顯示英國公後裔在南宋一朝出過三位進士

進士可以說是國之精英，傳統社會重功名，而高官要職非進士出身不可。進士極其難考，相信讀者們一定念過〈范進中舉〉這篇著名的批判科舉制度的文章。范進一把年紀中了舉人就跟瘋了一樣，可舉人僅僅是進士的敲門磚而已。中了舉人，只是有了去京城參加會試的資格而已，會試設有一定的通過比例，通過者才被稱為進士。而進士又被封為若干等級，宋代為五級，明清則為三級。第一級被稱為頭三甲，即狀元、榜眼、探花。第二級稱為"進士出身"，第三級則為"同進士出身"。所謂"進士出身"跟"同進士出身"就跟今天的"211 本科"和"普通本科"的區別差不多。所授官職與科舉考試的成績緊緊掛鈎，所以任何一點細微的差別在當時知識分子的眼裏都極其重要。

入元後，人分四等：蒙古人、赤目人、北人、南人。原南宋統治區內之人為南人。顯然這是在一國之內赤裸裸的種族歧視，但實際上，蒙古人粗放的管理系統，對江南基層社會結構影響不大。入明後，科舉逐漸恢復，但似乎夏氏一族在南宋考場上的生猛狀態再也回不來了。明清兩朝，按宗譜職銜錄來看，族中僅有進士一人、舉人一人。

但值得一提的是，宗譜職銜錄中有大量族人獲得了"邑庠生"、"國學生"、"貢生"這類頭銜，這些人實為宗族裏的後備軍，雖然這類頭銜只是科舉入門，但對於當地社會來講，已經算得上是下層士紳。他們學成返鄉，進入最基層，有一定學識與人脈，對維護宗族勢力與地位起到了極大作用。這類人不少通過疏財的形式謀取了一些中低級官職，特別是在清政府中後期財政困難的情況下。

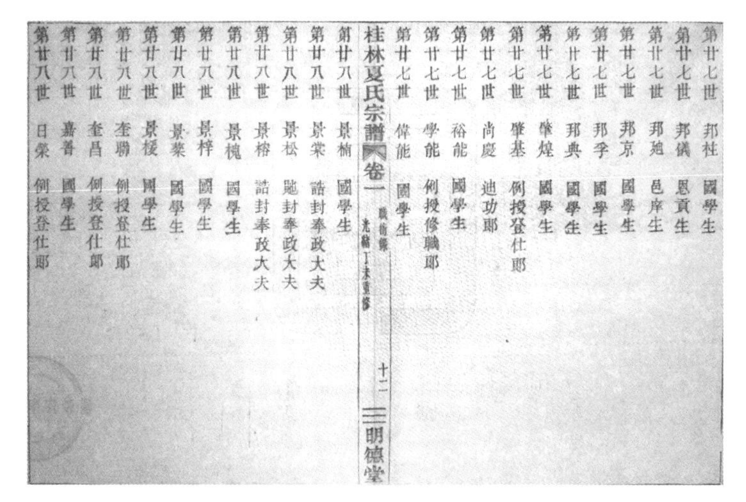

第廿七世　邦柱　國學生
第廿七世　邦儀　恩貢生
第廿七世　邦廸　邑庠生
第廿七世　邦京　國學生
第廿七世　邦季　國學生
第廿七世　邦典　國學生
第廿七世　肇煒　國學生
第廿七世　肇基　例授登仕郎
第廿七世　尚慶　迪功郎
第廿七世　裕能　國學生
第廿七世　學能　例授修職郎
第廿七世　偉能　國學生

桂林夏氏宗譜　卷一　職銜錄　光緒丁未重修　十二　明德堂

第廿八世　景楠　國學生
第廿八世　景棠　誥封奉政大夫
第廿八世　景松　貤封奉政大夫
第廿八世　景榕　誥封奉政大夫
第廿八世　景槐　國學生
第廿八世　景梓　國學生
第廿八世　景棻　國學生
第廿八世　景棱　國學生
第廿八世　奎琳　例授登仕郎
第廿八世　奎昌　例授登仕郎
第廿八世　嘉善　國學生
第廿八世　日桀　例授登仕郎

《上虞桂林夏氏宗譜》顯示清朝中晚期族中子弟的職銜情況

至此，讀者們已經可以看出，夏家是一個典型的江南士紳家庭，在傳統的宗法社會中聚族而居，雖然談不上科甲相連或科舉傳家，但也未脫離傳統社會獲取功名的科舉體制。其實，綿延千年的科舉制度是理解江南士紳階層的關鍵，江南大族通過培養自己的族人高中科舉來保持宗族地位，獲得政治、經濟、文化上的特權，可以說科舉制度是江南宗族發跡與興旺的必要條件。而科舉考試的內容則是儒家經典四書五經，明清後已經發展出僵化的八股文，這些維持朝廷統治的儒家意識形態也正是通過士紳下行到帝國的最基層村落。由此可見，士紳階層處在朝廷與民眾之間，是一個精英階層，與朝廷有著相互依存的關係。

到了明清時期，要更深入瞭解江南的士紳階層，僅解讀科舉制度已經不夠了。明清時期，浙江地區商業繁榮，所謂的“資本主義萌芽”已經出現，許多行業的手工作坊已經形成。受大環境的熏陶，江南士紳家庭普遍有大量經商者。古有四民“士農工商”，但明清時期的顯著特點卻是“四民不分”或是“四民相混”，更有言“商與士，異術而同心”。

特別是明清易代之後，清初的文字獄與科考名額限制使得明代江南士紳家族受到了打壓，再加上異族統治的剃髮易服，也使得他們對反清復明之人心懷同情。內心無望的他們只得另覓出路，繼而棄儒從商。餘姚地區兩大名人的生平都反映了當時士人的這一境況。一為朱舜水（1600-1682），明末貢生，他見江山變色後，心灰意冷，辭別故土，東渡日本，後來創立了日本水戶學，其思想一直影響到後來的明治維新。另一為黃宗羲（1610-1695），在滿洲統治已成定局後，他退隱江湖著書立說，並提出了“工商皆本”這一超前觀念，在時勢的壓迫下，為不願仕清，又需要生存的儒生打開了另一天地，那便是經商。

夏家子弟顯然走得是黃宗羲指出的務實道路，但從商的原因往往多重而複雜不能一概而論仕清或不仕清。夏家世代聚族而居，族內弟子隨機應變，分工明確，科舉與經商相結合，二者相互促進，從而形成了一種士商合體的二元價值觀，也可以說一手從商一手科舉入仕才是維持家族興旺的竅門。

此處，讀者們應該知道的是，中國傳統農業社會的四民身份“士農工商”的排序很難徹底改變，在觀念裏，商人地位總是不高，並不像今天一樣為人尊重。許多為人熟知的詩句都能反映這樣的價值觀，“商人重利輕別離”，又或是，“萬般皆下品，惟有讀書高”。

書香門第自始至終對商業都採取一種回避與消極的態度，即便他們自身的地位與財富很大一部分來自商業，但他們總是在獲得金錢之後將其轉化為功名，接而大量投資宗族內子弟科考，得到功名後再把自己的宗族打扮成“詩書傳家”的樣子。

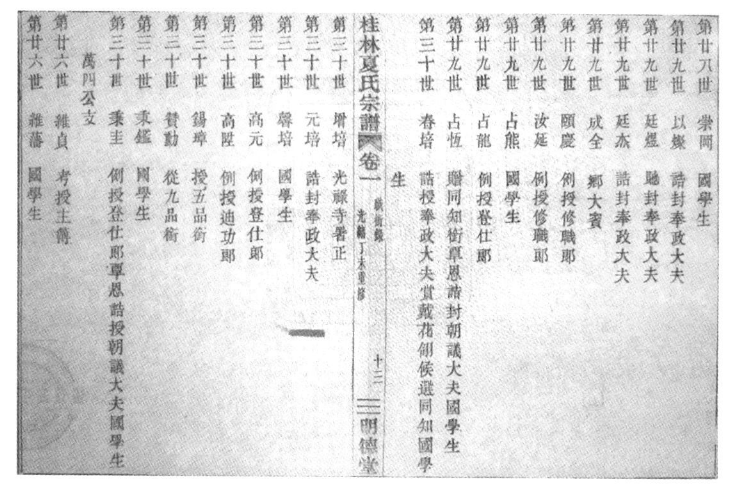
第廿八世　崇岡　國學生
第廿九世　以燦　誥封奉政大夫
第廿九世　廷煜　貤封奉政大夫
第廿九世　廷杰　誥封奉政大夫
第廿九世　成全　鄉大賓
第廿九世　頤慶　例授修職郎
第廿九世　汝延　例授修職郎
第廿九世　占熊　國學生
第廿九世　占龍　例授登仕郎
第廿九世　占恆　贈同知銜覃恩誥封朝議大夫國學生
第三十世　春培　誥授奉政大夫賞戴花翎候選同知國學生
桂林夏氏宗譜　卷一　職銜錄　光緒丁未重修　十二　明德堂
第三十世　增培　光祿寺署正
第三十世　元培　誥封奉政大夫
第三十世　馨培　國學生
第三十世　高元　例授登仕郎
第三十世　高陞　例授迪功郎
第三十世　錫璋　授五品銜
第三十世　贊勳　從九品銜
第三十世　秉鑑　國學生
第三十世　秉圭　例授登仕郎覃恩誥授朝議大夫國學生
萬四公支
第廿六世　維貞　考授主簿
第廿六世　維藩　國學生

《上虞桂林夏氏宗譜》顯示清朝中晚期族中子弟的職銜情況。多為納捐的散階閑職，其中最多的頭銜為朝議大夫，官階為從四品。這也反映出清朝中後期財政虧空與普遍的捐官現象

在這一點上，夏家毫不例外。按宗譜職銜錄來看，夏家許多族人都擁有官銜而並無中第記錄，這些官銜多出於納捐，所以作者以為，應該稱夏家為紳商家庭更加妥當。總而言之，明清兩代，由宗譜看來，夏家科舉成績不佳，但從商應該還是頗具天賦。以今日的觀點來看，商業是一種精神，意味著契約、平等、個體、自由。這些精神可能宗法社會或農業社會並不崇尚，但是在商人身上，往往

卻真真實實可以看到行動上的遷徙與觀念上的開放。

而行動上的遷徙與觀念的開放正是通往另一個時代的大門。這個新的時代在晚清之時即將到來，它猶如一場暴風驟雨改變了千年來的一切，夏家將如何應對？

4. 巨變之時

請原諒作者以一種平常的口吻，而不是一個受害者的口吻來描述這場近代中國的巨變。作者以為，如果不擺脫一個受害者的心態，始終只以飽受屈辱的悲情民族主義視角來看待中國近代巨變，根本不利於理性地理解現代文明到底由何而來。也許民族主義與家國情懷能驅使國家與民族擺脫落後挨打的狀態，但最終成為現代文明的一員，並不是一個可悲的“受害者”能夠做到的。

誰都以為那些漣漪的歲月與江南的美好無窮無盡，可人去樓空往往就在轉眼之間。

清末的巨變與往日的改朝換代不同，以往的征服者騎著馬從北方來，就如同蒙元和滿清一樣。而這次，征服者們開著船，從海上來。往常的征服者，通常只是帶著彪悍的武力來混入這個儒家文明的世界。可這次真的不同了，他們不僅帶著彪悍武力，而武力背後的文明正在動搖著儒家世界千年的根基，讓一切都不復當年模樣。難怪李鴻章（1823-1901）說，這是三千年未有之變局。

最大的變局來臨之前，一切並非毫無徵兆，相反一系列的徵兆都已顯示出了普天之外另一個天下的強大，這次以和平為基調的東西方交流被稱為“第一次西學東漸”。早在明末清初之時，西歐一批傳教士便已經到達中國，其中那個偉大且著名的先行者便是利瑪竇（Matteo Ricci，1552-1610），他所在的耶穌會（Society of Jesus）尤其熱衷向東方傳播福音。利瑪竇作為一個專業傳教士和非專業科學家，卻有著極高的科學水平，他甚至能指出明代中國曆法的不精確之處。中國也不是沒有人看出了他的超前之處，最好的例子便是徐光啟（1562-1633）。徐光啟進士出身，熟讀四書五經，奇怪的是他竟然在考中進士前一年接受了洗禮，皈依了天主教，教名叫Paul，他肯定是智力超群沒錯了，一手聖經，一手四書五經還能念到進士水平。他一邊學習《聖經》，一邊還開始了和利瑪竇一起翻譯《幾何原本》。

按照今天的理解，現代西方文明是“兩希文明”，一個源頭為希臘文明，另一個源頭為希伯來文明（基督教文明）。這兩大文明的兩大經典一個為《幾何原本》，另一個為《聖經》。徐光啟對《幾何原本》的評價是“此書為益，能令學理者祛其浮氣，練其精心；學事者資其定法，發其巧思，故舉世無一人不當學”，由此可以看出，徐光啟早在明朝時就已經對西方文明的核心有所領悟，而且完完全全抓住了精髓，比起後來“師夷長技以制夷”這種皮毛水平的，他對西方科學技術背後的文明領悟要深得多。

《幾何原本》是奇書一本，切切不要以為這是一本數學書，雖然幾何成了今天學校裏一門必修的數學課，《幾何原本》在古希臘被認為是一種德育或是思維教育。幾何學的精神是一種純粹推理的精神、證明的精神，沒有幾何學精神就不會有理性的精神，而這些精神恰恰是現代文明裏最核心的東西。1607年時，徐光啟把該書的前六卷平面幾何部分譯成了中文，並命名為《幾何原本》。後來他因為父親去世回家奔喪，等他再回來時利瑪竇也去世了，這一耽誤就是 250 年，《幾何原本》後九卷是 1857 年由清代數學家李善蘭（1811-1882）譯完的。就在這 250 年裏，西方的政治、經濟、社會和科學取得了巨大的進展，第一次工業革命（1760-1840）已經將東西方的差距徹底拉開。兩個世界的人自此變成了兩個時代的人。

就是這 250 年，命運已經變得無法挽回。於是，清末的第二次西學東漸，顯然就是以槍炮為基調的了。中英第一次鴉片戰爭（1840-1842）便是其開端。當英國遠征軍於 1840 年將炮口對準廣州港時，這個若大的帝國才如夢初醒。所謂“英國遠征軍”其實總共只有 16 艘軍艦加 4000 名士兵這種規模，最後的進攻路線則是以香港為基地北上佔領廈門－定海（舟山群島）－寧波－吳淞－上海－鎮江，鎮江是大運河上的漕運樞紐，糧食正是從這裏運往華北。於是，朝廷認為確實不能再打了，滿洲朝廷要在漢人面前丟大臉了，於是大名鼎鼎的《南京條約》就近於英國戰艦康華麗號（Cornwallis）上簽訂。隨著條約的簽訂，除了割讓香港島外，廣州、廈門、福州、寧波、上海五個通商口岸正式開埠，時 1842 年。

西風東漸的速度由此大開。讀者們應該注意到，這通商五口中的寧波與上海，離餘姚已經是近在咫尺了。寧波自不用說，今日餘姚行政區劃歸屬寧波，而上海開埠之時並沒有多大的影響力，其真正成為整個江南的中心要待到另一場內部大變——太平天國之後了。

後來人往往有著後見之明，歷史書上雖然將第一次鴉片戰爭定義為近現代史的開端，但當時之人，並沒有多大觸動，無痛無癢的，確實天朝太大，這五個通商口岸哪一個皇帝都沒去過，離京城都相去千里，不到 1895 年中日甲午戰爭之後，朝廷真的感覺不到痛徹心扉。

對於餘姚縣的夏家來說，1840 年的巨變並沒有明顯的影響，該做生意做生意，該考科舉考科舉，紳商家庭之境況並沒有變化。鴉片戰爭發生時，夏家正處在第三十世夏秉圭（1828-1880）這一代，他亦是個典型的紳商，有著國學生的名號。1842 年寧波、上海開埠時，他時年 14 歲，而他的父親夏占熊（1796-1849）時年 46 歲。按照夏家的經商的傳統來看，夏家極有可能在夏占熊一代就已經有了前往上海從商的習慣。1853 年，太平天國攻入南京，江南危在旦夕，夏秉圭時年 25，他在這場席捲江南、慘絕人寰的戰爭中得以保全其身，極有可能是逃往了上海租界。

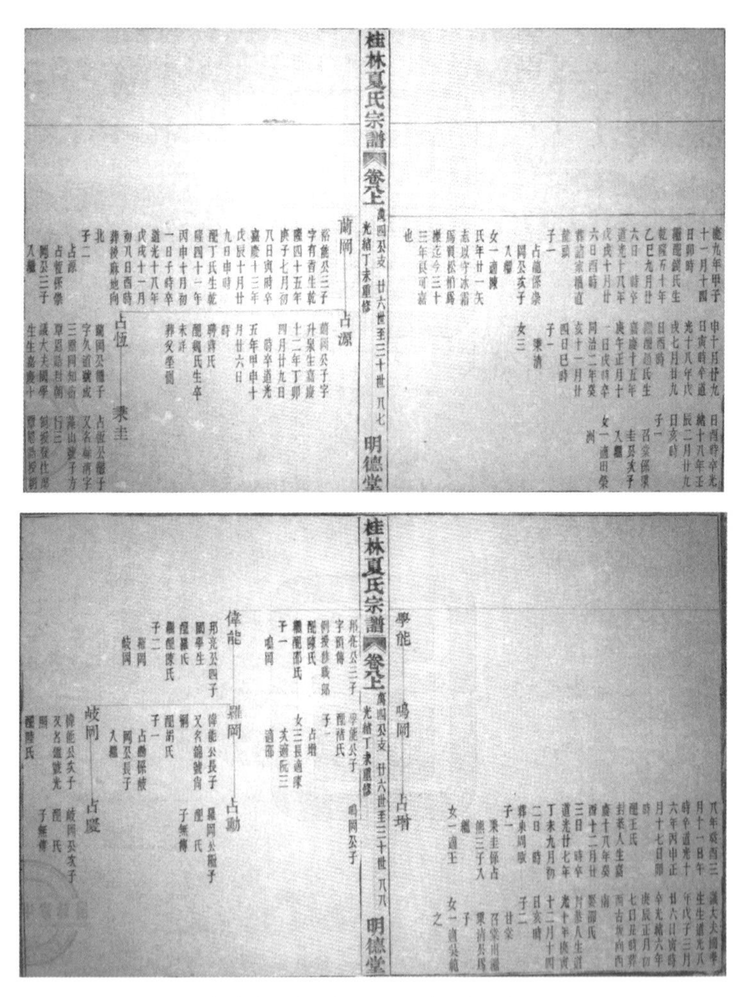

桂林夏氏宗譜 卷七上 光緒丁未重修 八七 明德堂

桂林夏氏宗譜 卷七上 光緒丁未重修 八八 明德堂

《上虞桂林夏氏宗譜》中第三十世夏秉圭的記錄

如果說鴉片戰爭是來自帝國外部的巨變，那麼太平天國（1851-1864）則是來自帝國內部的巨變。1850 年發跡於兩廣的太平天國，在 1853 年之時竟然攻入了南京城。“江雨霏霏江草齊，六朝如夢鳥空啼”，文章錦繡地、溫柔富貴鄉竟然成了洪秀全（1814-1864）的天京。江南頓時陷入一片恐慌。這場觸目驚心的內戰中，天堂般的江南突然間成了風暴的中心，說到處都是血淋淋的屍體也毫不誇張。

夏秉圭剛好在他的成年期經歷了太平天國的全程。1851 年他 23 歲時，浙江省有人口約 3000 萬，太平天國後的第十年也就是 1874 年，他 46 歲時，浙江省人口已經不足 1100 萬。按照何炳棣的《1368-1953 中國人口研究》的說法，太平天國之禍中，100 個人中僅有三人幸存。總而言之，太平天國中到底死了多少人，已經成了一個謎，但大部分統計結果都顯示全國死亡人數以億計，大部分都在太平天國控制區，也就是江南。

也就是說戰後的江南，已成為一片廢墟。曾經地狹人稠的情況已經完全反轉，到處都是無主的荒地。重建時期，優惠的招墾政策吸引了大量移民，而且荒田賤賣的現象十分突出。除了新移民外，那些曾經被戰亂逼入通商口岸的江南官紳、地主和商人們在上海得到了發展後，又將賺到的錢大量投資購買已經變得十分便宜的鄉村田產。這些人均受到了上海通商口岸市場經濟的刺激，從而使得他們更懂得利用自己手中的土地資源來迎合通商市場的需求，自此走上了由農產品貿易致富的道路，正是這些人成了太平天國後江南的新主人。

宗譜上並沒有隻言片語顯示出夏秉圭一家是如何逃過這場災難的，但不可否認的是夏秉圭確實算是個幸運兒，他毫髮無傷，並育有兩子，長子夏甘棠（1850-1896），次子夏召棠（1856-1905）。夏召棠正是夏穗生的曾祖父，是位非常成功的商人。夏家一直傳至建國初期的祖宅與田產均出自曾祖夏召棠一代。太平天國最終覆滅時，夏秉圭和夏召棠父子分別為 36 歲和 8 歲，由當時的形勢推斷，在戰後重建的十至二十年內，父子極有可能通過在上海經商並在餘姚縣韓夏村中置地而累積了相當可觀的財富。

雖然太平天國後，江南得以重建，但已然回不到過去了。蘇州是當時江蘇省的省城，1860 年時成了太平天國蘇福省的首府，此後一直是東南戰場的指揮中心。李鴻章的淮軍和太平軍李秀成在蘇福省發生了大規模搏殺，蘇州城已經盡成廢墟。當 1863 年底蘇州城再次易手後，李鴻章又對太平軍進行了大清洗，再次血染全城。天國一夢後，蘇州所有的富庶與繁華便消失了。另一個與蘇州命運相同的江南城市便是杭州。1853 年太平軍佔領江南後，便封鎖了大運河，切斷了這條南北大動脈。至此南北運輸改經上海走海路，這造成了運河沿岸城市的衰落。杭州城則在十九世紀六十年代初被太平軍摧毀。

命運無常，興衰交替。

可以想見，太平天國摧毀了舊時江南，而又集江南之人力、物力與財力在租界的掩護下，造出了新時代江南的中心：上海！上海作為天國時江南唯一的安全區域，聚攏了大量財富。當租界成為上海的主體時，一個新時代誕生了，上海不再是那個魚米之鄉與江南的濱海小城。這是一個依托江南大後方的新型工商業中心。上海這座城市不靠皇帝、不靠官吏，而靠買賣發展起來，商業是它的靈魂，所以它跟中國傳統城市類型完全不一樣。商業中心之後隨之而來的便是航運中心、外貿中心、金融中心以及西學傳播中心。太平天國後，西方的新思想、新知識、新文化最早都是在上海登陸，並源源不斷地輸送到全國各地。在這個過程中，上海成為全國乃至整個東亞無可爭辯的文化中心。

在上海之前，有全國一口通商的廣州十三行，在上海之後，又有香港成為世界金融中心，但他們在全國的影響力遠不及上海，因為上海就是中國現代化、城市化最早的產物，它是中國走進現代的領路者與見證者。

說到底，鴉片戰爭與太平天國這兩大內外巨變徹底改變了江南的格局，江南的上海成了上海的江南。在這一過程中，夏家也許跟許多紳商一樣，不過是加入其中以求自保罷了，也許就在這個過程中，有人在上海見到了世界。那是一個與以往全然不同的世界，就算再閉上眼也無法忘卻。

5. 夏家最後的紳商：夏召棠

四季輪替，變數無窮。

太遙遠的祖宗跟後代也真是沒什麼關係。真正讓後代們直接受益的祖宗是宗譜第三十一世祖夏召棠，一位極其成功的紳商。夏召棠是夏穗生的曾祖父，祖宅的建造者，夏穗生便出生在他修建的祖宅之中，一切都得從他說起。

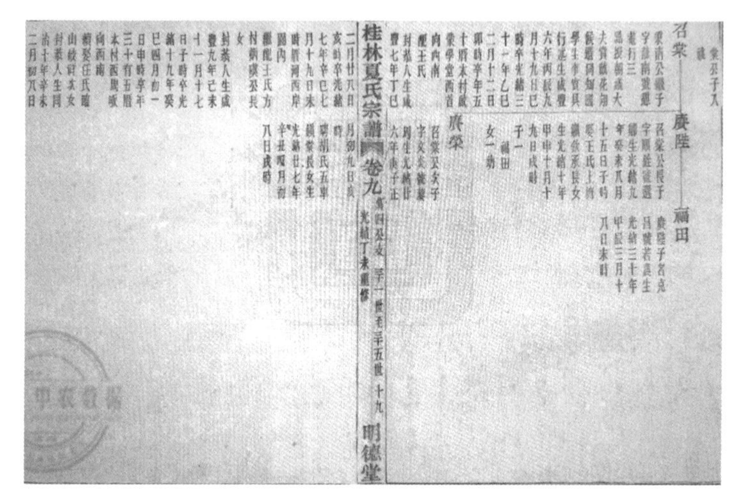

《上虞桂林夏氏宗譜》所載誥授朝議大夫夏召棠，即夏穗生之曾祖父

夏召棠，字蔭南，號憩庵，誥授朝議大夫賞戴花翎候選同知，他顯然繼承了夏家明清以來的從商傳統，士商一體。傳統觀念對商人固有偏見，但明清以降的事實卻是官商之間的界限趨於模糊。人有言：“良賈何負鴻儒！”這大概是想說修齊治平哪一條商人都不比鴻儒差。其實，許多商賈供奉“關公”為財神，這其中多多少少也能看出些“忠義”的色彩，正所謂“義中之利，利中之義”便是商賈與鴻儒價值觀的共通處。更何況捐官制度到清代極大擴展，而晚清尤盛，這使得商賈亦有官途，進一步使得官商相混。

而江南作為全國首善之地，商業最發達之處，自然是紳商雲集，也是“士農工商”四民觀念最先動搖之地。餘姚先賢王陽明（1472-1529）生活在明中期，早在那時，四民中的“士商”觀念就已經開始鬆動，他本人就曾以托古的口吻表達著顛覆傳統的思想：“古者四民異業而同道，其盡心焉，一也。”這是在肯定“士農工商”四個行業在“道”面前的平等地位，亦體現出那時四民相混的社會發展趨勢。而明清易代、異族統治的政權認同問題更是加速了棄儒從商的趨勢。

余英時在他的著作《中國近世宗教倫理與商人精神》中就簡單分析了士商相混以及明清社會價值體系變化的原因。原因主要有二。一為，人口的增加，從明初至十九世紀中葉，中國人口增加了好幾倍之多，而進士與舉人的名額並未隨之增加，可見入仕之途擁擠狹窄不堪，功名的機率大大減少，在嚴酷的現實面前，大部分人選擇了從商。二為，明清商人的成功與富足對士大夫亦是一種誘惑。而納捐制度又為商人開啟了仕途，讓他們也能獲得官位與功名，即是成為地方上的紳商。

從宗譜上看來，夏家從商的傳統完全符合明清江南社會的發展趨勢。但是，夏召棠之所以獲得光宗耀祖、惠及子孫的巨大商業成功還是由於時機的問題。夏召棠生於 1856 年，這正是太平天國（1851-1864）在江南猖獗之時，他的父親夏秉圭極有可能由於經商的關係，避難在上海租界，因此，夏召棠與其胞兄夏甘棠才得以毫髮無傷。夏召棠的成年期，剛好則為太平天國之後的重建期與上海大發展時期。從 1860 到 1900，上海的進出口總值佔到全國的一半以上。而戰後江南的無主良田又大量賤賣，這其實是一個難得一遇的致富置產時機。夏穗生在一份自述材料中就提到，他的父親曾告訴他，曾祖夏召棠在家鄉餘姚和上虞買了很多田地，約有 1300 畝。

可惜的是，夏召棠到底從事何種生意，以及他的經商技巧宗譜一概沒有，他在上海的錢莊生意是源自後人口述。由此可見，即使社會現實早已改變但宗譜始終羞於言商與利。但是可以確定的是，夏召棠很早便隨父業“服賈滬瀆”。

《上虞桂林夏氏宗譜》中誥授朝議大夫夏召棠行述

雖然對其經商細節與獲利不發一詞，但對他的人格品行與造福鄉里的貢獻宗譜卻有詳載。《上虞桂林夏氏宗譜》載有夏召棠的行述，頗為詳細，宗譜密密麻麻全是名字，但宗譜上擁有行述的人可謂寥寥無幾，由此亦能看出召棠公的出類拔萃。據載，夏召棠與夏甘棠兄弟友愛，大有推讓之風。召棠公看到自己的叔叔無後，轉而請繼入已去世的叔叔一脈，以慰泉下生平。父親早逝後，他又服侍母親至孝。在滬行商之時，他勇於行義，多次捐助修繕滬上紹興幫的會館“永錫堂”。“永錫”二字，出自《詩經》，“孝子不匱，永錫爾類”大意為上天會賜福給那些孝子賢孫。永錫堂為紹興幫旅滬商人於乾隆初年創設，是上海最早的同鄉會館之一，位於今上海市黃浦區麗園路 650 號。紹興幫主營紹酒、柴炭、錢莊、錫箔和染坊等，鴉片戰爭前已是上海最有實力的會館之一。中國傳統文化中有著強烈的血緣宗族和地域觀念，這促使各類同鄉組織不斷壯大。會館當時的主業是處理鄉人的殯葬事務，後來又成為戲台與教育場所。

1899 年前後，山東水災，召棠公又奉母親大人之命，捐助棉衣千套，價值一千兩給災民，此善舉使得夏老夫人得以在家鄉建坊並獲得御賜“樂善好施”牌匾。這些久遠的好事，雖然沒了實物痕跡，但好在有本宗譜可查。探訪鄉民時，也曾有老人說起有大好事與匾額一事，只是年代久遠，無人知曉細節。其實仔細想想，這世上還有什麼事能比錢更好呢？

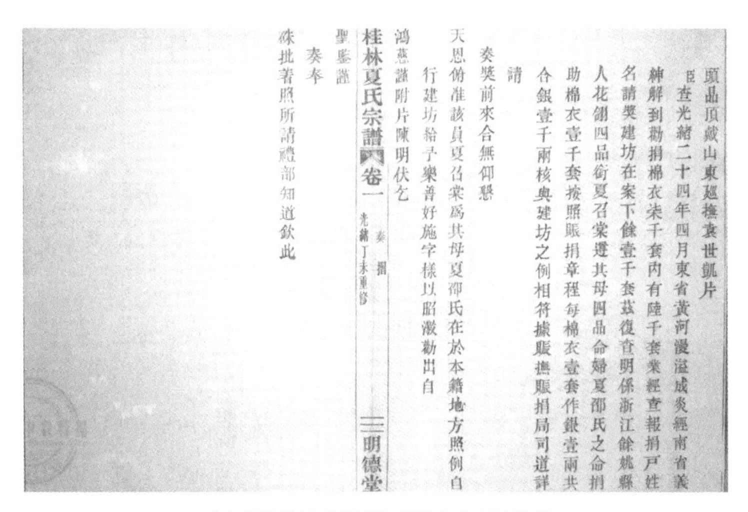
頭品頂戴山東巡撫袁世凱片
臣查光緒二十四年四月東省黃河漫溢成災經南省義
紳解到勸捐棉衣柒千套內有陸千套業經查報捐戶姓
名請奬建坊在案下餘壹千套茲復查明係浙江餘姚縣
人花翎四品銜夏召棠遵其母四品命婦夏邵氏之命捐
助棉衣壹千套按照賑捐章程每棉衣壹套作銀壹兩共
合銀壹千兩核與建坊之例相符據賑撫賑捐局司道詳
請
奏奬前來合無仰懇
天恩俯准該員夏召棠為其母夏邵氏在於本籍地方照例自
行建坊給予樂善好施字樣以昭激勸出自
鴻慈謹附片陳明伏乞
桂林夏氏宗譜 卷一 奏摺 光緒丁未重修 三 明德堂
聖鑒謹
奏奉
硃批著照所請禮部知道欽此

《上虞桂林夏氏宗譜》所載樂善好施牌坊

當然，除了給外地做好事之外，召棠公也沒忘了惠及鄉里。據載，他按照常平倉的辦法賑災濟貧，此外，作為當地紳商，他亦招募鄉勇，創立永安會以衛桑梓、修廟建橋施藥，當然還有修宗譜。他便是《上虞桂林夏氏宗譜》最後一次修訂的主持人與贊助人。只是天不遂人願，宗譜於光緒丁未年 1907 年修成，召棠公此時已離世兩年。多虧了宗譜，今天才得以重溫祖宗的故事。

如宗譜開篇所言，觀譜者，孝悌之心油然生。作者只覺得，往事已無處可尋，一切悲歡離合都隱藏在宗譜上的行間字裏。一切都沒有明示，但總有種溫情，把逝去的一幕幕再勾起。

如果說以上諸善舉只是一個傳統的紳商應該做的，那麼召棠公所為的另一些事情便足以展現出他的超前與眼界了。他看到家鄉沒有消防設備，便特從洋人那裏購買了水龍。以前中國的消防設備就是大水缸，而引進的水龍是一個有管道的噴水設備，效率自然高多了。顯然，召棠公常年在上海從商，已經開眼看了世界，有了跟洋人打交道的經歷，至少是知道“師夷長技”了。

另一值得注意的善舉便是為興辦學堂。古今中外，還有什麼能比捐建學校更能體現出慈善家的慈善呢？召棠公亦不例外。他分別於 1901 年和 1903 年，捐建了兩所學堂。一所是三鄉的誠意學堂，另一所則是位於餘姚韓夏村的啟蒙學堂。按照建成的時間來看，這兩所學堂極有可能是響應朝廷開辦新學的政策而建的。

宗譜雖無隻言片語講述學堂所教授的內容，但值得注意的是，此兩所學堂皆建於 1895 年（中日甲午戰爭）與清末新政之後，而那時雖滿清朝廷仍在，但學制已經發生了極大的變化。1901 年，受到甲午戰敗的刺激，著名的清末新政施行，傳統書院全部改為大、中、小學堂，人們已經意識到，經書也許有用，但此時國家危在旦夕，列強的瓜分狂潮就在眼前，絕不能讓孩子們閉上眼睛只背經書了。由此形勢判斷，這兩所學堂在創辦之初與所有清末新政後的學堂一樣，是新式教育與舊式教育的混合體，既有一部分經書教育，也加上了數學、自然科學等理科啟蒙教育。其實啟蒙學堂建成後的第二年，連科舉制度都廢除了，可見舊式讀經教育的成分已經越來越少。當然，這些召棠公無緣得見，他在啟蒙學堂建成後兩年便與世長辭了。

這正是為什麼作者稱他為夏家最後的紳商。所謂"紳商"便是他的諸多善舉完全印證了良賈何負鴻儒一說，而所謂"最後"則是因為他所處的時代與他的辦學之舉將後代們送上了現代教育的啟蒙之路，而他累積的財富又使得後代們得以在上海接受了當時最先進的現代教育，他的孫輩已經完全徹底成為了近現代知識分子，一切得益於他，但孫輩好像又和他已經是兩種不同世界的人了。對於夏家來說，這樣的新舊轉型非常快也非常順利，但當時誰也不會想到，正是這些祖上的財富與田產，給孫輩埋下了悲劇的伏筆。

另有一事值得一說，那便是召棠公曾為鄉里施種牛痘。千萬不要小看牛痘，"西洋醫術始傳入中國，最早者為種痘法。"，可以說，牛痘被視為現代西醫開始傳入中國的標誌。牛痘亦是傳教士醫生最功德無量的成就。英國醫生愛德華・詹納（Edward Jenner，1749-1823）於 1796 年從牛身上發現了提取痘苗預防天花之法。不到十年，牛痘便傳入我國。在此之前，我國一直使用"人痘"來預防天花，天花十死八九，萬幸的不死者也終身帶有麻疹疤痕，康熙皇帝便是最有名一例。“人痘”雖有效果，但極不安全，死亡率依然極高，這使得天花在歷史上常常引發恐慌與災難。

“牛痘”引入與推廣傳播後，這一境況完全改變。當然，新事物尤其是外夷的新東西在天朝推廣難免遇到阻力，但由於天花的強傳染性，牛痘在推廣時都是免費甚至是倒貼錢接種的，所以最先嘗試的也都是窮人家的孩子，好在人命關天，生死面前，還是誰有效就用誰。當然，也有一種說法認為，牛痘的發現是受到了中國“人痘”傳入英國的啟發，作者以為，這種說法的作用只是安慰了某些“愛國者”那時時緊繃的敏感而脆弱的民族主義神經，讓他們那可憐的自尊心得到了些許補償與平衡罷了。

顯然，召棠公不是此類“愛國者”，作者以為他為鄉里孤寡廣施牛痘的做法，已經能看出其曾孫夏穗生濟世救人的影子。仁心固而有之，與此同時，現代醫學之光也已經到來，有人的使命則是讓它照亮這個古老的國度。

6. 轉型之路：從紳商到現代知識分子

在晚清，中西知識結構的轉型也被稱為“西學東漸”，西學東漸之後出生的人，可以說，已經是真正意義上的現代人了。離我們近，離古人遠了。

熊月之在《西學東漸與晚清社會》中就將西學東漸劃成了四個階段。按照他的說法，第一階段便是 1811-1842，這一時期倫敦會

（London Missionary Society）的傳教士馬禮遜（Robert Morrison，1782-1834）開始在中國傳教。晚清西學東漸自馬禮遜始，大概是因為馬禮遜為第一位基督新教傳教士。他年青時學醫，而後志在傳教，這一點跟我們國父孫中山的情況並無不同。他學得的醫學知識正是其傳教事業的敲門磚，基督教最初之所以打開局面，很大程度上依靠的是西方醫學與天文知識的支撐。醫學能治病，天文能指導農業生產，說白了，都是依靠極其現實的用途來傳教，再說白一點，上帝能不能救人我不知道，但奎寧可以，所以我皈依教會。這一時期，處於鴉片戰爭之前，沒有條約的保護，所以規模與影響較小且僅限於華南地區。

真正開始對夏家有影響的是晚清西學東漸的第二段，1843-1860。這一時期，上海、寧波開埠，這兩個城市地處富庶的浙江地區，很快便成為西學傳播的中心。這一時期的租界成了西學傳播的基地，數量可觀的科學著作已經開始出版，中國的少數知識分子主動參與了翻譯與傳播，可見思想觀念的轉向。這一時期，夏秉圭正在上海經商，自然而然會受到這種風氣的影響。

接下來的第三階段便是1860-1900，這一時期，更進一步，傳播機構例如學校、醫院、書局已經各地開花，其影響已經深入到基層社會，有教會開辦的，有清政府開辦的，也有民辦的。西學東漸最初的關鍵在於西方書籍的翻譯，而上海正是在這一時期，成為了全國的譯書中心，當時全國最重要的三個西方書籍出版機構：江南製造局翻譯館、廣學會和益智書會全部設在上海。

這一時期，夏家的曾祖夏召棠正在上海從事錢莊生意，從他在滬上與餘姚韓夏村的所作所為來看，他的思想觀念是相當開明的，僅從他籌資為鄉里興辦新學這一點，就可以清楚地知道他會將自己的子孫送上新式教育之路。事實也確實如此，他的子孫之時，正值晚清西學東漸的最後一波，1901-1911，清代的最後十年裏，革命風潮湧起，西學的輸入已經從器物、技術層面深入到了思想精神層面。夏召棠自己成了夏家最後一代紳商，子孫則轉型成為了現代知識分子。

夏召棠婚配王氏（1857-1881），繼配王氏（1859-1893），續娶任氏（1871- ？），育有長子夏賡陛（1883-1917），字順銓，號選卿和次子夏賡榮（1900- ？），另育有兩女。長子為繼配夫人王氏所生，次子為任氏夫人所生。

夏賡陛娶妻王氏（1884-1941 ？），這便是夏穗生的祖父母了。夏賡陛育有三子，長子即夏福田（1904-1989），又名克昌，號若農，一說為汝農，這便是夏穗生的父親。另有兩子名夏震寰（1913-2001）與夏汝鈞（1916-2007），這便是夏穗生的兩位叔叔。《上虞桂林夏氏宗譜》由夏召棠等人出資編撰，但他本人無緣看到宗譜編成。宗譜成於 1907 年，所以寫到長孫夏福田便戛然而止了，宗譜成時夏福田年僅 3 歲，為第三十三世宗譜所載最後一代，他的兩個弟弟那時尚未出生。

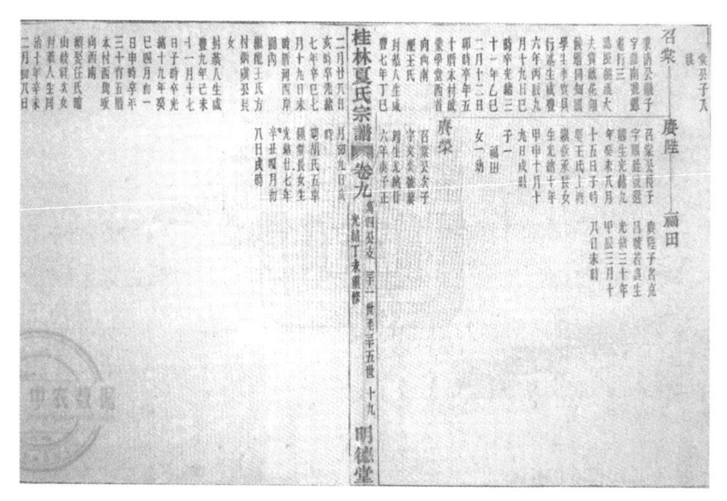

《上虞桂林夏氏宗譜》三十一世至三十三世，夏召棠、夏賡陛、夏福田祖孫三代

對於夏家處於轉型期的兩代人夏賡陛和夏福田來說，他們所受到的學校教育便格外值得注意了。在科舉時代，紳商家庭若要維持社會地位，家族必然需要有人參加科考，有人經商以維持生計。但在晚清這樣一個科舉將廢的時代，一個紳商家庭要延續他的生命，其子孫的讀書生涯就不得不重新考量了。特別是科舉在將廢而未廢時，在西方新式學堂與教授四書五經的私塾並立的局面下，紳商家庭該如何選擇？是讓子孫進洋學堂還是私塾？

從浙江新式教育的發展情況來看，浙江新式教育最初還是模仿教會學校。道光二十四年（1844），英國的女宣教士阿德希（Mary Ann Aldersey，1797-1868）到寧波地區傳教，首創女塾，這是浙江第一所洋學堂，亦是中國第一所女子學校，一個號稱"文明"的古國，自己女人的學校教育還是一個單身的英國女人漂洋過海來創建，說起來也是頗為諷刺，難怪紹興先賢魯迅（1881-1936）破口大罵："不是很大的鞭子打在背上，中國自己是不肯動彈的。"

自此之後，教會學校遍地開花，從寧波口岸向全省擴散，這些教會學校創辦較早，沒有科舉導向，教授內容大致與今日小學中學差別不大，這些學校實際成為了中國人自辦新式學堂的樣板與示範。

浙江最早自辦的新式學堂是溫州瑞安孫詒讓（1848-1908）在1896年創辦的瑞安學計館，在1896年就辦新式學堂可以說是相當前衛了，此時離科舉廢除尚有九年。紹興與寧波也是頗為開放，紹興山陰縣士紳許樹蘭在1897年就創辦了紹興中西學堂。夏召棠出資捐建的誠意學堂則是在1901年，此時雖然亦是在科舉廢除的1905年之前，但其實並不超前。因為光緒二十七年（1901）時，清政府已經在甲午戰敗與辛丑條約的刺激下，走上了新政的道路。正是在1901年，清政府通令全國，正式改書院為學堂，在省城設大學堂、在府設中學堂、在州縣設小學堂。而後1903年頒布學堂章程，1905年廢除科舉，教育的現代化浪潮一浪高過一浪。這些新式學堂多教授國文、算學、英文、物理、化學、歷史、地理，中西兼有，以西學為主，但有清一代，讀經並未廢止，小學徹底廢止讀經一直要等到民國之時，1912年當時的教育總長蔡元培頒布《普通教育暫行辦法》。

以夏家的情況看，夏賡陛出生於1883年，他6歲時年1889，12歲時年1895，到清末新政（1901）實施時，他剛好年滿18。可以這樣說，他的小學與中學還是舊式私塾式的，他的教育還是以科舉為導向的。科舉制度很成問題的地方是，它使得中國家庭均以讓孩子步入仕途為終極願望，孩子完全不能發揮自己獨有的天賦，浪費人智的同時，也使得經書之外的實用學科不受重視，完全得不到發展，反而被視為“奇技淫巧”。雖然在 1895 年中日甲午戰爭後，教育的導向有所變化，但可以說，夏賡陞這一代接觸到新學要到青春期之後了，這是他跟他的下一代最大的不同。

夏賡陞的年紀與紹興著名先賢魯迅相仿，魯迅生於 1881 年，比夏賡陞長兩歲而已。按魯迅的求學經歷來看，魯迅也是參加過科舉考試的，到了青春期之後才放棄科考，轉而進入洋學堂學習的。

以清末慣例來看，考秀才的年齡通常在 15 歲左右。夏賡陞 15 歲時，新政尚未實施，科舉也還有時日。以此推測，夏賡陞所受之教育依然為舊式，也就是四書五經，在紳商家庭，若能科舉及第獲得功名自是最好，若不行，依然可以繼承家業從商。夏賡陞顯然屬後者，他並沒有秀才的名號，而是在餘姚韓夏村當地被稱為“千店王”，想必也是個當地著名的地主富二代，他的父親夏召棠在餘姚韓夏村有著米行生意，名“三茂米行”。據後人回憶，夏召棠在滬上經營的兩家錢莊並未傳給夏賡陞，而是傳給了學徒，其中的考量則是夏賡陞可能並不具備經營錢莊的能力。但不管怎麼樣，鄉里有店有宅院和田產，他亦可以做到生活無憂。

夏福田出生的時候，情況已經完全改變了，這一代人的童年著實是在驚濤駭浪中渡過的，從清末新政到辛亥革命。夏福田生於 1904 年，等到他上小學時，科舉已經廢除了，科舉一旦廢除，舊式私塾也就再沒有存在的必要了。可想而知，在沒了科舉仕途通道後，夏福田這代人在小學啟蒙教育時就已經跟四書五經說再見了，在更開放的一些紳商家庭中，也許他們這一代根本就沒念過經書。

在知識教育結構轉型的過程中，城市較鄉村來說，總是風氣之先的地方。中高等學堂也是建在城市之中，因此，鄉村士紳家的孩子在念完童蒙小學之後，必然會前往城市升學就讀，而他們在新式學堂中學到的知識也不可能使得他們在鄉村中謀得職位，自然而然他們離鄉村越來越遠。江南一帶的紳商家庭在這一過程中，由於常年在滬上經商，這大大開拓了他們的眼界，而他們經商所累積的財富，也使得他們有能力將後代送往城市中的高等學堂，從而得以從傳統紳商轉變為現代知識分子，從鄉村遷入城市。

夏家在這一點上，表現的尤為明顯。夏召棠一代是常年在上海經商，但還是不忘在韓夏村建祖宅，那麼到了夏福田一代時，夏家就開始在上海學習居住工作，極少返鄉了，夏福田的回鄉居住完全是因為文化大革命開始後的被迫遣返。而夏穗生則更進一步，他自從在家鄉韓夏村讀完小學後，便赴滬升學，等到他再回家鄉都是他古稀之後的事情了。鄉村士紳的轉型之路與留居城市無疑帶來了普遍的鄉村文化沙漠化問題。

夏家轉型期的這兩代人來看，夏賡陛一代也許還有一半的傳統文化教育在，到了夏福田這一代時，傳統文化的比例在他所受的教育結構中已經極少了。得與失暫且不論，這便是中西知識結構的轉型，到了夏福田這代人時，知識結構轉型已經算是完成了。

從這種意義上講，夏福田這代人已經是完完全全的現代人了，知識結構與我們今日完全一樣，或許比我們還更寬鬆與開放些，他們的少年求學期既不考《四書五經》的聖人之言，也不考《馬克思主義哲學》的哲人之言，更不考《毛主席語錄》的領袖之言。他們可以學他們想學的，追尋他們想追尋的真理，他們也許生逢亂世，卻有種無形的無拘無束相伴。但孩子們通常不知道這些，能少背書就少背書，對於他們來說才是最實在的幸福。

7. 鴉片之殤與上海求學之路

紅塵人間，誰不是肉體凡胎？既是肉體凡胎，就總會有些拒絕不了的誘惑，還真沒見過誰不為一切所動的，特別是在浮華墮落的上海灘。夏家從傳統紳商到現代知識分子的轉型並非毫無曲折與坎坷，鴉片煙荼毒江南之時，夏家雖不至於因此而沉淪，但也絕非出淤泥而不染。

鴉片最初是一味止痛安神的藥，早在鴉片戰爭之前中國本土就有種植。十八世紀之時，由於大清只有廣州一處與外國通商，且享有巨大的貿易順差，大量白銀流入。英國人為了扭轉這一貿易逆差，開始向中國走私鴉片，鴉片的流入，使得無所不有的天朝開始了白銀外流。雙邊貿易最終在 1820 年左右達到了平衡，之後貿易形勢則開始了逆轉，這一切無不顯示出了鴉片的強大。英國私家商號怡和洋行（Jardine Matheson and Company）是最主要的鴉片貿易商，亦是最早進入上海的英國商號，當然，鴉片的豐厚利潤吸引了當時所有的外國商人，只有極少數真心信奉耶穌基督的外國商人除外，可見良心在利益面前根本不值一提。

由於鴉片貿易屬非法貿易，所以只能暗中私下進行，且只能用現金交易。到鴉片戰爭前夕的 1838 年，廣東和福建兩地的鴉片館像英格蘭酒館一樣滿地皆是。於是，便出現了人民英雄紀念碑上的第一幕“虎門銷煙”。林則徐（1785-1850）在他那份開啟近現代史的奏章中說：“若鴉片不予禁絕，數十年後中國將無可以禦敵之兵，且無可以充餉之銀。”

鴉片荼毒中國，並不止在華南一地，江南與上海亦然，中國之內，無分南北與東西，一口即開，就再沒有哪裏可以獨善其身了。“天下之有鴉片，皆自廣東來。”之後，鴉片交易則逐步北上，通過福建到達浙江沿海地區。鴉片的極速輸入與國內的巨大需求也是分不開的。最開始時的煙民主要是一些官僚、富商子弟，然而這種陋習逐漸蔓延至全民。由於對鴉片的危害性認知不夠，晚清社會亦缺乏正常的娛樂途徑，使得鴉片煙迅速成為富有階層的一種消遣、享樂與應酬。這些富民階層終日躺在榻上吸食鴉片，沉溺於虛無縹緲的快樂之中，在這樣的風氣下，鴉片煙竟然成了一種彰顯社會地位的工具。

而社會下層沉迷於鴉片，一是因為上層社會的帶頭與示範，二是因為終日勞作，身體孱弱，鴉片煙的麻醉鎮痛功能正好可以緩解一些常見的疾病如咳嗽、腹瀉與各種疼痛問題。本是為了消除疲勞的神藥在缺乏認識的情況下逐漸成了不能自拔的毒癮。

除了鴉片的輸入，浙江本地種植的土鴉片亦是一大問題。當時，浙江的鴉片主要產區在台州府、象山地區、餘姚地區和溫州。當時餘姚地區大量種植鴉片，鴉片已成為當地的大宗農產品。清末之時，姚北的罌粟種植已達到 1.3 萬餘畝，產量達到 7.5 萬餘斤。當地的中產階級之上的家庭，家家戶戶都備有吸食鴉片所用的煙燈、煙槍，以做招待客人之用。可以說，鴉片這股墮落的社會風氣已經滲透到了家家戶戶，若從時間上來看，至 1913 年浙江省禁絕煙苗，鴉片荼毒之時長達近百年。

若按時間來看，1840 年前後鴉片開始猖獗。夏家曾祖夏召棠是否有吸食鴉片已經無從考證，但據相關後人回憶，夏召棠長子夏賡陛確曾染指鴉片。作為一個富二代，在當時的社會風氣之下，吸食鴉片極為平常。鴉片風靡姚西之時，許多殷實人家因後代吸食鴉片而敗落的比比皆是。夏家雖然在夏賡陛一代有吸食鴉片的惡習，但家財未散。

作者據可知的事實與後人之言分析，原因可能有二：一為早逝，夏賡陛去世時年僅 34 歲。與他上一代和下一代相比，在這樣的年齡去世很有可能是受到鴉片的影響。二為家有賢妻，由於早逝，夏賡陛之妻，王氏極有可能是以一己之力培養出了三個孩子。夏賡陛與其妻王氏共育有三子：長子夏福田（為夏穗生之父）、次子夏震寰與夏汝鈞。按出身年代來看，他們的父親夏賡陛去世時，夏福田 13 歲，兩個弟弟一個 4 歲，一個只有 1 歲。這三個孩子能全部學有所成，成為現代知識分子，可以想見其母親之堅韌與偉大。

在教育問題上，夏賡陛與其妻王氏顯然還是頗具眼光。他們的三個兒子都沒有上過私塾，而是在祖父夏召棠出資捐資修建的啟蒙小學中念完了童蒙教育，便前往上海讀中學。作為大地主家的兒子，他們並沒有一個被留在家裏收租，而是全部前往上海念書。依照祖上從商的經歷，父母已經清楚地知道，在上海，那裏有通向世界與未來的道路。在當時擁有這樣的眼界與轉型思想並不容易，畢竟地主家的兒子常常會被留在家裏收租，把兒子們全部送出去念新式學校還是相當開明的。

夏福田顯然是這一開明思想的受益者。他到達上海後，進入了上海英華書館（Anglo-Chinese School）念書。英華書館絕非一所尋常學校，它用今天的話說是一所英文專修學校，有的是傳奇與故事。從上海開埠到清亡，滬上共有英語專修學校 200 多所，而英華書館則是其中的佼佼者。英華書館於 1865 年由寓滬華僑和上海紳商共同發起創辦，諷刺的是上文提到的怡和洋行（Jardine Matheson and Company），除了販賣鴉片外，也是英華書館的主要贊助商之一。由於英華書館亦是一所英國聖公會主管的教會學校，在教習英語的同時傳播福音。所以讀者們可以這樣理解，怡和洋行一手走私鴉片進入中國，一手又拿鴉片賺到的錢在滬上興辦教育傳播福音，世界有時太瘋狂，讓人無法心平氣和去理解，也不知道，上帝和主耶穌會怎樣看待這樣的做法？

西學東漸的傳奇人物傅蘭雅（John Fryer，1839-1928）則是上海英華書館的首任校長，他是個英國傳教士的兒子，從小痴迷中國文化，受英國聖公會的派遣於 1861 年到香港任職，他於 1863 年辭職赴北京擔任京師同文館任英文教習，兩年之後的 1865 年離京赴滬，出任上海英華書館校長。三年他期滿後離職，進入江南製造局任翻譯。

有了這樣的校長，英華書館在當時的上海就聲名極大，與那些免費招收貧困子弟的教會學校不同，上海英華書館的董事會為了保證超高的教學水平，在開館之初便有明顯的招生取向，那便是書館的招生對象為中國商界子弟，收繳可觀的學費。可見，英華書館的目的是為上海上層社會，尤其是銀行家、商人、洋行經理、買辦、海關人員的子女提供接受英文教育的機會，旨在培養通曉英文的商貿人才，這一清晰的定位自然吸引了大量的商人子弟前來就讀。

按照當時的教科書來看，學校極有可能設置了英語精讀、泛讀、語法、翻譯、寫作、聽說、算術等課程，已經是相當系統的英文專業教育了。至於當時學生的水平，傅蘭雅曾經在一封信中寫道，他認為書館裏的中國少年，經過一年到一年半的學習，已經能閱讀和理解英文原版《聖經》，只是偶爾需要參考漢語的意思，三年以後，讓他們理解英文原版《聖經》裏的基督教教義完全沒有問題。

這種十分驚人的英文水平，在其中一位學生夏福田的身上也得到了印證。據餘姚上塘村的村民與後輩回憶，夏福田在文化大革命後期被監視居住在上塘村的親戚家中，有人回憶他曾經訂閱英文報紙雜誌，現在想想，這極有可能是他少年求學時就擁有的習慣。按年齡來看，夏福田進入英華書館的時間大約在 1915 年前後。這時雖然傅蘭雅早已離職，但英華書館依然是滬上有名的學校，直到 1932 年的一二八事件後，英華書館才停辦。從 1891 年到 1923 年的這三十多年間，包括夏福田在校時，一位叫慕悅理的英國人一直擔任英華書館的校長。根據學友回憶，慕悅理出身英國教會世家，擅長運動，交際極廣，上海英僑無論公私，機關或企業都有他的朋友，所以當他們需要英文人才之時，慕悅理總能把自己學校出色的學生介紹出去，以至於後來，無論是在海關、郵局、鐵路、洋行中都遍布他的學生。夏福田亦是其中一員，由於出色的英文水平，夏福田極有可能經慕悅理推薦進入了上海滬寧鐵路管理局工作。滬寧鐵路名義上由華人主持，但管理實權仍在英國人手中，直到 1929 年後才由國民政府鐵道部逐步收回。

正是這份體面的工作再加上餘姚韓夏村的田產店鋪，使夏福田得以幫助母親養育了兩位小他十多歲的弟弟，使他們受到了當時最好的教育。夏福田的這一起點與眼界，更使得他的長子夏穗生走上了與他一樣的求學之路，只是由於時代與時機的變化，這條上海求學之路將夏穗生送進了上海德國醫學院，而後來他選擇了外科學，並且站在了它的最前沿。對於夏福田來說，這樣的工作與出身在民國時保障了全家人的生活與教育，只是後來英資撤走後，上海滬寧鐵路收歸國民黨政府所有，再加上地主出身，這已經為他在建國後的悲慘遭遇埋下了伏筆，當然這些都是後話。

也許在夏福田的身上，我們還看不到夏家對學問追求的精神，但無論在哪個時代，學習技能以謀職業、生存與自立都是當務之急，這其中也許已經暗含了對學問本身的不懈追求。

求知可能是這個家族的信條。他們相信人於世間，當有人所不能的本領，人當重技能，身有長技方是安身立命之本，無論兵荒馬亂又或是一世安然。

8. 祖宅與命運

當祖宅僅剩一面殘牆時，僅以此文為之招魂。

農耕文明的一大特點便是對鄉土的眷戀，中國人對故鄉似乎有著一種難以撼動與替代的執念。夏家作為地主家庭更不例外，雖祖上有著從商傳統，但從商所獲利依然被轉化成了祖宅與田產。從夏福田的“福田”二字與夏穗生的“穗生”二字都能明顯感受到最為樸實的鄉土氣息。

“江南好，風景舊曾諳。日出江花紅勝火，春來江水綠如藍。能不憶江南？”

小橋與流水，白牆與灰瓦，按此典型的江南風格來想像一下夏家祖宅，大致也差不了太多。位於寧波餘姚韓夏村的夏家祖宅是夏家最後的堡壘，存世約一百年。祖宅建於曾祖夏召棠之手，夏賡陛出生時祖宅是否建好已無從考證，但可以確定的是夏福田與夏穗生父子兩代均出生於此，受其庇護，可惜的是，並沒有什麼歲月靜好，夏穗生是夏家出生在祖宅的最後一代，他在祖宅生活了大約十二年，隨後便赴上海接受當時最為發達的中學教育並長期生活，極少返鄉。

“鄉音無改鬢毛衰”大概說的就是他，這也是為什麼他一輩子都講著一種餘姚口音頗重的上海話。“少小離家老大回”，大概也是說他，自此離開餘姚韓夏村，大少爺再回祖宅都是古稀之後的事情了，第一次是在 2004 年，他 80 歲時，而第二次則是在 2011 年，他 87 歲時，此時離他過世，僅餘八年而已。

圖為航拍今日寧波餘姚韓夏村

圖為航拍今日寧波餘姚韓夏村，圖正中長方形廠房便是夏家祖宅的位置

遺憾的是，2004 年他第一次返鄉時，亦未能有幸見到他兒時的家。夏家祖宅在 1950 年土地改革時被迫充公，1962 至 1988 年，祖宅一直被用作了韓夏小學，據知情人回憶，學生最多時曾有 500-600 人，韓夏村的村民大多在此念過書。由於原始房屋結構不適合學校教室，最終於 1988 年拆除，僅剩殘牆十餘米，殘牆內的原址上又建起了新的校舍，依然為韓夏小學，直至 2005 年學校停辦，後用作廠房。所以才有了這樣一幕：一個救人無數的老人站在殘牆下，用他的拐杖指著殘牆跟學生們講著那些他兒時記憶的片段。

圖為夏家祖宅僅存的殘牆

照片拍攝於夏穗生 2011 年最後一次返鄉之時

87 歲的夏穗生在祖宅的殘牆下向鄉親詢問情況

那時他年事已高，又或是他離家已太久，許多已經消失在塵埃中的細節再也無法被完整追憶。生命終將逝去，流金歲月終會人去樓空，但請允許作者在此重新描繪出祖宅的一切，向故人傾訴，為祖宅招魂。

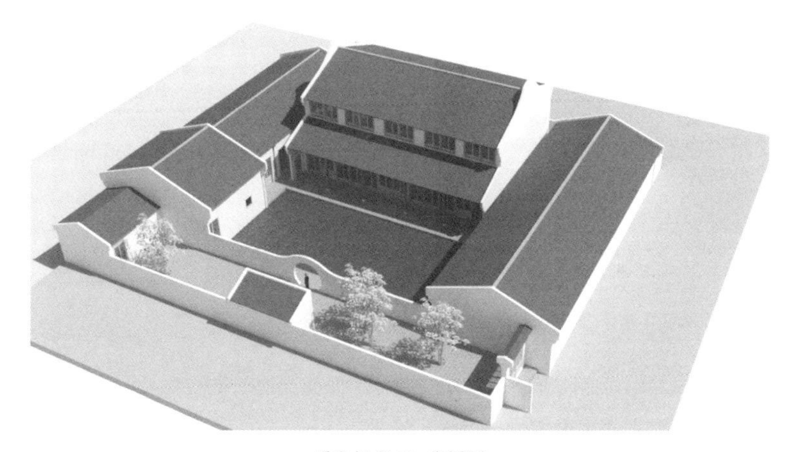

夏家祖宅 3D 復原圖

夏家祖宅大門朝東，西面傍河，有埠頭，兩進院落，四周都是高高的圍牆，圍牆約高 2.5 米，佔地約 1440 平方米，東大門外另有佔地約 700 平方米的曬穀場，韓夏村人稱之為三茂道地，夏家所開米行亦因此稱為“三茂米行”。祖宅內的主樓共有五間房，兩層，中堂略大，門窗都雕了花。中堂是為正廳，後來曾被用作韓夏小學的禮堂。主樓全部使用紅漆柱子，二三個小孩才能合抱，主樓前面則有寬闊的大天井，地上則為石板地面，韓夏小學曾使用天井作為操場。夏家祖宅的規模在當時的餘姚一帶也算是數得上的大戶人家。宅院的很多建材都是通過海上運過來的，用料十分考究。

夏穗生在後來的口述中也提到，他家的房子在當地十分氣派，四周的人家在新建房屋的時候都會用竹竿來測量他家的樓高，以圖超越，這令年少的他十分不滿，但也無可奈何。

他的隻言片語已經不能使今天的我們追溯那時的生活了，只是通過後人回憶，作者得知祖宅圍牆內曾栽有兩棵桂花樹，就此猜想，他的童年曾飄滿桂花的香味，只是他出生之時，正值人間四月，桂花花期未到。

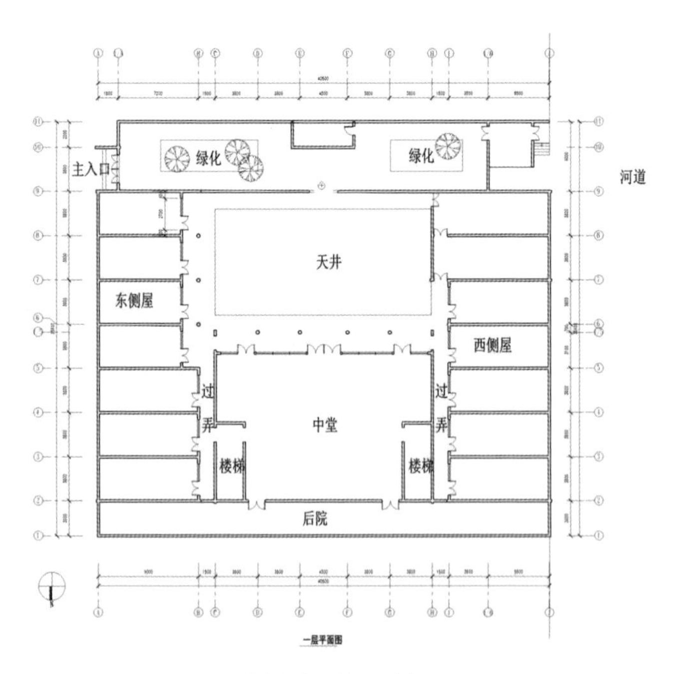

夏家祖宅一層平面圖

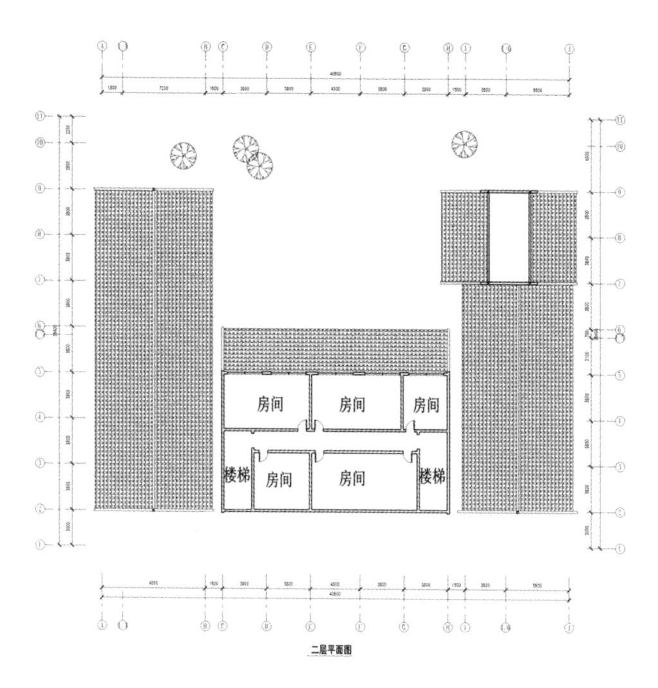

夏家祖宅二層平面圖

夏福田於 1921 年 17 歲時與陳琳貞（1904-1967）結婚，這便是夏穗生的父母了。他倆屬典型的舊式包辦婚姻，兩人同歲，由於妻子比丈夫大月份，所以夏福田稱呼她的妻子為“貞姐”，幸運的是兩人屬包辦婚姻的成功案例，他倆感情頗好。包辦婚姻講究的是門當戶對，兩姓締約，與今日所說的男女之愛還是相去甚遠的。不過話說回來，傳統中國從來都不強調男女之愛，都是在將純粹的男女之愛化解到家族親情血緣中。

一排中為夏福田（夏穗生之父，又名夏汝農）

據後人回憶陳琳貞亦是一位大戶人家的小姐，但一點也不嬌氣，家裏什麼事都做。她的腳是纏過後又放了的，所以走路爬山踩泥塘都不在乎。婚後第三年，兩人的第一個兒子出生，這便是夏穗生了。

夏穗生生於1924年，他出生時，他的父親夏福田極有可能已經從上海英華書館畢業，進入滬寧鐵路管理局工作了。可以說，以他的家庭條件來看，他從出生到他上中學之前，日子都是相當不錯的。讀者們可能聽說過國民政府的黃金十年（1927-1937），這一段時期是國民政府在中國大陸執政的最好時光，期間無大範圍戰事，社會經濟得到了大發展。夏穗生的幼年時期便是在這黃金十年中度過的。

根據夏穗生晚年的口述，他談到他的童年時光時，語氣輕鬆，妙趣橫生，完全沒有提到任何艱難困苦，他的日常生活是完全被安排照顧的，自己並不用幹什麼活。一同生活的還有兩位大他不太多的叔叔夏震寰與夏汝鈞，而他是家中的長子長孫。他的父親則往返上海與餘姚兩地，一如傳統。作者想，這也許就是他一生中最好的時光了，一個人如果他的童年是幸福的，他成年後的樂觀程度可能會更高一些。

從他晚年錄音的口氣之中依然可以聽出，他十分自豪自己的地主出身，好像後來夏家因此而來的遭遇與迫害都不曾存在過一樣。他提到，當時在鄉間，家中雇有賬房先生一人，管理記帳與收租，長雜工一人，傭媽兩人，到了收租的時候，往往會再雇一些短工。家庭收入主要靠地租，父親在上海的收入則負責兩個叔叔的學費與生活費，又或者購買一些日用品、衣物寄回鄉間。按照舊時的禮教，他記得當時稱呼傭媽為太婆，稱呼賬房先生為公公，農民來了則叫爸爸，家裏的教導則是對人都應該客氣。在家中，曾祖母、祖母都是信佛的，所以他記得家裏是相當慈善的，借錢給窮人的，在佛教的影響下，他自認為自己是一個宿命論者，對一些“好人好報”、“因果報應”等理念是相信的。當地人則稱呼他為“小店王”，就是小老闆的意思。

他帶著年少如初的口音大致描繪了一遍他出生時的祖宅，大門向東，後門向西。他平時進出都走後門。後門外則是至今仍在的小河與小橋。小橋往北走不遠，就是他的學堂，名“啟蒙學堂”。啟蒙學堂其實就是夏穗生的曾祖父為村裏創辦的，1903 年建成。啟蒙學堂只有簡易初等小學，只有四年。小橋往東則是“韓夏老街”，這條老街其實很短最多不超過 400 米，在他小時候就是買東西的地方，而小學五六年級的校舍也設在老街旁，被稱作“啟粹小學”。夏穗生就是在啟粹小學畢業後，離開故鄉，前往上海的。

圖為韓夏老街

在談到自己的小學經歷時，他只是說自己成績並不出色，屬一般水平。但由於他的祖上是當地童蒙學校的創辦人，教書先生和同學對他都是另眼相看。年幼時在這樣的環境中成長，他也總是自視頗高，總有種生來的個人英雄主義情結，總在看小說時把自己幻想成一個英雄或主角。按他自己後來的說法，若拿《三國演義》來說，他便是自比趙子龍。

按照年齡計算，夏穗生念小學的時間應在 1929-1935 年間。1927 年國民政府上台，其教育政策中的小學應讀科目為：三民主義、公民、國語、算術、歷史、地理、衛生、自然、音樂、體育、黨童子軍、圖畫、手工。這些科目已經跟今天相差無幾了。到了1929年，國民政府教育部又修訂了一次《中小學課程暫行標準》，通行全國的小學科目為公民訓練、衛生、體育、國語、社會、自然、算術、勞動、美術、音樂。而為了普及教育，簡易的四年級初等小學一般教授的科目為：國語、算術、常識、體育。其中一個顯著特點是民國時期的小學教育既沒有英語科目也不再有國學科目，總體看來，科目是相當全面與寬鬆的。

他的口述中，最具體與最清晰的還是上海求學之路。當時，就他所知，從餘姚去往上海有三條路，一條是陸路，從餘姚經上虞、紹興、蕭山、杭州、嘉興到達上海。另兩條都是水路，一條是經寧波乘船到達上海。還有一條，是經杭州灣的錢塘江口，乘船到嘉興再到上海。水路在當時耗時大約兩天。年少的他想必多次往返其中。他到上海時，他的父親夏福田正在上海工作，他的兩個叔叔也都常住上海生活學習工作，這是夏家幾代人的出路，夏穗生也是這麼走的。

無論怎麼說，他的生活就是在他赴上海後發生了徹底變化，不久之後，全面抗日戰爭爆發，勝利後又接著內戰，雖然外界環境極不穩定，最艱苦的時候，可能連生活都不能保證，但就是在這樣的上海，他走上了外科學之路。

至此，他算是正式告別了家鄉，開始了他濟世救人的一生。

圖為 2011 年夏穗生最後一次返鄉之時，與鄉親們敘舊，
年長者中依然有人稱呼他為大少爺

第二章
風雨欲來：從醫之路

9. 滬江大學附屬中學

中華民國在大陸的三十八年裏，內憂外患，經歷了南京臨時政府、北洋政府、國民政府三個政府的更迭，期間又面對著軍閥割據、國共對峙、帝國主義侵略的各種問題，肯定不能被稱作煌煌盛世。但亂世也有亂世的活法，相較而言，最好的一段時光便是1927-1937這黃金十年了。在江南鄉村，夏穗生的童年便在這一段安穩的發展期度過，但童年的平靜與歡樂反而襯托出此後命運的不堪。

通常來講中華民國一般被分為兩期。1912-1927為前期，主要由北洋政府統治，1927-1949為後期，由南京國民政府統治。夏穗生初入中學是在1935年的上海，而最終大學畢業是在1949年的上海，可以說他是一個典型的二十年代出生的知識分子，當然也是最後一批民國造就的知識分子，他的身上有著那個年代特有的氣質與風度，令人著迷，無論後來世道如何變遷，這種氣質伴他始終。

其實，文化教育的蓬勃發展並不一定與國家的統一穩定成正比，紛亂的民國在軍閥統治下，思想文化教育反而成為它的一道亮色也是有原因的。這種道理很簡單，就比如中國哲學思想的源頭"百家爭鳴"也是出現在春秋戰國那個政治上四分五裂，道德上禮崩樂壞的時代，而在秦統一後迅速淪落。

到了民國後期，國民黨形式上統一全國後（1928），文化教育的情形還是有所變化。如果說，北洋時期文化教育多是直接引進學習西方，那麼到了國民政府時代，文化與教育更傾向於一種中西結合的改良文明之路。由於一黨專政，其黨章中的“三民主義”——“民族”、“民權”、“民生”也成了教育的宗旨，此外值得注意的是，1931 年日本侵華戰爭逐漸開始，一直到 1945 年結束，國民黨教育政策多是一種“戰時須作平時看”的戰時教育政策，這種略顯雲淡風輕的戰時政策，更顯示出中華民族在面對極端困境時的冷靜與堅毅，夏穗生便是在這樣的時代大背景下走上了求學之路。

作為一個江南鄉間走出來的地主家少爺，夏穗生第一次到達上海時的興奮與驚嘆是難以形容的。他曾經跟他的妻子石秀湄描述過那種類似“劉姥姥進大觀園”的感覺，他說他走了兩天的水路從餘姚到達上海，街道上十字路口的紅綠燈與往來的人群讓他目瞪口呆不知所措，但他很高興能加入其中。毫不誇張，當時的上海是遠東第一大都市，在亞洲有著無與倫比的地位。常聽老人們說，八十年代的上海根本無法與 1935 年的上海相提並論，也就是說夏穗生 50 多歲時看到的上海可能還不如他 11 歲時初見的上海，可想而知，這對一個 11 歲的少年來說是一段多麼激動人心的經歷！說這是花花世界也好，這是自由天地也好，誰會不愛這醉人繁華的不夜城呢？

作為中國風氣之先的租界，上海的現代中學教育也是出類拔萃的。1842 年《南京條約》之後，上海設立了租界，因此成了中國現代西式教育的發源地之一。無論是近代教會學校還是國人自辦的現代西式學堂，在數量上與質量上都是領先全國的。1935 年，夏穗生被他的父親夏福田安排進入了滬江大學附屬中學念書，在進入滬江中學之前，他曾短暫考入私立上海中學。滬江大學附屬中學是滬上有名的教會學校，至於為什麼夏福田會選擇滬江大學附中，這裏可能有兩方面考慮。夏福田自己是學習英文專業出身，在當時的上海灘，滬江大學附中的英語水平極高，掌握英語對於求職來說是極其實用的，另一方面，滬江大學附中實為滬江大學的預科班，如果附中成績優良，就可順利進入滬江大學就讀，而滬江大學又以商科最為出名，其實父親為夏穗生安排的還是一條從商的老路。

滬江大學英文名 University of Shanghai，是一所創立於 1906 年的教會學校，初創者是美國浸禮會的宣教士。浸禮會屬清教徒中的一個基督教宗派，以全身浸入洗禮與民主自由教會為其主要特點。當時，美國浸禮會在上海楊樹浦軍工路（今軍工路 165 號）購置了一塊約 165 畝的土地，用於興建學校和校舍，定名為上海浸會大學，並在 1915 年更名為滬江大學。滬江大學在創立之初便辦有附中，實為大學的預科班，而附中沒有自己獨立的校園，與滬江大學渾然一體。

在北洋政府時期，西方教會有較大的空間可以在中國自辦教育，教會學校之所以為教會學校，主要還是因為其宣教目的，滬江大學的董事會成員、校長全是美國浸禮會成員，從管理到教學也全是教會學校運作模式。滬江大學的首要目標是提供廣泛的自由教育，讓學生對中國語言文學、數學、現代科學以及基督教真理有良好的理解。教會學校的宗教色彩一直就是爭議較大的問題，此處不議。滬江大學及其附中超高的教育水平，在當時吸引了大量的優秀青年，而且附中從 1921 年就開始招收女生，是中國第一所實行男女同校的中學，可謂絕對的反封建、反傳統的先鋒。

滬江大學附中禮堂（保存完好，位於今上海理工大學校內）

夏穗生雖然就讀於滬江大學附中，但從他後來的作為來看，他並沒有受到多少基督教會的影響。在他成年後的一份材料中，他就曾提到，滬江大學附中是教會學校，可他不信基督。學校的傳教活動他是不去的。相較於基督教，他的內心更偏向於佛教，雖然他也並非一個佛教徒。而他偏向佛教的原因則是，他的母親、祖母以及曾祖母，也就是撫養他長大的鄉間女性都信仰佛教，他還曾提到他的祖母在鄉間擁有一間自己的佛室。在這樣的環境下長大，他多多少少受到了影響。

教會學校對他影響有限的外部原因也與他進入滬江大學附中的時間較晚有關。1927 年，國民政府上台後，頒布了一系列教育法令，限制外國人在華開辦學校，並開始收回一切外國人在華所辦學校的教育權。當時有明文規定教會學校必須向中國政府立案，由中國人出任校長。由此，1928 年，第一位中國校長劉湛恩開始執掌滬江大學直至 1938 年去世。滬江大學附中由於其預科班性質，無論是在校舍還是教學資源上，實際都與滬江大學共享，劉湛恩也兼任附中校長達十年之久。

劉湛恩接手後的滬江大學雖然開始力避教會對學術與研究的干預，把宗教課程的地位降低，但實際上，還是應該注意到的是，劉湛恩本人從小便是一個虔誠的基督教徒，他自始至終都沒有放棄信仰，他上任後的口號還是“讓滬江大學更中國化，更基督化！”。可見，他成為校長，既可以滿足國民政府“大學中國化”的要求，也可以滿足外國教會“大學基督化”的要求，實際上是一種當時時局妥協的產物。夏穗生便是在劉湛恩執掌滬江大學時期，進入滬江大學附中學習的，他於 1935 年入學，1942 年畢業。

也就是在 1936 年時，國民政府頒布了新的中學課程標準。從中，我們大概可以窺見夏穗生所受之中學教育。初中的課程大致為公民、體育及童子軍、國文、英語、算學、生理衛生、植物、動物、化學、物理、歷史、地理、勞作、圖畫、音樂，很明顯，那時的課程安排已經相當完備，與今日無二。

1937 年全面抗日戰爭爆發時，夏穗生正處於初中階段，全面抗戰的爆發而且處於風暴中心的上海，不受影響是不可能的。儘管國民黨倡導一種“戰時須作平時看”的教育政策，但相對於和平年代，高中教育還是有一些變化。1938 年，國民黨頒布了《戰時各級教育實施方案綱要》其中就包括了戰時教育的九大方針，其完全反映出戰時的應急與參戰需要。例如，戰時教育強調文武合一；農業需要與工業需要合一；教育目的與政治目的合一；以科學的方法整理國故，建立民族自信；加強自然科學，以應國防生產之急需。

從這些教育政策中，可以明顯看出三個方面：文科在於樹立民族精神，鼓舞保家衛國的決心，理科在於軍事與生產應急，體育在於培養全民皆兵。在這樣的精神指導下，1940 年時的高中課程設置了公民、體育、軍事訓練及軍事看護、國文、英語、數學、生物、礦物、化學、物理、歷史、地理、勞作、圖畫、音樂。

1935 年夏穗生赴滬時，他的父母及叔嫂均在上海，父親夏福田正在滬寧鐵路管理局工作，與他們一同在上海居住的還有他的弟弟夏健生，以當時的家庭狀況來說，雖然不算非常富裕，但他們的生活應該還算可以，父親的工作與鄉間田產的收入完全可以養活三個孩子，但抗戰爆發後，還是遇到了極大的困難。

若以 1955 年，夏穗生離滬赴漢來算的話，他整整在上海生活了二十年，而這二十年正是人格形成的決定時期，正是這二十年，他從一個 11 歲的孩子成長為一名能夠獨當一面的外科醫生。

據後人回憶，在滬江大學附中念書期間，夏穗生一家住在黃浦區牯嶺路一帶，而學校位於楊浦區軍工路，兩地相距大約 11 公里，年輕的夏穗生每天步行上學放學，最少每天行走 22 公里，如果需要回家吃午飯的話，行走距離更是驚人，而這段經歷無疑鍛煉了他的身體。後來他成為外科醫生後，在手術台上一站幾個小時根本不在乎，很大程度上得益於他這段年少時的求學之路。

在家中，夏穗生與他的弟弟夏健生同住，夏健生把他們兄弟倆居住的閣樓稱作“萬卷樓”，意思是要“讀萬卷書，行萬里路”，而夏穗生則執意給閣樓命名為“春蠶室”，意思是要“春蠶到死絲方盡，蠟炬成灰淚始乾”，這樣看來，漫漫求學路開啟了他對人生的思索，即便是在如此年輕之時，夏穗生已經有了要為某種事業或使命奉上一生的精神了。

10. 孤島

生活在和平年代的人們總是想用一朵善意的玫瑰去抹平歷史的傷疤，但歷史顯然沒有任何天真的成分。誰都知道，傷疤可能不再疼痛，但傷疤也不會消失。中國民間的仇日情緒向來十分驚人，一方面是因為長期意識形態宣傳的結果，另一方面，也應該注意到這種仇視敵對情緒有著長久的歷史根據。夏穗生等一眾二十年代出生，在少年時親歷抗日戰爭全程的知識分子們，他們的抗日民族情緒是我們這些和平時代的人難以體會的。

中國在近代飽受屈辱，而真正讓中國創巨痛深的非日本莫屬。十九世紀六十至九十年代，日本完成明治維新之後便開始對華侵略，1895 年的中日甲午戰爭中，北洋水師全軍覆沒，簽訂了賠償白銀兩億兩的《馬關條約》，而發生在旅順的大屠殺更是與四十多年後的南京大屠殺如出一轍。甲午戰爭更是使得台灣成為日本的殖民地，一直到 1945 年抗戰勝利才又短暫統一。

1900年庚子事變，日本作為八國聯軍的主力之一，佔領北京。但這僅僅是個開始，1905年，日俄戰爭在中國境內打響，旨在爭奪中國滿蒙地區。1910年，日本吞併朝鮮，此時已經很明顯了，東北就是下一個朝鮮。日本人在1912年、1916年、1928年三次策劃了"滿蒙自治運動"，以控制東北。直到1931年9月18日爆發的"九一八事變"，很快東北三省淪陷。

1932年的3月9日，偽滿洲國成立，讓人有種感覺日本人的侵略似乎是只限於東北。但事實絕非如此，同年的1月28日，日軍轉而進攻上海，這便是"一二八事變"，經國際調停後才撤出上海。當然此時，夏穗生還小，尚在老家餘姚生活，所以並未感到過戰爭已經迫在眉睫。

如果說上述都只是些序曲的話，真正的噩夢在1937年7月7日降臨在他身邊，那時他十三四歲。令人難過的是，此時的少年夏穗生才剛剛來到上海兩年多而已，而這場抗戰一打就是八年，他的整個中學生涯，一個少年最應該無憂無慮的日子竟都是在心驚膽戰中渡過的。

"七七事變"後，全面抗戰算是正式打響，蔣委員長十天後在廬山發表了著名的抗戰宣言：

"如果戰端一開，那就是地無分南北，年無分老幼，無論何人，皆有守土抗戰之責任，皆應抱定犧牲一切之決心。"這段宣言聽上去十分激動感人，但事實上，在這之前，東北人民已經當了整整六年的亡國奴了，為什麼六年後才鼓舞中國人民守土衛國之決心？也許是因為"和平未到根本絕望時期，決不放棄和平，犧牲未到最後關頭，決不輕言犧牲”，到底是不是這樣，也只能自行體會了。

很快，北方最重要的城市北平在 1937 年 7 月 28 日淪陷。接著，日軍便來到了第二站上海，這便是“八一三事變”，日軍攻擊上海，顯然是為了迅速毀滅中國進行抗戰的經濟能力，他們計劃在三個月內完成征服中國的戰爭。但江南是國民黨的大本營，蔣介石在此投入了國軍最精良的部隊進行了頑強抵抗，這便是歷史上的淞滬會戰。

發生在上海的淞滬會戰從 1937 年 8 月 13 日一直持續到 11 月 13 日，整整三個月，是整個中日戰爭中規模最大、最慘烈的一場戰役。雙方投入兵力超過了 110 萬，而中國陣亡將士便有 30 萬，可以想見戰役之慘烈。

1937 年的八一三事變之前，上初二的夏穗生正在餘姚鄉間度暑假，而上海陷入戰爭，他自然也無法返回上海繼續就讀，因而轉到浙江春暉中學借讀。[1] 但他在春暉中學的學習並沒有持續多長時間，因為上海陷落後，日軍很快侵入浙江省，他在家鄉即將淪陷、

1　2001 年，在浙江春暉中學八十周年校慶時，他曾為母校賦詩一首，作者摘錄在此，供讀者們欣賞：

《懷念春暉校慶八十周年》

硝煙難及碧波情，白馬湖畔綠葉雲。曹娥江流匯學子，仰山堂上謁師尊。

贏來年少獲明示，有幸古稀謝師情。桃李芬芳天下滿，春暉萬世留英明！

在夏穗生的口述中，他也提到了上虞春暉中學這一段，春暉中學的著名校友魯迅是一位他十分欣賞與崇拜的人。其實他生來傲然，一輩子獨孤求敗的氣質，很難說他會去崇拜誰，但據夏夫人回憶，他一輩子喜歡魯迅的書，就在他的書櫃塞滿各種外科學著作的時候，魯迅全集也從來沒有缺席過。他甚至拿魯迅的名句“橫眉冷對千夫指，俯首甘為孺子牛”來當家裏的春聯用。

日軍到達前，再次逃回了上海租界他父親的住處，重新進入滬江大學附中就讀。

不知道逃難中少年夏穗生是否親眼得見上海的慘烈，但戰爭肯定影響了他的學業。讀者們需要注意的是，淞滬會戰雖然慘絕人寰，讓上海直接從天堂墜入地獄，但當時的日軍並不敢對上海租界動手，當時也確實沒人敢跟英美叫板，後來日軍偷襲珍珠港（1941.12），直接向美國宣戰，八成已經失去了心智。當時夏穗生的家住在牯嶺路附近，位於上海公共租界內，是兵火未及之地，他在餘姚老家的親人在此時也全部逃往上海租界避難。

上海公共租界（Shanghai International Settlement）實為英美租界，國中之國。第一次鴉片戰爭後，根據《南京條約》1843 年上海便設立了英國租界，而後在 1863 年 9 月又合併了美國租界而成。租界作為殖民地的象徵卻在此時成了上海最後的"孤島"，由於上海公共租界面積較大，因而在抗日戰爭中庇護了大量的上海市民，歷史的諷刺就在這裏。當上海華界遭受狂轟濫炸淪為日佔區後，大量資金人力又都湧入上海租界，租界孤島反而又呈現出一種略帶尷尬與畸形的繁榮。這與太平天國劫掠江南，上海在租界的保護下崛起的路數似乎一模一樣。

上海租界裏的和平女神，1924 年落成，1943 年間拆除

夏穗生全家與他後來的妻子石秀湄都是在公共租界裏熬過了上海抗戰最艱難的時期，當然他們當時還並不相識。夏穗生的學校滬江大學附屬中學由於位於楊樹浦因而淪為戰場，由此可見，租界也並不一定完全安全，公共租界本來是包括楊樹浦和虹口兩地的，但此兩地亦被日軍所佔。當時的滬江大學與附中只能被迫撤到孤島裏其他地點辦“沒有校園的學校”。

滬江大學與附中的全體師生在開戰後全部搬入公共租界外灘圓明園路 209 號真光大樓的滬江大學商學院繼續堅持辦學。由於大學、中學、商學院全部擠在一起，條件可想而知，當時不得不採用三班輪流的辦法上課，上午是中學、下午是大學、晚上是商學院。後來由於學生增多，又增加了圓明園路上的廣學會大樓與亞洲文會大樓辦學。

少年夏穗生就是在這樣的狀況下繼續著學業，他的學校現在已經離他家只有兩公里了，他再也不用步行 11 公里去楊樹浦那邊上學了，他雖然年少，但想必他也明白，他昔日的學校已經成了日佔區，而他們這些學生只不過是些在租界這個孤島裏苟活的中國人，若沒有強大的精神支撐，又該怎麼活呢？

淞滬會戰以日本人勝利告終，國軍則撤出了上海，在全部撤離時，蘇州河北岸的四行倉庫畫上了淞滬會戰壯烈的句點。國軍的留守軍隊八十八師的一個營，全營 400 多人號稱 800 壯士，撤退到四行倉庫升起國旗據守上海，誓與上海共存亡。四行倉庫與蘇州河南岸的公共租界僅一河之隔，上海市民與國際社會在蘇州河南岸的孤島裏一起近距離親眼目睹了侵略者槍炮下中國軍人有死無降的一幕，無不動容。

從抗戰伊始，目睹這一幕的人們便已經明白，侵略者不可能贏。一寸山河一寸血，日本軍國主義者只能在血戰後踏過中國人的屍體才能前進，而中國人是殺不完的，侵略者的失敗從一開始就是必然的。

這種一邊是天堂，一邊是地獄的場景就發生在少年夏穗生的身邊，他是否有看到這一切今天並無從知道，但可以知道的是，他跟他的學校一起，三班倒地擠在孤島的某座大樓裏，艱難地堅持著學業，這些學生不就跟那些軍人一樣嗎？這不就是民族的希望嗎？

作者猜想，在他年少的心裏，這就是民族主義的萌發階段，在敵人的槍炮下，他直截了當地接受了愛國主義的洗禮。這種真正的赤誠的強烈的愛國主義是經過抗日戰爭的人所特有的，是深刻的，是原發的，不是煽動的，更不是教育習得的。

1937 年 11 月 13 日，淞滬會戰結束。國民政府發表告全體上海同胞書聲明："各地戰士，聞義赴難，朝命夕至，其在前線以血肉之軀，築成壕塹，有死無退，陣地化為灰燼，軍心仍堅如鐵石，陷陣之勇，死事之烈，實足以昭示民族獨立之精神，奠定中華復興之基礎。"

就這樣，上海淪陷，只剩下了孤島。

上海淪陷後，民國政府立即宣布將首都和所有政府機構遷往陪都重慶。夏穗生的父親夏福田正是在此時跟隨國民政府開始了內遷四川之路。雖然夏家全在孤島裏面，兵火未及，但作為一家之主，他臨走時並不放心，特意交代了摯友在需要時幫助一家老小渡過難關。不知道父親內遷後，夏穗生是否害怕過，他作為家裏年齡最大的孩子，想必母親也會教導他拿出堅強的樣子。

很快，1937 年 12 月，南京淪陷，南京大屠殺是如此的臭名昭著，以至於日軍都知道要向其國內的日本民眾隱瞞真相。1938 年 10 月 21 日，廣州失守標誌著南中國的淪陷，接著 10 月 25 日，武漢最終棄守標誌著華中地區全部淪陷，但武漢會戰的慘烈把日軍徹底拖入了戰略相持階段。武漢失守後，國民政府表示，一時之進退變化，絕不能動搖我國抗戰之決心，任何城市之得失，絕不能影響於抗戰之全域，表示將更哀戚、更堅忍、更踏實、更刻苦、更猛勇奮進，戮力於全面、持久的抗戰。

口號雖然鼓舞人心，但至此，除了西部外，中國的核心地區，華北、華南、華東、華中已經全部淪陷，這是中國近現代史上最接近於亡國滅種的黑暗時刻，凡是經過這一段的人，特別是那些在這種境況下長大的少年，才能真正明白什麼叫作"中華民族到了最危險的時候"。

11. 滬江精神

孤島是暫時安全的，也是繁榮的，燈紅酒綠，影院舞榭還是一如往常。但這表面繁榮終究蓋不住人心惶惶，總有些末世狂歡，自暴自棄，今朝有酒今朝醉的樣子。英法在歐洲戰場自顧不暇，而美國始終中立。租界到底安不安全？萬一日本人進來，怎麼辦？而此時，上海的華界已經滿目瘡痍，一片廢墟。隨著大片領土相繼淪陷，政府內遷四川，末世的氣象越來越濃。

國軍節節敗退，上海周邊的城市紛紛淪陷，大量的中學在此時湧入租界尋求庇護，到1939年底時，面積不到30平方公里的孤島裏，光是教會中學就有32所。隨著公共租界人口的暴增，擁擠的狀況可想而知。更糟糕的是米、煤、生活日用品價格瘋漲，使得許多家庭都陷入了困境，對學校來說，所收的學費也只能艱難維持運營，由於缺乏校舍與必要的條件，教學的質量與時長也很難保證，但不論如何，滬江大學附中還是和許多其他的中學一樣，就是在這樣的境況下堅持著。有數據表明，1939年秋季時，滬江大學附中共有教員20人，學生485人，而夏穗生就是其中之一。

可以說，中學時期既是一個人人格形成的時期，也是體格發育的關鍵時期，但戰爭環境下，經濟與醫療都大受影響，中學生們身體孱弱在所難免。夏家本來經濟狀況還算良好，但戰爭期間也是過得極為艱苦，所有的生活用品價格飛漲，江南淪陷後，老家的田產也沒了收入，再來，一家之主夏福田也隨政府遷往了四川，因而收入大減。開始時一家老小還能堅持，但在抗戰後期，已經開始借錢度日，可見當時夏家經濟之窘迫。

在成年後的一份自述材料中，夏穗生反復提及了抗日戰爭時他家中的經濟困難。由於餘姚鄉間淪陷，全家人都逃難到了上海租界他父親的住所。一大家子人全部擠在一個小房子中。當時除了父親的收入外，還有一大部分要依靠鄉間地租。但鄉間地租全部交於賬房手中，賬房大揩其油，他們在上海租界也是鞭長莫及，受到戰爭影響，他們在上海租界與內遷的父親也無法維持聯繫，經濟狀況則更加惡劣。

正是由於戰爭期間的缺乏營養與惶恐不安，夏穗生在 1939 年得了當時常見的疾病肺結核，因而輟學一年。而肺結核的特效藥鏈黴素 1944 年時才在美國開始臨床試驗，所以在當時的上海，肺結核是沒有特效藥的，只能硬扛，他算是命大扛過一關。通常來講，肺結核的病程能拖上半年以上，肯定是要耽誤學業的，而且學校被日佔，搬遷到真光大廈也經過了停課整頓，所以可以判斷，抗戰開始後，夏穗生的學業基本上處於斷斷續續的狀態之下。安穩的生活突然失去後，嚴酷的戰爭對青少年的心理打擊是巨大的，由於學校的失序與調整，部分孩子們停課時整日無所事事，難免沾染上那種淪陷區的渙散、放縱與頹廢，但世事就是這樣，有些人沉淪之時，總有另一些人在默默堅持。

除了辦學條件艱苦之外，租界裏的學校還面臨著偽上海市政府的政治壓迫。上海華界於 1937 年 11 月 13 日淪陷，租界就此成為孤島，一直到 1941 年 12 月日本發動太平洋戰爭向美國宣戰後才由日本接管。但是，即便是在這四年尚未淪陷的孤島時期，租界的教育也受到了日偽政府的強行干預。

日軍在佔領上海後，迅速組織了偽政府來控制淪陷區。中國的一大問題是人多，為國捐軀的人多，賣國投敵的也不少，但相較之下，後者較前者更多。上海淪陷的這八年，走馬燈似地換了好幾波偽政府，第一個叫大道市政府，為什麼好好的上海不叫要叫大道呢？大道選自中國典籍《禮運大同篇》之“大道之行也，天下為公”，赤裸裸的侵略竟然成了天下為公。可能這樣的名字刺激到了淪陷區人民，不利於穩定，之後的偽政府又都以上海為名。

最臭名昭著的當屬汪精衛國民政府下屬的上海特別市政府，以陳公博、周佛海先後為市長。上海人民不恥他們，提到他們的時候都跟提到過街老鼠一樣，只是可惜了玉樹臨風的汪精衛，胡適對汪精衛的美貌有著“我見猶憐”的評論，從現有照片上來看，這種評價也是毫不為過。但就算是被迷住的女人，也沒誰敢給他這種漢奸行為說話。只有他自己給自己辯解說他為了看護淪陷區人民，充當了日本人與亡國奴之間的緩衝。其實，他做的事情跟偽滿洲國溥儀做的事情並無二致，從這裏可以看出，中國人最痛恨的就是漢奸，最崇拜的就是皇帝，但對皇權的崇拜還是超過一切。如果皇帝當了漢奸，沒關係，還是可以特赦，也沒誰真正怪罪於他，反而一片感嘆，可汪精衛不行，平民出身絕不能當漢奸，死無葬身之地。從這天差地別的待遇，還是能感覺到一股子的奴性。

剛淪陷不久的時候，偽政權就開始了向孤島教育界滲透，他們主要做的便是勸降投機分子美化侵略、搞中日親善這一套，不成便實施暗殺。其中最大的犧牲者，便是滬江大學的校長劉湛恩。劉湛恩是滬江大學第一位中國校長，一位虔誠的基督教徒與抗日分子。

上海陷落後，他選擇留在孤島與滬江師生一起共克時艱，他安排學生們三班倒上課，上午中學，下午大學，晚上商學院，沒課的時候劉校長也組織他們宣傳抗日，慰問傷病，救助難民等等，在校長的帶領下，滬江大學一眾學生似乎一夜長大，突然就能頂住這最後一片天了。作為滬江校長與基督徒，劉湛恩在上海教育界極有聲望，當抗日團體紛紛撤往大後方堅持抗日時，劉湛恩選擇了極為危險的孤島堅持抗日，他似乎完全明白自己的危險處境，一封他給友人的信件流露出了他的心跡：

“很難預言，未來還會發生些什麼事情，但不管發生了什麼情況，我們的這所基督教大學一定會繼續辦下去。我們的心為恐怖的戰爭和可怕的受難及毀滅在流血，我們相信，中國的基督教會不會在這空前的危機時刻停止活動，滬江大學仍將作為基督教信仰的燈塔做出貢獻。”

悲劇最終發生在 1938 年的初春，由於劉湛恩嚴辭拒絕出任偽政府的“教育部長”，而日偽當局又極度恐懼他所做的抗日宣傳工作，他們最終在 4 月 7 日，他去往滬江大學的路上暗殺了他。消息一經傳出便震驚全國，滬江師生悲憤異常，整個孤島為之哭泣。4 月 9 日，上海各界在國際禮拜堂為劉湛恩舉行了葬禮。當時上海的各界代表和群眾、全體滬江師生共計 3000 多人參加了追思禮拜並送殯，夏穗生便是默默跟在隊伍中的一員。

那長長的隊伍壓抑了所有的悲傷與憤怒，最終演變成了一場抗日遊行，每一個走在送葬隊伍之中的學生，比任何時候都要明白，他們為什麼要讀書？“為什麼要讀書？”這個問題若是放在今天，可能會有無數個答案，但在 1938 年的孤島中，除了“抗日救國”，恐怕不會再有第二個答案。

抗日救國如果對我們來說只是歷史書上的一段，或是愛國主義教育的一部分，那麼對 1938 年，孤島上的中學生們來說，抗日救國就是他們活著的全部信念。就像滬江附中教師陳其善在高三臨別時說的那樣：“青年為國家之命脈，民族之中堅，方今國難正殷，諸君適於此時畢業，則已肩負救國與復興民族之責任，吾尤盼望於諸君，努力於科學研究，並養成基督化之人格，秉犧牲奮鬥之精神，以排除人類之蟊賊，而恢復國際和平與正義也。”

1941 年 12 月，日軍偷襲珍珠港，日美宣戰，太平洋戰爭爆發，日軍接管了上海租界，孤島自此不復存在。1942 年 1 月 15 日，滬江大學被迫作出了無限期停辦的決議，而 1935 年入學的夏穗生剛好在這一年高中畢業。淪陷後，孤島上的和平女神被迫拆除，他親眼看著這一幕，那種為劉校長送葬的感覺更強烈了。很快，孤島上的英美學校被迫停辦，各個國立或私立的大中小學也都被強制加入日文課程，教授中日友好，溝通中日文化云云。

對此時的高中畢業生夏穗生來說，這無疑是人生最艱難灰暗的時刻。抗日戰爭開始後，一直庇護著他的孤島和學校一夜間全部消失了，他的父親還在四川，他們一家在上海的生活已經十分困難了，經濟狀況大不如前，舊日裏那些親友們對他們家都十分熱情，但隨著境況的變化，也都漸漸冷淡了起來。地主家少爺夏穗生第一次感到了世態炎涼，開始認識到除了靠自己，人生並無出路。

儘管世態炎涼讓他感到消沉，但幸運的是，滬江精神已經在他的身上扎下了根，他並沒有因世道而沉淪，反而更加堅毅了。他在後來的一份材料中也提到，之前他讀書並不認真，他的出身讓他沒有那種急迫感，真正開始發奮學習就是在上海淪陷這最艱難的時刻。

正如滬江中學高三同學的畢業感言說的那樣：“兩年來，被逼迫在這城市的角落裏面上課，方才領悟到從前生活的可貴、難得。我深切地懺悔，為什麼當時要設法免上早操，或藉故不參加童子軍活動，願滬江附中的兄弟姐妹們，不要沉醉在舒適的環境裏，而磨滅青年人努力的志向！願滬江能產生些在困苦中奮鬥成功的人物！”

夏穗生後來的人生道路顯然充滿了這種逆境中奮鬥的精神，他一輩子越挫越勇，奮鬥從未停歇過。據後人回憶，夏穗生十分擔心“玩物喪志”，他自始至終保持了一種居安思危、不進則退的精神，而這極有可能源自他年少時孤島裏的滬江精神。

12. 淪陷區的從醫之路

1942 年初，夏穗生從滬江附中畢業時正是他們一家最困難的時候。若從 1937 年上海淪陷開始算起，夏穗生的父親夏福田隨國民政府遷往四川，他們全家老小就一直在租界裏艱難度日，五年就這樣過去了，仗還沒有打完，父親也回不來上海，仿佛要這樣一直耗下去了。

直到 1941 年 12 月，事情有了變化。日軍偷襲珍珠港，日美宣戰，太平洋戰爭爆發，日軍接收了上海租界，孤島自此不復存在。日軍接收孤島後，夏穗生第一次真正嘗到了在日軍的統治下做亡國奴的滋味。但是對美國宣戰也是日本法西斯最後的瘋狂了。試想一下，一個沒有喪失理智的國家、一個真正關心人民福祉的政府又怎麼會喪心病狂地跟美國宣戰？就是在抗日最艱苦的時刻，夏穗生選擇了上海的德國醫學院，自此走上了從醫之路。這個抗日戰爭期間建於上海的“德國醫學院”抗戰後（1946）被併入了上海同濟大學醫學院。

自 1942 年他進入德國醫學院，到他 2019 年離世，他與同濟的緣分長達 77 年，同濟對於他的分量，超過了他任何一位親人，成為了他生命全部的意義所在。

夏穗生臨床與科研能力極強，這與他所受的教育是分不開的。1942 年他進入上海德國醫學院學習時，已經是民國晚期。當時民國的醫學教育已經是非常成熟了，請允許作者在此稍加回顧：

中國最早的西醫教育出現在清末，都是傳教士醫生帶徒弟，也就是家徒式傳承，最有名的中國學生是後來成為最早本土西醫的關韜（1818-1874）。此外，早期著名的本土西醫還有黃寬（1829-1878），黃寬就比關韜更為正規一些了，黃寬 1855 年畢業於愛丁堡大學醫學院，並在兩年後獲得醫學博士學位，並於 1857 年返回香港、廣州工作，接診的同時也辦西式醫學教育，可以說，從他開始，家徒式的傳承已經開始轉變成了正規醫學教育。民國成立前，大清就已經擁有了外國辦的西醫學校（以教會為主）與本國自辦的西醫學堂（洋務運動）。

從 1912 年到 1926 年的北洋政府時期，我國西醫教育開始逐漸擴大。這一時期大部分醫學院還是受外國控制，但國人自辦西醫高等教育也在增長，女子醫學教育開始興起。1927 年到 1937 年的國民政府時期是為大發展時期，醫學教育的主權逐漸被收回，完全自辦的西醫學校開始出現，可以說，這一時期西醫教育已經基本實現了本土化。1937 年之後到 1949 年則是低谷時期，抗日戰爭期間，國民政府為了保存教育薪火，醫學院同其他大學一起內遷四川，教學實行了聯大的模式。國共內戰時期國民政府則是對教育無暇顧及，整體情形均未能恢復到 1937 年抗戰開始前的水平。

民國時期主要有四種醫學教育類型。

第一種為西方教會開辦的醫學院，由於西醫東漸是以教會為先鋒，所以教會醫學院開辦較早，到民國時期，已經是我國醫學教育的主力軍，其醫療和教學水平在我國也是首屈一指的。民國時期，由於國人自主意識的覺醒，“非基督教運動”在中國開始興起，當時的北大校長蔡元培就強調教育與宗教分離，而真正的宗教信仰自由是保護信教的自由與不信教的自由。在這樣的情勢下，政府開始收回外國人在華教育權運動，要求教會學校必須向中國政府立案、註冊，接受中國政府的教育法規等等。隨著民國時期中國民族主義意識的覺醒與本土西醫的逐漸壯大，醫學教育與宗教逐漸分離，教會醫學教育的勢力在中國逐漸減弱，一直到新中國建國初徹底消亡。

民國時期第二種醫學教育類型則是中國政府辦的醫學院，通常有國立和省立。這種學校是我們今天最常見的一種大學醫學教育，今日通常稱之為公立大學。這實際是中國精英自強不息向西方學習、實現中國現代化的產物。如果說教會學校的問題是教育與宗教的結合，那麼這種公立學校的問題則是教育與救國思想的結合。醫學在這裏總不是那麼純粹，發展西醫科學擔負著振興中華、重建民族自信的責任，這種強烈的民族主義現實動機確實可以讓後起民族奮起直追，但醫學作為人類的科學，其靈魂在於人類智慧的自由發揮創造，絕非民族主義與振興中華之類的政治訴求。

民國時期第三種醫學教育類型則是外國政府與財團所辦之醫學院。這種外國政府與財團所辦的醫學教育多在教會之後，其主要目的還是為了擴大外國對華的政治文化影響力。德國血統的上海同濟大學便是最典型的一例。這種外國政府或財團辦的學校最大的好處在於財力雄厚，既沒有教條化宗教導向，也沒有國立大學那種振興中華的政治導向，重點在西方科學文化輸入，為辦學國牟取利益。最後一種醫學教育類型則是國人私人辦學，這種學校今天被稱為私立學校，是所有西醫教育中影響最小的一種。

民國時的上海作為亞洲第一大都市，論現代西醫教育是全國第一的，而且教育類型也非常豐富，上述四種教育類型也應有盡有。

但夏穗生非常不幸，當他在 1942 年中學畢業時，正值抗日戰爭的第五年，大學停辦的停辦，沒停的早都已經內遷四川保存教育火種了，真可謂選擇不多。夏穗生的母校上海同濟大學也一樣，抗戰開始後不久就內遷了。兵荒馬亂，夏穗生能在抗日戰爭如火如荼的時候接受到當時最尖端的醫學教育，多虧了一所德國人在上海開設的醫院：那便是“寶隆醫院”（Paulun Hospital）。

上海寶隆醫院

一切的故事都要從一個德國醫生埃里希·寶隆（Erich Paulun，1862-1909）說起。

寶隆醫生 1862 年 3 月 4 日出生於德國的 Braunschweig，是一位擁有博士學位的德國軍醫。與英法相比，德國算是後起的帝國主義強國。德國在 1870 年普法戰爭中獲勝，這才實現了全國統一，建立了德意志帝國，到了十九世紀九十年代，德國開始推行世界政策，向海外擴展殖民地，爭霸世界。

可見，德國比英法來得要晚。1897 年，德國強佔了中國山東的膠州灣，取得了在山東修建膠濟鐵路與開礦的權利，1900 年又參與領導八國聯軍侵華。雖然德國在中國的勢力不如英美法，但後來者往往具有更充分全面吸收早前科技工業成果的條件，而成為後來居上者。

埃里希·寶隆（Erich Paulun）

寶隆作為軍醫，在 1891 年間曾隨德國海軍“SMS Iltis”號到過中國，親眼見到中國醫療衛生堪憂、傳染病流行，那時的他已經萌發了要在中國開辦醫院的想法。只能這樣說，他這樣的志向完全呼應了當時德國的外交政策。十九世紀末，德國公使就不斷強調英美法在華的傳教士醫生遠遠超出德國，懇請國家派遣德國醫生前往中國，以擴大德國在華的政治和文化科技影響力。德國在上海的總領事則表示，要利用每一個機會，使德國文化在上海受到重視，並讓人知道，除了英國，還有其他國家的利益存在。無論初衷如何，寶隆在上海開設醫院的行為顯然符合了這一歷史潮流。十九世紀末，寶隆就聯合了上海的德國醫生，組成了上海德醫公會。

1899 年時，寶隆便開始以上海德醫公會的名義開始籌款辦醫院。1900 年，也是另一個庚子年，同濟醫院就在這上海灘誕生了，而帶有德國血統的“同濟”二字如今早已成了中國醫學的金字招牌。

回想當初創立之時，“同濟”有兩層意思。一為“同舟共濟”，出自中國先秦典籍《孫子 · 九地》，二為“同濟”的發音與德語中“Deutsch（德國）”一詞的發音相近，故名同濟，意指德國。這個意思再明顯不過了，就是德國與中國要同舟共濟。若拋開成立時的時代背景，只看醫學領域，“同濟”確實代表“同舟共濟”的中德友誼。同濟醫院在成立之初，便得到了中德雙方的各種支持，這與英美教會醫院的性質有著極大的不同，其最大的特點便是脫離了宗教，而以中德科技文化交流傳播為導向。

募集籌款時，同濟醫院便得到了上海紳商、德國企業、上海官員、德國領事的多方共同支持，最終購買了白克路（今鳳陽路）的一塊七畝地皮興建十餘間平房，作為最初的院址。頗為諷刺的是，同濟醫院創建於 1900 年，也就是八國聯軍侵華的當年。德軍將領瓦德西（Alfred Graf von Waldersee，1832-1904）還是八國聯軍的統領之一。八國聯軍侵華之時，寶隆還臨時參加過德國傷病員的救治工作，待傷病員撤走後，傷病院留下的器械設備則成了同濟醫院的診療設備。最初的手術室與病房也是德軍傷病員撤走後所留下的。

就這樣，一個至今仍在延續的中德傳奇就在此開始了，充滿了諷刺，但世事不都是這樣嗎？

同濟醫院的院長就是寶隆醫生，其他醫生都是上海德醫公會的醫生，坐診的時間有限。醫院也沒有專門的護士，由臨時訓練的中國工人照顧病患。最初時，也不收診費，收取高價藥費，入不敷出時，由上海官方補貼度日。寶隆為了宣傳醫院，派人四處宣傳，喊的廣告詞是上海話“茄門（German）醫生呱呱叫”，在醫院影響擴大後，醫院才得以擴建並慢慢走上正軌。

醫院建成後，缺醫少藥一直困擾著寶隆，特別是醫院缺乏能全天坐診的醫生，這使他迅速意識到創建一個醫學堂，培養中國本土醫生，才是真正傳播德國醫學、讓德國科學技術在中國贏得聲譽進而在思想文化與政治上影響中國未來一代的辦法。寶隆的構想得到了德國在華領事與德國政府的大力支持，在一系列活動與操作下，在同濟醫院創立七年後，“上海德文醫學堂”（Deutsche Medizinschule）於 1907 年 10 月 2 日舉行了開學典禮。上海德文醫學堂的校舍就在同濟醫院的對面，位於白克路（今鳳陽路）23-25號。醫學堂設有德文與醫學兩科。德文科學習三年，再進入醫學預科（醫前期）兩年，最後進入醫學正科（醫後期）三年，共八年制。

1908 年，上海德文醫學堂改名“上海同濟德文醫學堂”（德文名字沒有變化，還是 Deutsche Medizinschule），德文科與醫前期遷往金神父路上課，醫後期的學生則都在同濟醫院內上課實習。雖然醫院與醫學堂有後期學生實習關係，但兩者均為獨立單位，沒有隸屬關係。1909 年，寶隆醫生不幸去世，為了紀念這位奠基者，同濟醫院更名為“寶隆醫院”。1912 年時，同濟德文醫學堂擴大為“同濟德文醫工學堂”，加入了工科。

事情在 1914 年第一次世界大戰時，起了變化，讀者們知道，德國是兩次世界大戰的戰敗國，兩次都與中國不在同一戰線上，這樣看來，同舟共濟不過是一種美好的期許而已。當時的德國是同盟國盟主，而中國則是協約國一方的附庸，1917 年 3 月 14 日，中國北洋政府宣布與德國斷交，曾經宣稱同舟共濟的德文醫工學堂立刻陷入了尷尬之中。至此，同濟德文醫工學堂結束了德國人掌控的時期，轉而由中國控制。

學堂還是那個學堂，但校名隨著時代不斷更迭，到了 1923 年，最終定名為“同濟大學”，1927 年國民政府上台後，成為了“國立同濟大學”，是當時首批經國民政府批准成立的七所國立大學之一。讀者們應該瞭解的是，雖然對外名義上，同濟大學已經轉為中國控制，但實際操作中，德國通過外交手段、財力物力資助、教學模式、教學語言、師資派遣、學生文聘認可等方式一直保留了對同濟大學極大的影響力與同濟的德國特色，可以說同濟大學不論是在德國控制下還是中國控制下，都是引進德國學術與文明的最前沿。

國立同濟大學在 1932 年的"一二八事件"中被日軍轟炸，損失慘重，1933 年得以修復，但好景不長。正是這一年，希特勒（Adolf Hitler，1889-1945）的納粹黨上台，德國的對華與對日政策都開始了改變。1937 年全面抗日戰爭爆發上海淪陷，同濟大學的校園成為一片灰燼，同濟師生們不得不踏上了內遷之路。抗日戰爭中，每一所大學的內遷之路都是一部史詩，都是中華民族的"長征"，同濟大學的內遷之路輾轉滬、浙、贛、粵、湘、桂、滇、黔、川九省，還曾取道越南，總行程 11000 公里。難怪有人常說，中國最偉大的大學是西南聯大，而這個抗戰時期臨時組建的學校存世僅八年。那些防空洞裏的課室，轟炸警報下的讀書聲，轉移萬里的書籍，點燃了愛國、民主、科學之火光。

就在這萬里迢迢的內遷之路上，同濟大學與德國的紐帶開始越走越遠，大部分德國籍教授放棄了隨遷，選擇回到日佔區的上海或回國，這樣對他們來講更為安全。從根本原因來看，還是德國納粹與日本的同盟關係，使得德國對華文化政策的中心轉到了日佔區的上海，而非內遷四川的同濟大學。由於當時的寶隆醫院還在上海，德國得以依靠寶隆醫院的師資力量在上海另建德國醫學院（Deutsche Medizinische Akademie Schanghai，DMAS）以實現在華影響力。

1941 年 7 月 2 日，中德斷交，同濟大學與德國的關係已經無法繼續。而德國在日佔上海另建德國醫學院的步伐則進一步加快了，就這樣，中德斷交還不到一年，1942 年的夏季，日佔上海的德國醫學院就已經正式開學了。

不得不說，這所上海德國醫學院完全是二戰時政治的產物，它的出現卻完全改變了夏穗生的命運。1942 年時，夏穗生還是一個剛滿 18 歲，從滬江附中畢業的學生，生活在日佔淪陷區的他本沒有太多出路，好大學都內遷了，沒遷的都要學日語。他當時只是簡單想著能找個不用學日語的學校，就剛好遇上了德國醫學院開學招生，而且滿足了他全部的心願：既不收學費，又不學日語！

13. 上海德國醫學院的求學生涯

上海就是上海，無論來的是英國人還是美國人、德國人還是日本人、國民黨還是共產黨。上海人永遠都得活下去，誰來都一樣要活下去。

在日佔上海，出路有限。好的大學都響應號召，內遷西南國統區好幾年了，當然也包括了國立同濟大學。由於日本與英美同盟國的敵對關係，在上海的英美系學校也全面停辦了，滬江大學就是一例。當然總有些學校不停辦不內遷的還在勉強堅持，但只要留在日佔區，都是必須學日語的。其實，內遷有內遷的艱苦卓絕，而留在淪陷區更多的則是無盡的壓抑與無奈。

還有一些學校是接受日本當局招安的，日本向這些被招安的學校委派了大量日本教師。這種接受招安的是抗戰勝利後最慘的了，不僅學歷不予承認，老師和學生還要被嚴格政治審查，歸入“叛國”另冊的。但無論這世上發生了什麼，無論哪朝哪代，老百姓都得活著，日子都得過，這是硬道理。

當然，這種始終把個人的生命放在第一位的想法，在某些時代、某些國度總是顯得大局意識不夠、甚至三觀不正，難以入流，時不時還要飽受批判，但作者始終認為，一個心懷人道主義的醫生是最能對這樣的想法產生共鳴的。

夏穗生中學畢業時，就是在這 1942 年的上海。抗戰時期的從醫之路，遠沒有今日從醫之路那麼多權衡考量，可以說是有什麼學什麼，說來心酸，這就是民族精英的來處。今日孩子若想學醫或不想學醫，都是經過了全方位的思量，有家庭狀況、個人興趣成績、職業發展前景、收入水平、社會地位等各方面原因，但 1942 年，夏穗生 18 歲時事情遠沒有那麼複雜。

他只是簡單痛恨日本人，抗戰一開始他的中學就被炸毀了，他們躲在租界裏艱難復課，可以說，他的整個中學生涯都是以抗日為主題的。日本侵華戰爭還毀掉了他原本平靜而體面的生活，那些年夏家過得十分艱苦，家鄉人常把鹹菜曬成乾菜以便保存，作為長年的下飯菜，營養可想而知了。戰爭實在是拖得太久了，到了抗戰的最後時期，他們家已經開始借錢度日。

有了這種經歷，不難想像，夏穗生中學畢業後選擇學醫，根本談不上什麼選擇，是沒有辦法的辦法，這完全是受到了簡單的民族主義的驅使，是一個抗日戰爭時代背景下的偶然事件。夏家不是醫學世家，家族裏沒有從醫傳統，跟中醫西醫都不沾邊的，夏穗生的父親是個政府公務員，祖父是個富二代，曾祖是個成功的紳商地主。

生活在日佔上海，夏穗生的想法僅僅是，他要找個不學日語的學校，你們讓他學日語，他偏不！他的骨頭就是這麼硬，一生如此！儘管那時只有 18 歲，儘管那時身在淪陷區。而命運就是這麼奇特，全因二戰政治形勢而生的上海德國醫學院恰巧在此時開學招生，滿足了他的心願：不學日語。當然，還有額外的好處，不收學費。想想看，1942 年在日佔上海，也只有德國醫學院能做到這樣了。

對於夏穗生來說，除了日語這個民族主義情緒引發的心理障礙，學費也是個現實障礙。抗戰時期特別是最後幾年，夏家確實經濟十分困難，最困難的時候，一家人曾經離開了租界，短暫返回餘姚韓夏村，鄉下至少有屋有田，有田就能有口飯吃，不至於餓死。而且臨近抗戰勝利時，日軍節節敗退時，擔心其轟炸上海也是原因之一。好在終於熬到了 45 年抗戰結束，父親夏福田從四川返回了餘姚，再把一家人接回了上海。

上海的德國醫學院是個抗戰時期的臨時教育機構，因而時常被忽視。簡單說來，國立同濟大學醫學院是一個中國的高等教育機構，但具有德國教育傳統，而寶隆醫院則是一所德國人所有的醫院，兩者完全平行獨立，寶隆醫院一直都是同濟大學醫學院後期臨床階段的實習醫院與教學點。但到了二戰時期，由於中德是處在敵對的不同陣營中，同濟大學醫學院內遷四川，與德國的紐帶越來越遠，與寶隆醫院的臨床實習關係更是不可能了。而留在上海的寶隆醫院在同濟大學內遷後，則有強烈的意願要成立一個自己的（屬德國的）醫學教育機構，這便是“上海德國醫學院”的由來，寶隆醫院這種另起爐灶的想法實際上在 1938 年初就已經有了。

1937 年上海淪陷後，同濟大學就逐漸開始了內遷，但事實上，醫學院的德國教授跟隨內遷的極少，因為這些醫學院的教授大多是寶隆醫院的專家，他們大多都留在了寶隆醫院，並未離開上海。當學校決定遷往廣西時，同濟大學醫學院的德國教授實際只剩下一人。

由此可見，納粹控制下德國的對華重點已經不在同濟大學了，而是轉到了日佔上海，通過寶隆醫院的專家力量再建上海德國醫學院以維持在華影響力，1942 年夏季，上海德國醫學院便正式開學。

夏穗生後來曾向他的妻子反復敘述過他是如何被上海德國醫學院錄取的，可見這對於他來說是件多麼驕傲的事。那時的面試是用英文進行的，排在他前一位的面試者因為聽不懂面試官的問題正不知如何是好時，夏穗生在後面自告奮勇地將面試官的問題翻譯成了中文，就這樣，他的面試還沒開始，他就以出色的英文水平被錄取了！

008

上海德國醫學院學生名單 民國三十三年至三十四年

醫後期第六學期

張錫嘏　趙家駿　杜宗毅　李　巍　沈文元　孫駿八　陶乃煌

錢宗熙　裘德懋　王昵熔

醫前期第四學期

張傳鈞　張關達　趙華羣　馮元璋　顧啟湛　徐振華

徐新六　黃碩麟　唐孝均　陳慶祺　王克峻　汪敏剛　尤　振

醫前期第二學期

張錦鳳　張效文　張　鍊　趙瑞全　鄭國煜　周勤德　鄭俊淵

郭緣丞　夏穗生　夏松汀　徐通昌　柯照蕃　李鴻翔　寇惠羣

上海德國醫學院學生名單（民國 33 至 34 年）

上海德國醫學院有四處教學基地：

(1) 同孚路（現石門二路）82 號，作為德語語言培訓教學基地。

(2) 善鐘路（現常熟路）100 弄 10 號，作為醫學院前期的教學基地。

(3) 白克路（現鳳陽路）寶隆醫院作為醫學院後期，即臨床教學的教學基地。

(4) 戈登路（現江寧路）女青年會內設立病理學研究所，作為臨床教學一個部分。

上海德國醫學院修學年限與同濟大學醫學院相同，為六年制，即醫前期、醫後期共五年，實習一年。醫前期的課程大致包括化學、分析化學實習、物理、生理學、生理實習、解剖學、系統解剖學、屍體解剖實習、組織學、組織學實習、顯微鏡標本實習、進化史及胎生學。醫後期的課程則大致包括：病理學、法醫學、外科、內科、神經病學、X 光線學、小兒科、婦科、產科、皮膚花柳科、眼科、耳鼻喉科、藥物學、衛生學、細菌學。

凡用英語考試入學者，需經一年德語培訓，考試及格後才能開始學醫。當時在上海有三所中學的外語是用德語教學的，分別是上海華德中學、上海師承中學、上海浦東中學，所以有一些德語生源。夏穗生則屬用英語考入者，那麼從 1942 年到 1945 年德國戰敗而停校，夏穗生在校三年，剛好完成了德語與醫前期的課程。

1945 年德國戰敗後，上海德國醫學院隨即停辦。夏穗生則短暫進入了國民政府所辦的上海臨時大學繼續學業。1946 年同濟大學遷回上海，上海德國醫學院併入同濟大學醫學院的相應班級，承認其學歷，畢業時同樣頒發同濟大學醫學院畢業證書。上海德國醫學院完全出自寶隆醫院一脈，嚴謹、求實的教學模式，與內遷的同濟大學醫學院毫無隔閡，留在上海無遷徙的穩定環境下，反而使得德語與基礎醫學更扎實一些。

在上海德國醫學院就讀時，夏穗生依然是徒步上下學。他家住在牯嶺路的廂房，而德國醫學院前期教學是在善鐘路，步行大概需要一個小時。按他跟他妻子石秀湄後來的說法，他醫學專業成績非常好，不僅如此，德語也很厲害。以他在滬江附中的英文基礎，背德語單詞也是得心應手，他視最枯燥無味的背單詞為一種極大的樂趣，遊戲一般地背來背去，樂此不疲。

夏穗生曾經使用過的德英字典

當然背下單詞並不難，但真沒人能像他一樣把枯燥無味的事情當成一種樂趣來鑽研，也許這才是一種真正讓人前途無量的本事。

14. 最後的明珠

當夏穗生在 1942 年進入上海德國醫學院艱難求學之時，同濟大學正在大後方苦苦支撐著，1942 年的時候已經遷到了較為妥善的安置點四川李莊，所謂的較為妥善是指李莊沒有像昆明那樣時常處於日軍的轟炸警報之下。由於較為安全，以羅南陔為首的當地地主鄉紳 32 人又聯名表示敞開懷抱接納同濟，發出了最為著名的 16 字邀請函“同大遷川，李莊歡迎，一切需要，地方供給”。所以，同濟大學醫學院在此時進入了一個難得的安頓時期，得以在李莊著名的景點“九宮十八廟”裏潛心學問，直到 1945 年抗戰結束返回上海。

同期從淪陷區遷去李莊的學術機構很多，包括金陵大學、中央研究院、中央博物院等等，一時間，李莊這個名不見經傳的西南小鎮突然成了保存中華文明火種的學術中心。這個民族在如此艱難的時候都如此堅毅，讓後人感動不已，忍不住歌頌其偉大，但若真花些時間去瞭解一下李莊這個小鎮，去瞭解一下羅南陔這種鄉紳的下場，你就會不禁打個寒戰，欲哭無淚了。

"這個世界怎麼會是這樣？"

夏穗生將來也一定會問這樣的問題，但 1942 年時，雖然身在淪陷區，淒淒慘慘的命運讓他有機會進入上海德國醫學院深造，也算是對他仁至義盡了。夏穗生善於學習，而且總懷著一股要比別人學得好的勁兒，這種天生的動力與執著一生都沒有消失過，而這種由自而生、心無旁騖的精神，讓他的學術追求有一種亂世中難得的乾淨與純粹。

在上海德國醫學院教醫學專業的老師全是德國人，全部使用德語教學，每個班都不滿 30 人，教育質量相當高，特別是在戰爭環境下，這使得留在上海的這波學生德語與醫學水平都十分出眾，一絲不苟的嚴謹學風即源於此。當時學校裏唯獨教德語語言的老師是個匈牙利人，據當年的學生回憶，這個匈牙利老師在英國學校教英文，在德國學校教德文，教他們就是使用英文來教德文，對比之下，他們的德語上手非常快，半年的時間，簡單的聽說讀寫也都可以了，合格後就可以開始讀醫前期的專業課了。

夏穗生腦子靈活，懂得多，中國文學的底子也不錯，善於思考問題而且習慣於不顧一切追根究底，因此在同學中得了個綽號"師爺"，當然這也跟他的籍貫浙江餘姚有關，餘姚自古屬紹興府，紹興師爺也算是當地特產。他的這一綽號廣為人知，連他的弟弟都跟著被喊成了"師叔"。他的同學至今還記得他在課堂上常常能回答老師突然提出的問題，例如有一次，德國老師提問：紅外線是什麼？夏穗生便答道紅外線是溫度、熱量，我們感到陽光有溫度就是因為其中有紅外線。

據當時的學生回憶，學校裏德國老師和中國學生的關係並不密切，交流十分有限，純粹的教學關係。當然，上海德國醫學院的老師大多都是寶隆醫院的醫生，也不是全職教學的。除此之外，另一層原因便是戰時的緊張關係。處於特殊環境之下的上海德國醫學院在政治問題上十分隱晦，除了醫學教學外，對學生不談任何問題，以一種獨立的德國醫學教育機構示人。

二戰時期，要在日佔上海辦學，還有不學日語保持自身特色的特權，沒有跟日本當局的關係是根本做不到的。上海德國醫學院當然也知道在淪陷的上海，中國青年學生的心態有多敏感，任何一點點顯露出與日本人的關係都會引發強烈的民族情緒，給自己惹上麻煩。所以，醫學院保持著純正的德國特色，據當時的學生回憶，學校教室裏都掛有德國"領袖"希特勒標準像，書架上的書刊也都是關於德軍在歐洲戰場上的"偉大勝利"，反正看上去跟中日關係都不大。德國納粹和日本法西斯雖說也沒什麼兩樣，可畢竟中國人接觸不到，打過來的是日本法西斯，但還是有學生暗暗向高懸的希特勒像投擲粉筆頭發泄不滿。

就這樣，抗日戰爭的最後三年（1942-1945），夏穗生算是正式走上了從醫之路讀完了醫前期。

1945 年 4 月 27 日，蘇聯紅軍終於打進柏林市中心，那教室上方高懸的"偉大領袖"希特勒在三天後自殺。5 月 8 日，德國便在投降書上簽了字，很快，上海德國醫學院便停辦了。可在中國，德國投降並不代表著日本投降，但卻預示著日本法西斯也沒兩天了。很明顯日本不可能以一己之力對抗同盟國，但二戰以來，日本本土其實沒受多大影響，其大量軍隊仍在中國佔領著大片領土，特別是長期經營的偽滿洲國和台灣，所以德國投降後，特別是看到德意兩國偉大領袖的下場後，日本還在爭取有條件投降。幾個月的遲疑使得廣島和長崎的民眾嘗到了美帝科技革命最新成果原子彈的威力，在第二顆原子彈落地的六天後，1945 年 8 月 15 日，日本便宣布無條件投降了。

如果說這世上還有比抗戰勝利更開心的事情，那麼作者看來，也只有文化大革命的結束了。籠罩在上海上空八年之久的陰霾終於散開了。都說守得雲開見月明，但真是未必。遷走時難回亦難。同濟大學的回歸上海之路到 1946 年才完成。從 1945 年抗戰勝利到 1949 年解放只有短短四年，這麼短的時間之內江山易手，讓一個戰後威望空前的執政黨倒台，其中很大的一個原因便是戰後後遺症，在對待淪陷區人民的問題上，國民政府失去了民心，在接收敵產方面，公然與民爭利，接收反而成了“劫收”。

當同濟大學再回到上海之時，已經物是人非，經過四方交涉，才弄到一些散在上海各處的房屋作為校舍復課。夏穗生所在的學校上海德國醫學院作為戰敗國的財產被同濟大學醫學院完整接收了，夏穗生則是被併入了同濟大學醫學院的相應班級繼續醫後期的學業，直到 1949 年建國前完成了臨床實習（1949 屆），正式畢業。

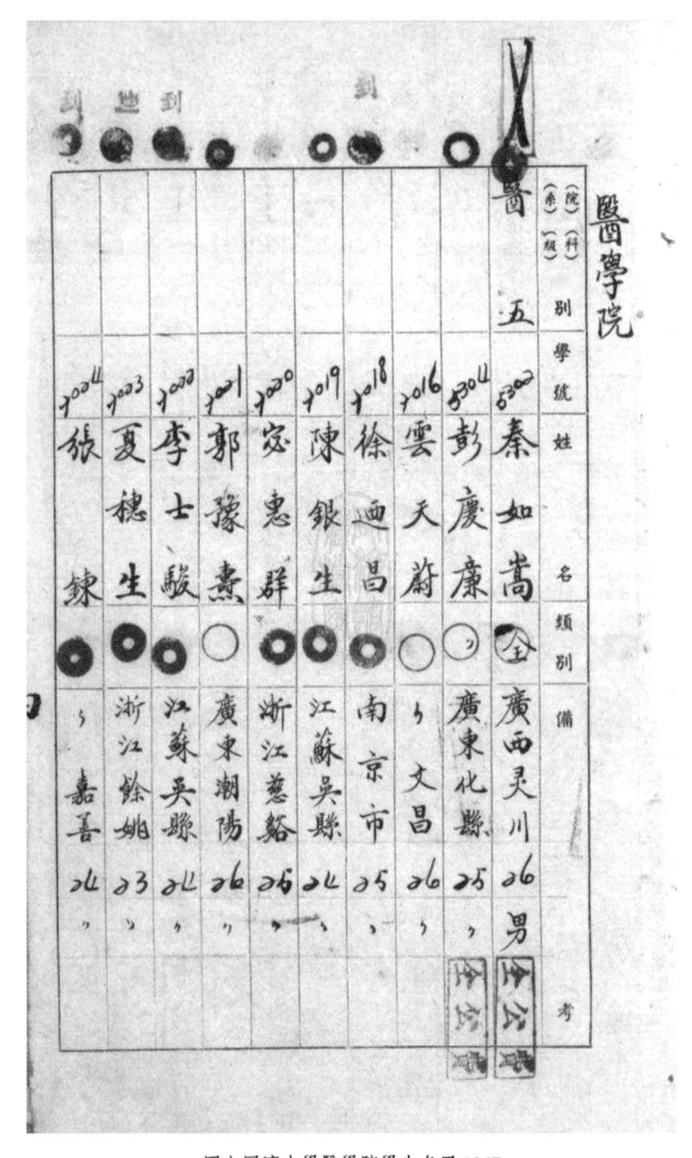

醫學院

(院)(科)(系)(級)別	學號	姓名	類別	備			考
醫五	5302	秦如嵩	全	廣西灵川	26	男	全公費
	5304	彭慶康	〃	廣東化縣	25	〃	全公費
	7016	雲天蔚		〃文昌	26	〃	
	7018	徐迺昌		南京市	25	〃	
	7019	陳銀生		江蘇吳縣	24	〃	
	7020	宓惠群		浙江慈谿	25	〃	
	7021	郭豫肅		廣東潮陽	26	〃	
	7022	李士駿		江蘇吳縣	24	〃	
	7023	夏穗生		浙江餘姚	23	〃	
	7024	張錬		〃嘉善	24	〃	

國立同濟大學醫學院學生名冊 1947

抗戰時德國人的寶隆醫院則一樣作為戰敗國的財產被接收了，寶隆醫院頗為坎坷，由於德國早於日本投降，寶隆醫院先是過戶給了日本，成了日本陸軍醫院，沒到三個月日本就投降撤走了，但撤離時醫院已被日本人洗劫一空。

抗戰勝利後，醫院隸屬國民黨軍統局中美合作所，並接受了美軍醫療物資，因此更名“中美醫院”，1946 年 6 月醫院重新開診。同濟大學回滬後起訴了中美合作所強行徵用“中美醫院”。最終，在協調下，醫院被交還給了具有長期歷史合作關係的同濟大學，但中美醫院的名字保留了下來，成為了同濟大學醫學院附屬中美醫院。正是這時，醫學院有了自己專門的附屬醫院可供學生臨床實習。

抗戰後的中美醫院

夏穗生在同濟大學醫學院的臨床實習期便是在當時的中美醫院進行的。據同屆的同學回憶，夏穗生所在的班級有八十多人。由於他們的大學時光完全處於極不穩定的戰爭期間，同學們的經歷都很複雜，在讀年限也都不一樣，多多少少都有所耽誤。合併後的班級主要有三波人，4/5 是跟隨同濟大學內遷的同學，有 1/5 來自留在上海的德國醫學院，極個別是周邊大學轉學過來的。入學時間都是在 1941、1942 年，他們的班級在 1949 年建國前畢業，在校時間都長達七至八年。

夏穗生在校時，成績非常好，尤其外科水平突出，被老師留在了中美醫院進行臨床實習。當時由於醫學院學生人數眾多，只有大約一半的學生能夠留在中美醫院實習，其他的一半同學則需要去上海其他醫院實習。留在中美醫院實習的，查房、病例、病情記錄這些都還在遵循傳統使用德語。

就這樣，夏穗生終於在建國前完成了所有的課業與實習，從上海同濟大學醫學院畢業，他和他母校一樣，是德國醫學精神與中國救亡自強精神最完美的結合品。如果我們把建國前稱作舊社會的話，那他便是那個舊社會所造就的最後的明珠，注定要在新中國大放異彩。

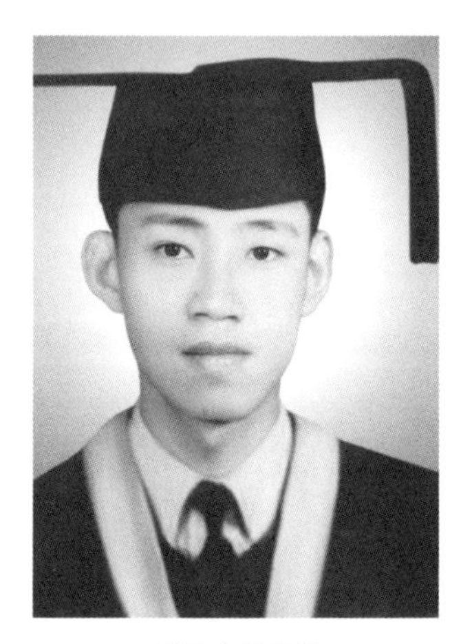

夏穗生畢業照

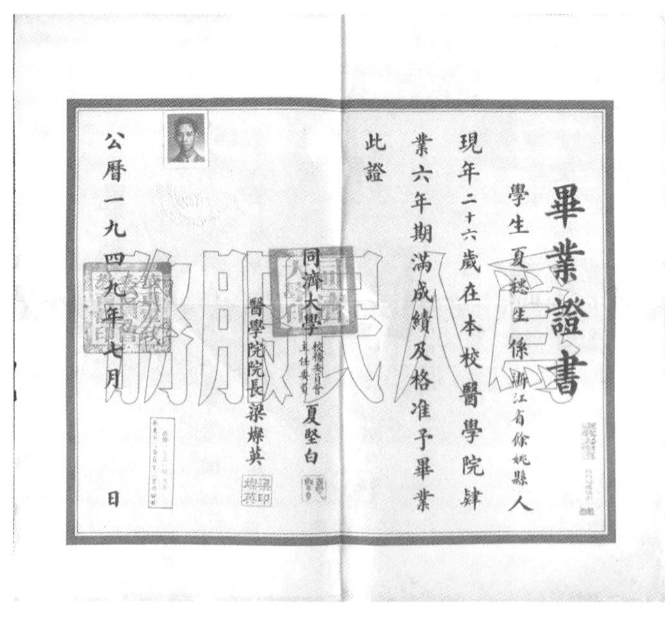

畢業證書

學生夏穗生係浙江省餘姚縣人
現年二十六歲在本校醫學院肄
業六年期滿成績及格准予畢業
此證

同濟大學校務委員會主任委員夏堅白
醫學院院長梁[illegible]英

公曆一九四九年七月 日

夏穗生的大學畢業證書，當時上海已經解放，但尚未建國，在這一政權更替時期的畢業證上可以看到“華東軍政委員會教育部”的方章

同济医科大学1949届同学名录

（按姓名笔划为序）

马孝义　万述铎　云天蔚　毛增荣　冯新为　叶文丘　叶介清

孙国忠　庆太平　朱宝忠　毕爱华　许先典　阳景清　刘昌圻

刘昌茂　李　稷　李士骏　李立咸　李立群　李春琦　李锡莹

宋见清　沈艮祥　汪　沛　吴玉辉　吴孟超　吴佩煜　吴采南

吴颂之　何　麟　何彦琳　陈　涛　陈易人　陈厚贻　陈纪尧

黄其琏　金士翱　周开渠　周志家　周素新　周勤德　宓惠群

郑国煜　郑炽民　张　铢　张训桓　张显义　胡大鹏　胡远峰

俞九生　顾启湛　赵　宽　赵珍丽　赵端全　郝连杰　郝素勤

柯照黎　侯志曾　夏松汀　夏树国　夏穗生　徐乃昌　徐友梅

郭明灵　郭俊渊　郭豫涛　秦如嵩　梁柏森　耿悦荫　凌梅球

梅国伟　舒鸿逵　曾福昌　彭庆廉　蓝文正　蔡振邦　蔡宝贤

裴锡玉　熊　昂　熊汇慈　潘祖章　鲁之法　魏德祥　魏赞道

戴　云

國立同濟大學醫學院 1949 屆同學名錄

1989 年，在同濟大學醫學院 1949 屆同學畢業四十年時，曾在武漢同濟醫院舉辦過一個學術交流性質的同學會。跟所有的同學會一樣，他們回顧了那些無比曲折、艱辛的求學史，報告了他們分別四十年來在醫學上的建樹。為了那些不致忘卻的記念，夏穗生當時特賦詩一首於記念冊上，作者摘錄於此供讀者們欣賞：

四十年前各西東，人生一夢太匆匆。而今老耋情深在，留得平生一葉中！

第三章

經年相伴

15. 天長地久有時盡

夏穗生與石秀湄的結婚照，拍攝於 1952 年

民國十八年（1929），石秀湄生於上海靜安區成都北路一個弄堂裏。她的父親是個外資銀行職員，她們家屬於典型的上海普通市民。她的童年就是在公共租界裏度過的，據她講，那是她一生最無憂無慮的時光。

“當時真的那麼好嗎？”

“是的，安居樂業，跟現在一樣。”

這是她的原話。但除了安居樂業之外，她似乎也說不出那時好在哪裏了，畢竟年紀太小。那時正是國民政府的“黃金十年”，可她說她沒聽說過這個詞，這也正常，所有政府都愛吹噓他們的偉大時代，御用歷史學家們創造出來的詞匯對於市井小民來說意義不大。

“後來家裏的情況就沒那麼好了，一是因為打仗，二是因為弟弟妹妹生的太多。”她又補充道，石秀湄是家中長女，共有七個長大成人的弟弟妹妹，還不包括沒養活的，家庭之境況可想而知。

她清晰地記得日本人打來時，她家住在公共租界裏成都北路741弄139號，那時她在上小學。

“37年日本人來了以後呢？”

“我知道日本人來了，但租界裏沒有日本兵，我還記得晚上家裏都不能開燈，門要緊鎖，窗戶都要用紙糊上。我每天都很害怕，怕日本人來。”

這大概就是她對上海抗戰“孤島”時期生活的全部回憶，不知道她是真不記得還是不願意說。

“反正跟現在的電視劇不一樣，但只要過蘇州橋都要給日本兵鞠躬倒是真的。”她又補了一句，這似乎又完全證明了她頭腦清醒。

石秀湄年輕的時候見識過上海灘的十里洋場，雖然等她長大一點時，十里洋場的盛況已過，但那時審美還是不被批判的，而青春期養成的習慣，往往奠定了人一生的審美偏好。與她的兒女輩不同，她明顯沒有“無產階級”或“階級鬥爭式”綠軍裝與豔麗絲巾搭配的審美品味，她喜歡各種口紅、胸針，燙頭髮，穿著打扮還是有意無意的顯露出那種只屬於老上海的芳華。

由於家庭境況不佳，石秀湄念到初二時便輟學了，在家呆了好一陣子，等到抗戰勝利後，45-46 年時，她才找到了一個提供免費師範教育的學校，又繼續念上了書。民國時期竟有這麼多免費學校，和夏穗生一樣，石秀湄也是讀了免費學校。這家師範學校“上海新陸師範學校”雖然創立時間不長，沒什麼悠久的歷史傳統，但也算得上是那個風起雲湧的大時代中的佼佼者、先知先覺者。新陸師範的超前主要在於它培養出了眾多的革命黨，敢於公開反對國民黨的“反動統治”，在一輪紅日尚未升起時便已經棄暗投明了。

當然，石秀湄雖然在那裏讀了幾年師範，而且正值國共內戰期間，但還是遠沒有覺悟到這種程度。她回憶到，當時學校裏的學生是公開分成兩派互鬥的，一派是支持國民黨的，一派是支持共產黨的。這個說起來，跟今天還是不大一樣，當時的中國遠沒有今日的中國那麼高度和諧一致，因此只能稱之為舊中國。

當時的石秀湄只是一個十六七歲的女孩子，哪裏搞得清楚這麼多？對於青春期的女孩子來說，內戰不內戰影響不大，甚至讀不讀書都影響不大，戀愛大過天才是真的。更何況，她的家庭狀況並不好，作為家裏的老大，她若能早些結婚成家也是對原生家庭的極大幫助。

石秀湄與夏穗生婚姻的成功，一定程度上應該歸結於自古以來將浪漫與愛情排除在外的包辦婚姻。如今，自由婚姻已經成為一種政治正確，現代人對包辦婚姻多不屑一顧，殊不知包辦婚姻實為基於社會學的理性選擇。他們是通過相親介紹認識的，大概在 1947 年之時，當時石秀湄 18 歲，夏穗生 23 歲。介紹人是他們共同的親戚，夏穗生的舅媽，同時也是石秀湄外婆的妹妹。這樣的一層關係下，夏穗生和石秀湄本就是沒有血緣關係但有姻親關係的遠房親戚。由於知根知底且家庭處境類似，兩人的戀愛從一開始便十分穩定，無波無瀾，當然浪漫色彩顯然不夠。這亦無妨，在世俗的婚姻裏，一切轟轟烈烈皆為不祥之兆，一切平平淡淡才是幸福法門。

現實中我們可見的，成功的愛情與婚姻還是有一些規律可循，其中男方對女方主動的、堅持不懈的追求便是很重要的一條，又或者說，男方有明顯的意願要組織家庭。作者並不認同男性主動論，也並不是說女性就沒有主動追求愛情與婚姻的權利，以今日男女平權的視角來看，只要是人都有權利追求愛情與婚姻，但女性主義並沒有強大到可以徹底改變千年來形成的兩性關係。作者在這裏只是從歷史經驗來看，在長久的文化傳統之下，女性主動追求愛情與婚姻的結局往往不那麼好。

夏穗生與石秀湄的婚姻也是符合這一兩性規律的。兩人最初被安排在介紹人舅媽家見面，顯然夏穗生對女方萬分滿意，喜歡的不得了。石秀湄年輕時十分漂亮，夏穗生一見傾心也屬正常。可問題出在，女方當時並沒有等同於男方的滿意。據石秀湄回憶，當時的夏穗生特別特別瘦，又高，完全談不上帥氣，也沒有後來杏林泰斗的風範，像個“長廊杆”一樣。但好在兩人有雙方家庭的撮合與支持，便開始了互相瞭解。後人都只是知道夏穗生是個天生的工作狂，心裏只有事業，哪有什麼家庭？但據石秀湄回憶，他的工作狂形象是結婚後才慢慢顯現的，婚前他對於追求自己未來的妻子也是十分上心的，從這裏讀者們也能看出若想讓一個人在婚前婚後完全保持一致是多麼不切實際。

他們談戀愛那會，是在建國前後那幾年，還經歷了內戰，那時通貨膨脹非常嚴重，上海物價飛漲，日子都很困難。47 年他們剛認識的時候，夏穗生還在同濟大學醫學院附屬中美醫院上醫後期的課程，還沒有開始實習，石秀湄則在新陸師範學校念書。據石秀湄回憶，夏穗生最常做的事情便是送她上下學，當時上海新陸師範學校在吳淞路，而中美醫院在白克路，這兩個地方離家都不遠，上下學之路也便成了戀愛之路，其實今天的在校學生談戀愛也做這樣的事，看上去差別不大。至於這戀愛路上都聊些什麼，可知的是夏穗生曾經詢問過他未來的妻子，將來是做內科醫生比較好還是外科醫生比較好？石秀湄告訴他外科醫生比較好，對於自己的專業，夏穗生不可能沒有主見的，但這樣的回答對他來說無疑是一種莫大的鼓勵。

當然談戀愛不能只聊自己的學業與工作，風花雪月是一定不能少的。夏穗生酷愛讀書，小時候讀過不少經典文學名著。據石秀湄後來的回憶，他們談戀愛時，他常常會跟她講起許許多多的經典故事，《三國演義》、《水滸傳》、《紅樓夢》裏的故事都講過。他講的時候信手拈來，絕不是臨時背書可得的。這讓她對他頓生一種崇拜的感覺，漸漸地，她才發現“長廊杆”原來是一個上到天文下到地理樣樣精通的學問家。至此之後，她一生都對這樣一個博學多才、刻苦勤奮的人充滿了崇拜，而這種崇拜遠超於愛。

說起博學多才，夏穗生也十分喜歡寫詩，特別是唐代的那種七言五言，後來也給他的妻子寫了不少，當然讓一個醫學家去當詩人還是有點難度的，所以為了恰如其分地表達出真摯的情感，談戀愛時，他還是選擇了引用摘抄唐代偉大的現實主義詩人白居易的經典長詩《長恨歌》送給他未來的妻子，而《長恨歌》也成了石秀湄一生中最愛的詩。

《長恨歌》敘事部分太長，恨得太多，作者不再重複，但還是將其中被痴男怨女反反復復吟唱的詩句摘錄於此，以紀念他們長達七十二年的愛情：

在天願作比翼鳥，在地願為連理枝。

天長地久有時盡，此恨綿綿無絕期。

每到周末，他們也會像現在的情侶一樣，去看電影。據石秀湄回憶，他們倆在一起看的第一部電影是《遙遠的愛》（1947 年上映），第二部電影是美國電影《金石盟》，後來看多了就記不住了，但前兩部她總是記得。據她說這兩部電影都是浪漫的愛情片，完全預示著他們美好的愛情。

但實際上，這兩部她印象中的“浪漫愛情片”都十分悲慘，並沒有什麼幸福的結局。特別是那部趙丹和秦怡主演的電影《遙遠的愛》，完全是在講一個男人塑造出了一個具有現代獨立意識的女性，並結為夫妻，但在抗日戰爭的背景下，這名女性最終走上了抗日救國的道路，而這個男人卻不思上進，一味追求安逸的生活，兩人最終三觀不合、分道揚鑣的故事。這是一部典型的民國式正能量電影，結局頗為傷感，如果能在這種電影中看出幸福的味道，那看電影的人恐怕真的是陷入了愛情之中，已經不能明辨是非黑白了。

夏穗生對岳母家的事情也是極其上心的，岳母十分喜歡他。由於岳母家就在中美醫院附近，所以，他常常去幫忙和蹭飯的。他們談戀愛的時候，石秀湄的小妹妹得了肺結核已經病得臥床不起了，當時肺結核的特效藥鏈黴素才剛剛進入中國不久，他就從醫院買藥，拿回家自己給小妹妹打上，這才救回了小妹妹，這當然使石家人萬分感動。從他們婚後的情況看，他與石家人的親密程度遠超他自己的家族。由於石秀湄家弟弟妹妹眾多，他親手給石家寫家譜，並以大姐夫的身份自豪，可謂好姐夫的典範。

1948 年，石秀湄從上海新陸師範學校畢業並進入了交通部材料儲運總處張華浜碼頭倉庫工作，這份工作正是夏穗生的父親夏福田介紹的。這份工作在當時有著穩定體面的收入，卻不幸成了她日後遭遇的伏筆。他們的戀愛可謂談得久了一點點，從解放前談到解放後，從舊社會談到新社會，改朝換代也沒影響他們的天長地久。拖這麼久才結婚的原因是當時的中美醫院規定，醫生一定要做到總住院醫生才能結婚。那個時候，讀完醫後期的課程後，要作實習醫生一年，作住院醫生兩年，這才能作到總住院醫生，到了 1952 年時，他們終於可以結婚了，一個 29 歲一個 24 歲，這在當時已經是相當晚婚了。

那時他們已經有了自己的積蓄，收入在當時還算不錯。建國後的第三年，1952 年 12 月 20 日，他們在滬上老字號“上海新雅茶室”舉辦了婚禮，他們一個穿著中山裝，一個穿著旗袍，正式而樸素。他們邀請了許多人到場來見證他們的幸福，包括了雙方的親戚、領導、同事、同學。石媽媽一家當然是最開心的，一家人包括石秀湄眾多的弟弟妹妹們整整齊齊地參加了婚禮。

滬上老字號“新雅茶室”至今仍在南京路上

但這場婚禮並非沒有遺憾，新郎的父親夏福田沒有能夠出席這場婚禮，新政權似乎不喜歡舊人，而喜歡把人劃歸不同的階級成分，而夏福田的成分似乎已經不能讓他與親人共享幸福了，某種隱約的不祥即將到來。

16. 上海一九四九

七十一年前，1949 年 5 月 27 日，上海解放，那時石秀湄剛剛 20 歲，已經工作了一年，她後來回憶，解放前夕她在吳淞的張華浜碼頭倉庫上班，看著國民黨的軍隊從上海撤走，同時撤走的還有一批不合時宜的人，這些人有錢有勢，拖家帶口，要麼回國，要麼輾轉去了香港，這也是為什麼後來連《上海灘》都是香港人拍出來的。她並不清楚這意味著什麼，也記不住具體日期，但她清楚地記得當時是多事的春夏之交，上海氣溫適中，她穿著單衣。

晚上她鎖好門，用報紙糊好窗戶，關上燈躲在家裏，說是害怕轟炸，37 年日本人來的時候她看大人們就是這樣做的。

“可是解放軍又不是日本人，歌裏唱的都是解放軍是我們最親的人，況且解放軍那會還是土八路，也沒空軍啊，天上不會掉炸彈。”

她想想也是。

5 月 27 日夜裏，進入上海市區的解放軍秩序井然，就地睡在馬路上過夜，為了不堵塞主路影響市民生活，他們沿街排好睡出了好長好長的隊伍，凡是看到這一幕的人都明白國民黨真的回不來了，他們輸在了某種在今天被稱為“初心”的東西上。

夏穗生所在的中美醫院，情形就不同了。上海周邊的傷員被源源不斷地送往中美醫院，根本忙不過來，一場自相殘殺，讓他得到了大量實戰練手的機會，就像古羅馬的蓋倫永遠在角鬥場等著看傷者的內臟一樣，殘酷的戰爭成就了他一手的本領，正好迎接解放，爭取在新社會也做個有用的人。

第二天，上海還是那個上海，石秀湄說平靜地像什麼都沒有發生過一樣，但報紙顯然不同意她的一面之詞，報紙上說上海市民自發衝上街頭興高采烈地歡迎解放軍進入上海，配有圖片為證，當然這還是以報紙的說法為準。

如果我們不理會報紙那些見風使舵的說法，上海確實還是那個上海，要是後來也是這樣該有多好啊，誰知道，革命呀革命，才剛剛開始。

“解放區的天是明朗的天，解放區的人民好喜歡，民主政府愛人民呀，共產黨的恩情說不完。”

就像紅歌中唱的那樣，解放區的天才是明朗的天，上海的天則是陰霾密布的至暗時刻。抗日戰爭的勝利雖然使得中國這個半殖民地性質的國家一躍成為擁有一票否決權的世界五大國之一，但抗日戰爭實際已經掏空了國民政府，那些勝利的榮耀並無法扭轉戰後的經濟災難，更無法應對解放區的挑戰。

抗戰期間，軍事開銷大增與沿海富裕地區稅收的喪失，使得國民政府財政赤字驚人，而增加紙幣的發行量不可避免地引發了通貨膨脹。紙幣的發行量從 1937 年的 13 億元狂飆到 1948 年的 245,589,990 億元。戰後拿著上億元的鈔票去買點米的事情，在上海是見怪不怪的。在 45-48 年之間，物價以每月 30% 的幅度遞增，上海的物價指數上揚了 135,742 倍。[2]

通貨膨脹極大地影響了市民的生活，大量城市的中產階級淪為貧民，徹底破壞了國民政府的信譽。據石秀湄回憶，內戰時期上海市民生活極其艱苦，她的父親是銀行的出納主任還算薪水不錯的，但由於子女眾多，依舊十分困難，吃都吃不飽。鈔票在當時是沒用的，必須立刻購買食物儲存。她記得當時她們家是把裝被子的大櫃子騰出來屯米的，下飯的菜就是腌菜而已。只有經歷過那種年代的人才會覺得浪費一丁點菜渣都是極大的罪過。

更令人憤怒的是戰後國民政府以征服者的姿態回到了曾經的淪陷區，東南、華北、華南、華中有大量的淪陷區，這些平原地區都是中國的經濟命脈，真正的核心地帶，但飽受苦難的淪陷區人民並沒有得到安撫，反而被懷疑是當過叛徒和漢奸的人，好像只有去到大後方才是忠於祖國一樣。當然，官員最重要的事情是接收敵產，與民爭利、私吞戰後救濟物資中飽私囊的事情層出不窮。種種難以置信的做法刷新了民眾對國民政府的認識，傷了人民的心，他們當然不敢指望日本人再回來，但他們盼著解放區那明朗的天也是不稀奇的。

解放區跟國統區不一樣，國統區是以東南沿海經濟最發達地區

2　數據參考徐中約：《中國近代史》下冊，香港：中文大學出版社，頁 648。

為根本，靠著城市商業稅和海關關稅來維持運轉的，用歷史教科書的話來說就是“國民黨政府代表了大地主大資產階級的利益”，他們對農村和農民問題是關注不夠的。

而共產黨控制下的解放區完全立足於農民群眾，延安道路的核心就是完善群眾路線和在農村加強革命的民族主義，相當於在抗日戰爭的背景下，將農村、農民這個不受重視的群體組織武裝動員起來。在蘇聯成功的馬列主義其實是依靠城市無產階級奪取政權，而共產黨則是創造性地把這種馬列主義理論跟中國的實際情況結合起來，而中國的實情就是放棄城市，在農村扎根。

解放區在抗日戰爭結束之時就已經極具實力，尾大不掉，在華北、華南和華中控制著一億人口，共 18 個解放區，並擁有 100 萬正規軍與 200 萬民兵。[3] 相較之下，國統區的大城市更像是解放區農村海洋中的孤島，這樣來看，農村包圍城市的成功就容易理解了。與八年抗戰後極度厭戰的國民黨軍隊不同，解放軍朝氣蓬勃正躍躍欲試要開展新一輪的革命。就這樣，一邊是腐敗頹廢，一邊是鬥志昂揚，很快江山就變了顏色，這既是軍力的比拼，但說到底這還是歷史的選擇。

如果說指望一個獨裁、不受監督約束的執政黨能夠真正執政為民而不貪污腐敗中飽私囊是一種天真的話，那麼，對在野黨過多的美好期盼則是另一種天真，作者以為這兩種天真均源自對人性與權力的理解不足。

3 數據參考徐中約：《中國近代史》下冊，香港：中文大學出版社，頁 627。

1949 年 5 月 27 日上海解放後，接管上海的是中國人民解放軍軍事管制委員會。6 月 6 日，同濟大學就已經全校復課了，新朝當然要有新氣象，一些不合時宜的“反動課程”顯然不能再上了，換上的都是馬列主義、毛主席著作、俄語之類的，但這些都是人文學科的問題。對醫學院影響不大，哪朝哪代都要看病的，從為人治病到為人民治病、為工農兵治病都是一個治法。

中美醫院[4]倒是有些變化，“中美”這個敵友不分的名字顯然已經跟不上新時代的步伐了，1951 年 5 月 20 日，幾度更名的“中美醫院”終於改回了 1900 年寶隆醫生初創時的原名“同濟醫院”，能改回原名大概還是因為“同濟”二字相當靈活，可以中德兩方各自解讀各自理解，按中式理解“同舟共濟”這不正是與人民站在一起嗎？反正不管怎樣，飽經滄桑的同濟醫院終於回到了“人民的懷抱”。

夏穗生此時已經在醫學院附屬中美醫院做了住院醫生，還兼任醫學院助教。那時他還是在臨床比較多，手術水平一流，人稱“一把刀”，扎實的解剖學基礎使他的手術乾淨利落。他開始時常做一些肛腸手術，而後來才慢慢轉向腹部大器官，特別是肝臟，通常來講，肝臟容易出血，在二十世紀五十年代時都還是個禁區，但對於樂於挑戰的人來說才格外有意義。

夏穗生從出生到參加工作都未離開過上海附近，當然也從沒看見過解放區，至於解放不解放的，對一個最基層的醫生來說也是沒

4　同濟醫院 1900 年名同濟，1909 年名寶隆，1946 年名中美，1951 年再名同濟，1955 年遷往武漢稱武醫二院，1985 年再更名同濟，並沿用至今。

什麼影響，同濟大學與中美醫院在建國前確有一些地下黨，但絕大多數人並不熱衷於政治，更不可能在風雲變幻的政治中看清歷史的走向，特別是現實生活疲於奔命的時候。而對於醫生來說，他們生來便不是為了鬥爭的，相反他們是為了給鬥爭的傷者治病的，對於一個心懷人道主義的醫生來說，這世上還有什麼能比看著人好好活著更大的成就感呢？

夏穗生當住院醫生時，醫院有醫生宿舍，一個宿舍大概 40 平方左右，上下鋪，供十人居住。結婚以後，他和石秀湄搬到了岳母家對面的一個廂房居住。他們住的那種弄堂房子上海話叫石庫門房子，在成都北路 741 弄 130 號，大概有 50 平方，有一整套家具，只是當時沒什麼電器，唯一的電器算是一台小小的電風扇。因為有岳母家可以蹭飯，他們的生活還算方便。日常生活平平淡淡也不用開火，但也因為沒有爐子，上海的冬天就十分難過了，只能靠熱水袋取暖。

平時小倆口各自上班。石秀湄的單位建國後更名為鐵路部材料局上海辦事處。上海剛解放時，變化不大，特別是基層員工，換老闆對他們幾乎沒有影響，他們還是該幹什麼幹什麼。家裏的收入則完全由石秀湄負責管理，夏穗生對錢天生缺乏概念與理解，他早在婚前，就已經將全部的工資都上交了，用今天的話說就是寵妻狂魔。石秀湄則將兩人的工資拿出一半給了雙方家庭。但是在同一單位工作的夏福田就沒有那麼幸運了，作為解放前上海交通部材料儲運總處的人事主任，他已經被捕停職勞動改造去了，解放之前他選擇放棄撤往台灣，當時他大概怎麼也不會想到這個選擇是致命的。

婚後，兩人的生活平平淡淡，據石秀湄回憶，下班後，夏穗生最喜歡去的地方是醫院的解剖館，在屍體上研究屍體解剖，晚上的時候，則在家繼續看書，在紙上繼續研究屍體解剖。他不是那種庸庸碌碌無所事事的人，似乎腦子永遠無法停止思考，雖然沒什麼太多的時間陪伴妻子，但好在他的妻子喜歡的正是這種一心鋪在事業上的人。有時他們周末會去看看電影，那時還沒有電視，所以電影算是唯一的一點娛樂了，他們最常去的電影院當然是大光明和國泰電影院。特別是大光明，可能直到今天，在老一輩上海人的心裏還是認為沒有哪家影院能比得上南京路上的大光明戲院。

他們的浪漫也體現在一本叫《大眾醫學》的雜誌上，《大眾醫學》創辦於 1948 年，刊登的都是一些面對普通大眾的科普類醫學讀物。年輕的夏穗生經常在上面發表文章，還曾使用過筆名“禾生”與“惠生”，並且每次都要在雜誌上簽名並把它們當作禮物送給他的妻子，當然，這招很受用，無論他寫了什麼文章，在他妻子的心目中，他更加才華橫溢了！

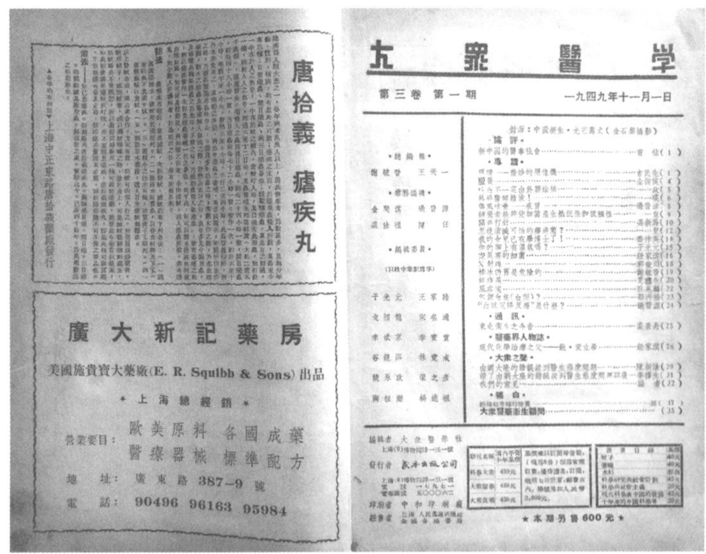

1949 年建國當年 11 月的《大眾醫學》雜誌

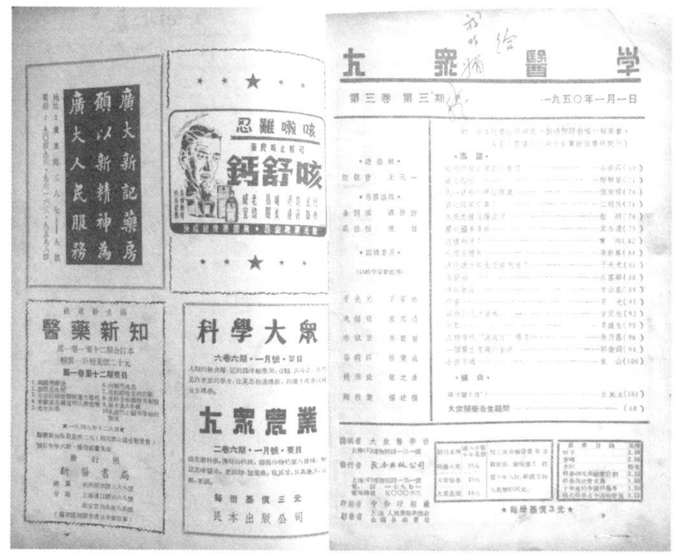

1950 年 1 月的《大眾醫學》雜誌，夏穗生發表有一篇關於脫肛的科普性文章，並在目錄上寫有“給我的湄，穗”字樣

除了這種學術型浪漫，他們也有一些普通浪漫，例如婚後的杭州西湖蜜月之旅。據石秀湄的回憶，那時上海周邊也沒什麼地方好去，除了蘇州就是杭州。夏穗生顯然對蜜月之旅沒有對屍體解剖那麼上心，出發時他穿錯了外套，就這樣把錢落在了家裏，兩人只能靠口袋裏的一些零錢旅遊。當時他的妻子肯定十分生氣，但白頭到老後這反而成了一段佳話。由於錢不夠，他們到了西湖飯店也沒能住上看湖景的房子，但這些都無妨，西湖的美景都是免費的。

後來，他們攜手七十二年，在看過人間萬千風景後，還是沒有地方賽過他們心中的西湖。

17. 改造

上海是改造的重中之重，這個浮華成性虛榮至死的都市，在一百多年歐風美雨的浸淫下，每根汗毛都滲透著資本主義的糜爛與腐朽。可惡的是，那種墮落與頹廢卻散發出一種誘人的美感，像空氣中彌漫的香水，無聲無息地攻擊著人的感官系統，讓那些妄想改造他的人為之沉醉。

征服是一回事，改造是另一回事。

在最初的寬宏大量過後，一系列的社會改造便開始了。新政權認為舊社會的城市是可以改造的，因為城市是人造的，說到底還是他們相信“人是可以改造的”。新政權是一個以農村、農民起家的政治團體，雖然在 1927 年揭竿而起時，大多數領導階層絕非農民，他們其實還是一些城市裏教育出來的知識分子。他們的意識形態則是蘇聯的馬列主義階級鬥爭之類，結合中國的實際情況，走了農村包圍城市的道路，獲得了成功。可以說，在成功之前，新政權並沒有治理大城市的經驗，他們的經驗多集中在農村的解放區。

社會大變動之時，能走的都走了，畢竟有錢人從來都不會想要跟誰搞共產的，用今天的話說就是“私有財產神聖不可侵犯”。一般走不了的市民則是觀望態度，誰來都一樣，日子都要過。中國城鄉差距之大今日都十分明顯，更不用說民國時期，管理農村跟運營城市天差地別，無論誰來了，無論換什麼領導，具體運營城市的還不是普通市民嗎？但令他們始料未及的是新政權要的不是按原先的方式繼續運營城市，而是從根本上“改造”城市。

以上海來說，這座城市建立在資本主義商業之上，到處都是不平等，有錢人的十里洋場和窮人的貧民窟並存，外國勢力、官僚、富裕階層的種種特權令人觸目驚心，更不要說黑幫、賭場、妓院等等，稱這樣的地方為冒險家的樂園倒是十分合適。而新政權不同，他們來自農村，有著他們移植自蘇聯的共產意識形態與最初的質樸理想，他們想要的是一種平等、秩序、穩定、樸素的，特別是有組織有計劃有紀律的城市，這樣的城市需要的是樂觀向上、賦予犧牲獻身精神、願意捨自己而為國家的人民，但這與冒險家的氣質是格格不入的。

正因為格格不入，改造才那麼必要。新政權在1953年開始了對農業、手工業、資本主義工商業的社會主義公有制改造，到1956年底就宣布社會主義制度在我國建立起來了。而在1953年之前的建國最初期的一系列運動，如鎮壓反革命、三反五反也都是為了讓城市向新政權的意識形態靠攏。其中三反五反便是針對國家機關企業和私營企業展開的城市運動。當然這些跟醫院沒有那麼大的關係，但為了服務新社會，爭取進步，醫療事業大體也是需要改造的：

新中國的醫事社會

·育 信·

面臨着這個偉大的時代，人民的世紀，每個人都滿懷着興奮與希望，憧憬着一個新社會的產生。可是軍事的勝利只是“萬里長征第一步”，只爲新社會的產生創造了先決的條件，而舊社會的餘毒依然存在，而且阻礙着新的發展。“要知道，我們的發展並不是一帆風順地前進的。在我們的生活中，有些東西是在一點一點的死亡，但是那些日趨死亡的東西，決不願死亡的，他們要爲他們的生存而鬥爭，要堅決地保持他們的腐朽的事業。在我們的生活中，新的生命也是一天一天的產生出來，但是這些新的生命，也不是簡單地產生出來的。他們喧鬧着，叫喊着，堅決的要爭取他們的生存權。新舊生命之間的鬥爭，將死的與新生的事物之間的鬥爭——這就是我們發展的基礎”。因之，我們必須誠懇地檢討過去，公開承認錯誤，揭露這錯誤的原因，從而提出新的目標與方案來。這樣，唯有這樣，才能開拓我們的新生，保證新社會的產生。

我們的舊的醫事社會裏充滿着矛盾和脫節現象，有許多的毒素在作祟。我們必須揭露這些毒素，並提出新的目標來：

1.應爲工農大衆服務 趨奉權貴的御醫式的制度應該使之消滅，集中都市的醫事機構及人材應逐漸地、計劃地、合理地加以重新分配。中國的人民百分之八十以上是農民，分居在鄉村。百分之十的工人工作在都市。百分之九十以上的科學醫生和設備則集中於大都市，由于個別的收費制度（商品化）使科學醫學變成了不到百分之十的都市權貴階級的專利品，使廣大的農工階級無法享受，這種現象決不能再允許存在於新社會裏，我們必須普遍的實施“健康保險制度”，以使科學醫學推廣到農工大衆。

2.發展獨立的新中國科學醫學 不科學的迷信舊醫必須用教育的方法逐漸的將其改造。而依靠英美帝國主義的殖民地式的醫學教育也須予以改造。平等地位的外援當予接受，但以外援造成封建宗派的趨勢必須制止。中國醫學社會應以中文爲一切記錄、發表與討論之言語，但所有醫學前進國的文字將以平等與自由選擇的方式作爲溝通中外文化的工具。

3.實施計劃的醫事建設 先從公營的醫事機構做起，所有封鎖性的國立、省立或市縣立的界限必須清除，應該聯合起來並加強起來，去領導私營醫業，使其能在統一計劃和統一領導下爲大衆服務，以肅清目前醫事社會的缺乏計劃，缺乏領導的無政府狀態。這種局部性和地方性的醫事計劃在今天能够加强爲大衆服務的效率，對將來則能够爲逐步實現的全國性和全面性的醫事計劃——公醫制度——取得經驗和創造若干前提條件。

4.促進醫事機構的民主集中化 以替代過去的獨裁、把持、不公開、自私、貪污的官僚作風和封建的宗派主義。

5.應使預防與治療打成一片 以糾正治療與預防的分立或單獨醫療的錯誤觀念，在新社會裏不復再有“公共衛生醫師”與“治療醫師”的區別，或治病的醫院與預防的衛生院的分立了。所有的醫師，包括專科醫師將以保健衛生爲目標，而以治療作爲處理手段之一。每個醫事單位（包括醫院）要“從研究每一病人的工作與生活環境方面着手，進而消滅病源”，其“立脚點是在厲行治療與衛生一致的防病設計，担負與社會疾病相鬥爭的工作”。（蘇聯的保健事業）

這是我們憧憬着醫事新社會的遠景，我們心嚮往之，夢寐求之。願前進的醫師與社會人士共起促進！

眼睛—微妙的照像機

·吉民生·

“唉！你說光明是什麼？
我從未享受過牠，
視官的幸福在那裏？

呀，你告訴這可憐的盲童吧！
你說太陽是璀璨輝煌的照耀，
我祇覺牠的溫暖，

一九四九年 十一月號 1

1949 的《大眾醫學》談到新社會的醫療事業

首先，醫院要樹立醫學為工農大眾服務的思想宗旨，建國前絕大多數的醫院都在發達的大都市裏，由於收費制度，使得醫院成了某些特權階級的專利。而新社會要的則是將最先進的醫學帶給佔當時人口總數 90% 的工農大眾，他們現在才是新社會的主人。這意味著全國大規模醫療資源的重新調配，後來同濟大學醫學院與同濟醫院的遷漢就是這一政策的產物。

再來，要發展獨立的中國的科學醫療事業，建國前有許多殖民地性質的醫學機構，像夏穗生這種上過德國醫學院和同濟大學醫學院的，也算是殖民地性質教育機構與殖民地文化遺產聯合培養出來的人才。但建國後不能再有這種人才了，中國人民要弘揚民族主義，獨立自主辦學，摒棄外國影響，如果在此忽略不計蘇聯這個老大哥的話。還有便是要建立公營醫院為主，以領導私營醫院，取消預防與治療分立的體制，等等。

除了醫院的改造，醫院裏還是有眾多知識分子，凡是知識分子都是需要思想改造的，以免他們的舊思想阻礙了他們跟上新時代的步伐。醫院裏的知識分子與大學裏無用的文科專業的知識分子不大一樣，至少沒那麼危險。

建國前有許多殖民教育機構培養出的知識分子，他們不僅熟練地掌握著一門以上的外語，還掌握著技術，若這些人不能改造思想為新社會服務，豈不是損失太大？醫學可以是一門極其實用的科學，古今中外，哪朝哪代還從沒有聽說過哪個社會會把醫生排除在人民之外，新中國更不會例外。所以，作為一個基層醫生，大抵只要安心改造，搞好業務，就絕對是可以為人民的健康事業添磚加瓦的。

夏穗生的問題主要是他的出身不好，他有個地主加國民黨的父親。而他的優點則在於他完全沉醉於他的業務，技術過硬，對其他的事情並不那麼上心。但其實這在當時也不能算個優點，因為"技術高於一切"在當時是一種個人主義和主觀錯誤，是還沒有樹立起"全心全意為人民服務"的表現，也是要改造的。

醫院知識分子的改造主要在政治和態度這一塊，其實說白了就是接受新政權的領導，樹立起為"人民"服務的思想。至於誰才是"人民"，醫生一定要拎得清，當然在舊社會一向被輕視壓迫的貧苦大眾、勞動人民現在成了國家的主人，他們是"人民"肯定沒錯了。

以前那些地主啊、軍閥啊、買辦啊、官僚啊就需要判斷了，如果他們依然"反動"，繼續幹著"危害人民的勾當"，人民大眾包括醫生當然是不能為他們服務的。因為為這些人治病，那就使得他們能更多的殺死一些人。這種醫生從外表上看也是在治病，也是道德的，但實際上對大多數人來說是殘忍的，這樣的醫生就成了"剝削階級的幫凶"。但是如果這些人能夠痛改前非，已經堅決走到人民陣營裏來，醫生還是應該為他們治病的。

其實現在看來，這還是在以一種階級鬥爭的觀念來改造醫生的思想。醫學能成為神學的婢女，也就能成為政治的婢女，當然也能被用來弘揚國家主義與民族主義，這些都不奇怪，但作者看來，醫學的偉大之處絕不是它的諸多實用功能。從科學上講，醫學是一種純粹的科學精神，從人文上講，醫學則是人類對生命的愛與憐憫。

新社會改造舊人的方法就是參加一系列頗有特色的活動，例如“政治學習”、“集體勞動”、“動員大會”、“集體唱歌”等等，這些詞語對於紅旗下出生長大的人也許並不陌生，但對於舊社會一盤散沙中長成的人來說還是一種前所未有的奇特。舊社會的知識分子通常接受的是一種中西混合式的教育，即中國儒家傳統文化再加上西方科學文化，這也是為什麼民國時期中西貫通的大師頻出的原因，但這兩種文化在新社會“反封建、反帝國主義的旗幟下”都顯得不夠“進步”。

在上海這樣的大都市，一直都是國民政府統治的核心，出於對國民政府後期腐敗墮落的不滿，知識分子對共產黨人的社會主義理想也是頗為同情，但真正具有共產主義信仰的人並不多，對馬列主義的原則毫無概念、並不知曉的人才是主流。那麼進入新社會後，改造的內容當然也多是對馬列主義原理、毛澤東思想的學習認識，灌輸勞動的價值，打破對美國的幻想，清除對蘇聯的無知，和過去的自己告別。

對醫學專業來說，本不存在什麼改造問題，病都是一樣的治，刀都是一樣的開，無論是“工農兵”還是“地主軍閥反動派”，既沒有 X 光片下的區別也沒有解剖學意義上的不同。但歐美那一套已經不能學了，德國傳統也不能要了，轉而向蘇聯學習了，因為蘇聯醫學才是先進的醫學，是為人民服務的醫學！但，科學的世界只有科學，科學的世界絕不會因為“為人民服務”而更先進，當時眾多知識分子打心眼裏看不上蘇聯那些東西，但當朝鮮戰爭開打、全盤照搬蘇聯模式成為國策，誰還能說些什麼呢？誰又還敢說些什麼呢？

1952 年的《大眾醫學》蘇聯醫學專號，號召以蘇聯為師，介紹蘇聯醫學

凡事都能由著自己嗎？哪怕你是對的，也沒有由著自己的道理！從夏穗生上學開始，中學、大學、工作、改造，有多少是他自己選的呢？又有多少是他能自己做主的呢？作者看來，他的這條從醫路上寫滿了身不由己，都是大時代洪流下那些沒有選擇的選擇罷

了。但就算身不由己，“人是不是可以改造的”也是個問題，那些可以改造的不過是些傀儡與奴隸罷了，而那些改造不了的，才是真正擁有自由靈魂的人，他們總是在身不由己中守著內心某種永恆不改的東西。

當然，夏穗生也不過是個人，本領有限，一樣的言不由衷，他在滾滾而來的時代洪流中，能守住的不過是醫學領域裏一點點純粹的科學精神而已。

18. 從滾滾紅塵到滾滾洪流

從滾滾紅塵到滾滾洪流，也不知道夏穗生改造過來沒有。反正滾滾洪流才是前進的方向，至於個人，絕沒有置身事外的紅塵可以選擇，為祖國為人民才是主旋律，自我意識弱化到忘我才是無上的光榮。

作為一個意欲體現和輸出人生價值的年輕醫生來說，對於一個追求進步與發展的醫生來說，加入這樣的洪流也是應該的。在這個嶄新的、人民當家作主的國度裏，政治總是高於一切。在夏穗生的外科與研究天賦尚未完全展現出來的時候，他就被捲入了建國後一個又一個的洪流中。

隨著大陸全境的逐漸解放，西方勢力被逐漸肅清，國民黨“反動派”已經撤離到了台灣。今天的中國似乎不大說要解放台灣這種語言了，隨著進步，“兩岸同胞和平統一”的說法可能更文明一些。可在 49 年內戰時，解放台灣就是一鼓作氣的事情，鄭成功當年就是靠著帆船划過海峽解放的台灣，也不是非要戰艦不可。但無論是帆船還是戰艦，這都是要下海的，下海和上天這兩樣畢竟不是陸軍的強項。

當然為了解救台灣人民於水火，為了祖國的統一，任何困難都難不倒英勇的中國人民解放軍。上海解放後，解放軍便在上海周邊的市縣（主要集中於太倉、南翔、嘉定）開始了大規模的涉水訓練，例如游泳、武裝泅渡，而這導致了軍隊中大規模血吸蟲病的爆發。這個血吸蟲病在我國非常流行，江浙一帶的沿海地區更甚，不要說整天泡在水裏練划船的軍人，當地老百姓得這個病的也很多。當時的中美醫院接到任務後立刻前往前線開始了醫療工作，在人體排泄物中檢測到蟲卵，確診了血吸蟲病。經調查，軍中的血吸蟲病感染率竟然高達 25%-50%。

中美醫院當時抽調了臨床醫生一半以上參加了血吸蟲病的防治工作，他們打出的口號是“兩個人的事一個人幹”，這相當於全院的醫療力量都上了前線支援軍隊。當時年僅 26 歲的夏穗生便是醫療隊中的一員，在治療血吸蟲病的過程中，他積累了大量有關脾臟切除的經驗。

中美醫院去的駐地是太倉，50 年 1 月到 4 月三個月的時間裏，他們做了大量的診治工作，此外，還包括一系列改善公共衛生的舉措，例如對疫區水井、浴室、公廁的衛生改造。此外，醫療隊的任務還包括向軍隊宣講流行病的防治知識，以預防流行病在軍中大規模爆發。

對於治病救人這種醫生的天職，夏穗生所學得用，他全心投入自然而然。從 1947 年開始，其實在他進入同濟大學醫學院後期學習時，他就已經開始參與了中美醫院的臨床外科工作，那時還尚未解放，他也從來沒有參加過這種大規模的外出醫療隊活動，這種經歷對於他來說是十分激動的，那種忘我而為國家的榮譽感油然而生。令人由衷驚嘆不已的還有新政權這種強大的組織與號召能力，所有人似乎都能步伐整齊劃一，鬥志昂揚，這似乎都是以前那個舊社會不曾擁有的。

可惜這昂揚的鬥志與集體的力量只打敗了血吸蟲，台灣海峽還在那裏，國民黨“反動派”還在對岸，碧海藍天下舍我其誰的人也只能望洋興嘆，但不管怎麼說，只要有軍隊，就總會有時機與盼頭。而這解放台灣的盼頭真正失去要等到 1950 年的 6 月，當朝鮮戰爭爆發中國參戰，美國的第七艦隊進駐台灣海峽。

中國內戰之時，正值美國杜魯門總統掌政期間，那時中國是個弱國，就算是共產化也遠不足以挑戰美國的世界霸權。新政權在建國之初，在外交上實行了“一邊倒”的親蘇政策，而參與朝鮮戰爭更是被美國看成是國際共產主義運動的一部分。在美國的意識形態裏，共產主義有著“反人倫的危險性”，旨在摧毀西方的民主制度，絕不能放任其擴張，這樣第七艦隊秉承著“守護自由世界”的理念開進了台灣海峽，有時候，時機一旦失去了，便永遠失去了。

帶有二戰後複雜國際背景的朝鮮戰爭於 1950 年 6 月爆發，那時新中國才剛剛建立不久，離開國大典只有 8 個月。通常來講，這種最需要穩定的時刻，去動員經歷了抗戰與內戰的國民去參加一場不在本國領土上發生的戰爭是需要極大的理由的。但新政權的宣傳與號召能力是不容質疑的，“抗美援朝，保家衛國”這個響亮的口號哪怕對於沒有經歷過那個時代的人來說都是耳熟能詳的。

顯然，動員軍隊參戰的關鍵在於讓人民相信：如果不在三八線攔住美國，中國就是下一個朝鮮。對於鄉土觀念、家國情懷極重的國人來說“保家衛國”不就是最好的參戰理由嗎？但這場戰爭畢竟不是在中國境內打的，為了合理參戰又有效防止引火上身，參戰的中國軍隊，被巧妙地稱為了“中國人民志願軍”。這樣，“志願”就很容易理解了。

既然軍隊是自願的，那麼支援軍隊的醫生應該也是自願的。1950 年 10 月，當志願軍舉著紅旗，雄赳赳氣昂昂地向鴨綠江挺進的時候，相信他們真的體會到了那種為國出征的榮譽與壯烈。但戰爭始終是血淋淋的，不管三八線是在往南或往北推進，推動它的都是血肉之軀。12 月之時，上海的醫務界便成立了抗美援朝委員會，迅速組織手術大隊赴前線支援，那些一幕幕按滿指印踴躍報名的場景直到今天我們都很熟悉，作者不再過多描述。1951 年 1 月 25 日，第一批上海志願醫療手術隊離滬啟程，奔赴中朝邊境支援前線。

二排右五為夏穗生，他在 1951 年 8 月份赴長春

能參加抗美援朝醫療隊在當時是一個無上光榮的任務，成千上萬的上海市民夾道歡送，歡送隊伍通常在一種遊行的氛圍中，把抗美援朝醫療隊送到上海火車站，這又是一幕我們今天依然熟悉的場景！夏穗生跟隨抗美援朝醫療隊支援前線時還尚未結婚，由於不捨，在出發離別前，夏穗生與石秀湄還專門去照相館合影紀念，為了呼應時代，支持國家，那張合影中，他們都特意戴上了軍帽。

夏穗生所在的抗美援朝醫療隊被安排進駐了長春軍醫大學（現為吉林大學白求恩醫學部），醫療隊並沒有去往前線，而是在後方救治傷員和培養醫學人才。手術大隊在長春的生活醫療條件與上海相比顯得十分艱苦。最初難以適應是肯定的，當時的主糧是高粱，很少有蔬菜。入冬後的氣候也令上海過來的隊員難以忍受。

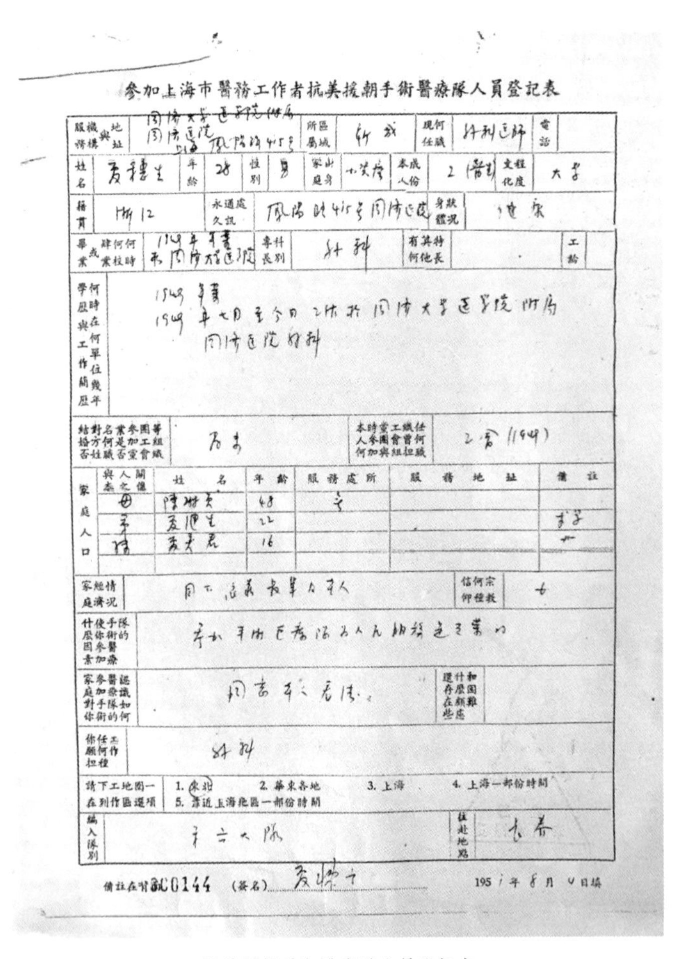

參加上海市醫務工作者抗美援朝手術醫療隊人員登記表

服務機構與地址：同濟大學醫學院附屬同濟醫院 上海鳳陽路415號
所屬區域：新成
現任何職：外科醫師
電話：
姓名：麥穗生
年齡：28
性別：男
家庭出身：小資產
本人成份：[illegible]
文化程度：大學
籍貫：浙江
永久通訊處：鳳陽路415號同濟醫院
身體狀況：健康
畢業或肄業何校何時：1949年畢業於同濟大學醫學院
專長科別：外科
有何其他特長：
工齡：
學歷與工作簡歷（何時在何單位幾年）：
1949年畢業
1949年七月至今日工作於同濟大學醫學院附屬同濟醫院外科

結婚否對方姓名何職業是否參加黨團工會等組織：未婚
本人何時參加黨團與工會組職曾担任何職：工會（1949）

與本人之關係	姓名	年齡	服務處所	服務地址	備註
母	陳[illegible]	48	家		
弟	麥[illegible]生	22			學生
妹	麥[illegible]君	16			〃

家庭經濟情況：[illegible]
信何宗教：無
你為什麼參加手術醫療隊：[illegible]
家庭對你參加手術醫療隊認識如何：同意本人意願
還存在什麼困難和顧慮：
你願担任何種工作：外科
請在下列地區選一項工作：1. 東北　2. 華東各地　3. 上海　4. 上海一部份時間　5. 靠近上海地區一部份時間
編入隊別：第六大隊
駐地地點：長春

備註在冊號 BC0144（簽名）麥[illegible]　195 1 年 8 月 4 日填

抗美援朝手術醫療隊人員登記表

但長春這些條件再怎麼艱苦也比真的上前線要好，醫療隊至少可以在安定的環境中救治傷員，同時還可以幫助長春軍醫大學建立外科常規制度、查房制度、總住院醫生制度，並開展骨科、腹部外科、胸外科等各種戰傷需要的外科治療，使得長春軍醫大學的外科工作走上了正軌，當地醫療水平的提高，得以為前線提供更堅實而持續的保障。

1953 年 7 月 27 日在板門店，朝、中、美三方終於簽署了停火協議。這場眾說紛紜的戰爭，很難以勝負定義。當然，能與超級大國交手且維持住兩個朝鮮的狀態，已經被視為勝利了，如果在此忽略巨額戰爭費用對一個新政權的影響，解放台灣的無限期延遲，與聯合國軍開戰而被排斥在聯合國之外，蘇聯和日本因為賣軍火而大賺一筆等等等。

另外，戰爭是要死人的，各方的戰爭死亡統計數據差距太大，令人心生疑惑，但有一點是可以確定的，在死掉那麼多人之後，三八線依然在那裏巋然不動！愚蠢的人類啊！他們的愚蠢主要源於他們拼命追求的東西太多太雜，而唯獨對他們同類的生命缺乏憐憫。

夏穗生在長春呆了大半年，開了數不清的刀。死在前線的不算，能開上刀的，都是還能堅持轉運路途的，傷的不能太重。

說起來也怪，中美醫院的醫生竟有抗美的一天。轉眼之間，盟友就成了死敵，不要問為什麼要跟聯合國軍開戰，不要問為什麼要把孩子們送上戰場，成人的世界沒人問這種問題，他們只有偉大的理想，而孩子們是志願的。

都說抗美援朝有偉大的精神，可作者只知道：外科醫生的水平越高，人間就越不幸。

19. 溯江而上

黃鶴西去而還復，
喚東流江水停駐。
寒暑與一人同舟，
心生蓮花滿東湖。

祖國的螺絲釘

桃花灼灼，宜室宜家，一堂締約，良緣永結。良緣永結於1952年的上海。

一年後，夏穗生與石秀湄的女兒出生，第二年他們又添了個兒子，在妻子剛懷上第二胎的時候，夏穗生便已經決定結紮此生不再生育，有可能是他心疼妻子生育時的痛苦，也有可能是因為孩子降低生活質量。兩個孩子都在當時的同濟醫院出生，跟隨父母一起住在靜安區成都北路741弄130號，父母上班時，孩子則由外婆看管。反正一家四口，平平常常。

有人說："時代的一粒灰，落在個人頭上，就是一座山"。當這粒灰落在夏穗生的頭上時，他才剛剛結婚不久。同濟醫學院及附屬同濟醫院遷往武漢時，他們的女兒還不滿2歲，兒子還不滿1歲。

沒有上海人願意離開上海，這是一條定理。

如果硬把遷漢說成自願的，那是何等的虛偽，那不過是"白天敲鑼打鼓，晚上抱頭痛哭”罷了。如果硬說他們可以為了祖國的召喚而放棄上海的一切，那是何等的反人性，作者以為一個求真求實的科學家絕對欣賞不來那種擁有“高尚情操”的偽君子，那既欺騙了組織，又欺騙了自己。

可那個年代，個人有選擇的自由嗎？顯然，你不能選擇個人主義與自由主義，那都是要被打倒的資產階級惡習，你不是已經接受改造了嗎？建國初期知識分子的思想改造被形象地稱為“洗澡”，而“洗好澡”的被稱為“過關”。洗澡前算你沒接受過先進教育認識有限，那麼洗澡後，你只能選擇偉大，選擇高尚，選擇忘我，選擇組織替你安排好的路。這條路一定是通向偉大與高尚的，據說這條路會帶你去祖國需要的地方，讓你成為社會主義祖國的一顆螺絲釘，最終與國家機器融為一體。

1952 年院系調整中的同濟大學醫學院

祖國需要改造，舊社會需要徹底改造成新中國，絕不僅僅限於農業、手工業和商業，另一個至關重要的領域便是教育領域，說白了就是要使教育事業能培養出新社會需要的人。在這場高校大洗牌、大換血中，舊社會的知識分子徹底與民國時期的歐美教育體系割裂，走上了蘇式又紅又專的道路。

1952 年開始的全國性大規模院系調整，就是要把民國時期效仿歐美的高校體系改造成效仿蘇聯的高校體系。全國四分之三的高校師生參加了這場運動，師生們天南地北的服從調配，極少聽到公開的抱怨。

同濟大學醫學院便是這其中的一份子，命運對他們還算垂青，雖然沒能留在上海不動，但好歹沒去邊疆，沿長江坐船三天到武漢，還算不上真正的天南地北。二十世紀後半葉中國高校系統的基本格局正是由此發端，只要在 1952 年之後受過高等教育的人皆受到過此次院系調整的影響，只是自不自知罷了。

所謂的蘇聯教育模式就是強調專業化，專業狹窄，製造“專才”。學生高中時期就施行文理分科，進入大學主要學習與自己專業相關的知識，這種模式影響了現如今絕大多數受過高等教育的人。當時，新中國為了加速經濟工業建設，更需要的是蘇聯式樣的擁有高度專業知識技能的理工科人才。

所謂的英美式教育模式更重視通識教育，重在製造“通才”後再專業。高校通常為學科門類齊全的綜合性大學，注重學生整體綜合素質的培養。在舊社會裏，中國高等教育主要受歐美“通才”教育的影響，文、法、商科佔有較大的比重，這種教育模式強調學生知識的綜合性與廣泛性，專業技能相對性不強。

當時也有人反對“蘇聯式的灌輸教育”，認為這樣會培養出一大批毫無判斷力的青年，但“忠實的反對派”一向無人理解，一向被認定為“居心叵測”，不會有什麼好結果的。而且知識分子都很聰明，他們已經意識到服從安排是唯一的選擇，特別是那些已經“洗澡過關的知識分子”。

經過 1952 年全盤調整後，全國綜合性大學削減為 21 所。原來被稱為“綜合性大學”的學校都是包括了文法理工農醫等學院的，調整後，大多僅保存文科和理科，因此稱為“文理大學”更為合適。

而獨立建制的工科、農林、師範、醫藥院校的數量大幅增加，高校喪失教學自主權，社會學、政治學、法學等人文社科類專業被大量停止和取消，其中“社會學”是絕跡的。一段時期以來的“文科無用論”與“學好數理化，走遍天下都不怕”就是這麼來的。當然，院系調整為我國的工業化建設和科學技術發展奠定了基礎，為國家建立獨立的工業體系和經濟發展培養了大批工業人才。

此外，私立大學和教會大學則全部退出了歷史舞台。夏穗生的母校滬江大學作為一個老牌的教會大學，理所當然地在這次浪潮中結束了他的歷史使命。滬江大學（University of Shanghai）是二十世紀上半葉一所位於上海的美國浸禮會背景的教會大學，鼎盛時期以文理商著稱於世。

夏穗生的中學時代全在滬江附中度過，他的父親希望他高中畢業後能順利過渡到滬江大學學商科，但世事難料，當夏穗生高中畢業時，上海租界淪陷，滬江大學被迫停辦了。在 1952 年秋季的院系調整中，滬江大學各科系分別併入復旦大學、華東師範大學等院校，只有校址至今留存任人憑吊。

這次照搬蘇聯模式的院系調整，範圍與程度之大絕對稱得上是一場時代的沙塵暴，很大一部分灰塵則撒向了當時大學最集中的上海。上海這個建國前最大的都市做一些犧牲是應該的。建國前中國高校分布極不平均，華東地區的高校數量佔到全國的 35%，而廣大的西北地區僅為 4.4%。在當時全國 207 所高校中，上海一城市就有 43 所，佔總數的 1/5。在計劃與平均的思想意識形態下，地域配置當然需要調整。

1952年院系調整前，同濟大學擁有五個學院：理、工、文、法、醫。寶隆醫生創辦的醫學院是同濟大學的起家學院，是同濟大學的精神根基，而後來加入了工學院，北洋時期就被稱為“上海同濟德文醫工學堂”。醫學院的遷漢對同濟大學的傷害已經不能用傷筋動骨來形容了，這是一種將靈魂剝離身體的割裂，從此歷史無來處。

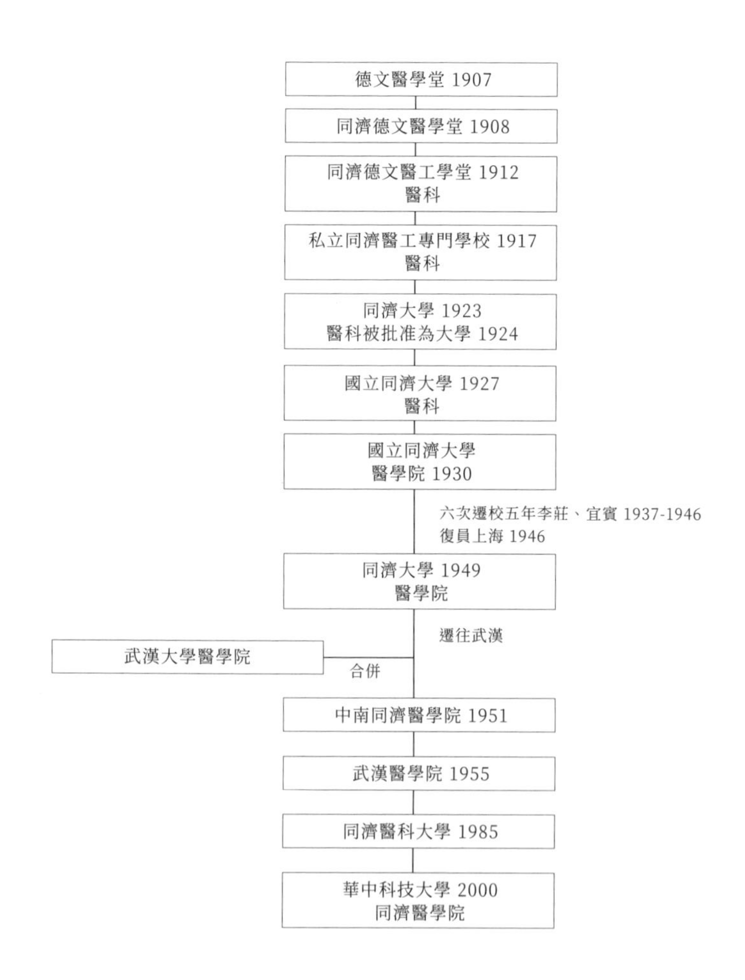

但為了響應國家支援湘鄂粵桂豫贛六省（中南區）醫療衛生事業，同濟醫學院及附屬同濟醫院遷往湖北武漢，與武漢大學醫學院合併後改名中南同濟醫學院。1955 年 8 月，中南同濟醫學院更名為“武漢醫學院”。其附屬醫院則改名為“武漢醫學院附屬第二醫院”，當地人一般稱為“武醫二院”。同濟大學並非只有醫學院遷到了武漢，稍晚些時候，同濟大學工學院的測量系也遷往了武漢，參與建設了後來的武漢測繪科技大學。

1954 年，上海同濟醫院外科全體遷漢前留影，夏穗生為一排右六

除了遷往武漢的院系，同濟大學幾乎在這次院系調整中被肢解：同濟大學的文學院、法學院等調入復旦，工學院著名的機械系、電機系和造船系等併入交通大學，理學院生物系併入華東師範大學，數學、化學、物理等系併給復旦大學、華東化工學院等學校。

在院系調整中，調入同濟大學的則有交通大學、復旦、聖約翰等 11 所高校的土建系，同濟大學就此成為了全國最大的以建築土木工程為主的工科大學。

從對同濟大學的一系列調整中，無論是調入或調出，已經可以完全看出 1952 年院系調整的根本：無非是拆分原來歷史悠久的綜合性大學為專業單科學校。

例如，從綜合性的同濟大學中拿出醫學院到外地去合併組建專業而單科性質的學校“武漢醫學院”，而從上海到武漢（或其他地域）則又完全體現了建國後教育的計劃與平均意識形態。同濟大學作為母校，在調整後，也從一個綜合性大學變成了專長為土木工程的工科大學。這一系列調整的終極目的還是短期而高效地培養出社會主義建設需要的專業型人才，還要在全國範圍內相對分布平均。

1952 年從綜合性大學到專科院校，其實也就是教育模式從歐美向蘇聯的轉變。到了二十世紀末，我國還有一次院系調整，這一次通常被稱為第二次院系調整或院系合併，那時大量的專業單科院校又被重新合併成“綜合性大學”以趕上潮流建設“世界一流大學”。

舉例來說，2000 年時，武漢醫學院（當時叫同濟醫科大學）又被合併進了華中科技大學，成為了華中科技大學同濟醫學院。拆完再併，從某種意義上說，這其實也說明了之前把大學這種應該帶有某種神聖精神內涵的東西，辦成蘇聯式職業技術培訓學校是一種短視。當然到了二十世紀末，蘇聯早已經不存在了，要建設世界一流大學跟他學是不可能的了，這也算是一種遲來的撥亂反正吧。

科學的意義

早在 1950 年 2 月時，政務院便已經作出了同濟大學醫學院及附屬醫院遷往武漢的決定，當年的 4 月 22 日便向同濟大學傳達了這一決定。當然，遷漢是一項巨大的工程，大量的前期工作必不可少的。1953 年 5 月，武漢新址開始施工，1955 年 5 月竣工，耗時僅兩年。醫學院與醫院完全建在一起，位於漢口解放大道。其標誌性建築為四翼飛機形的醫院住院部大樓，這個頗具意義的新住院部大樓是由同濟大學土木工程系設計的。

圖為剛剛建成的武漢同濟醫院

除了武漢選址建設、與當地醫學院合併這些硬件上的問題外，最重要的還是思想動員這種軟件上的問題。醫院物資的轉移不算遷院成功，專家醫生的全部遷移才是關鍵，只有醫務人員的全部轉移才能真正提高當地醫療水平。因此，醫院開始在醫藥衛生領域批判資產階級思想，解決政治與業務的關係，樹立為人民服務的觀點。上海遷漢的醫生最需要克服的便是個人主義和本位主義，最需要樹立的則是集體主義的觀點，做到衛生事業服從國家建設需要，能夠服從國家分配就是社會主義覺悟高的表現。

既然遷不遷漢已經上升到了社會主義覺悟的高度，那就不要說反對了，連猶豫都不行。政治任務就是政治任務，沒什麼選擇不選擇的，就跟上山下鄉一個性質，問那是為什麼就是太天真了。機器都遷走了，螺絲釘有權力不走嗎？

在遷漢這件事情上，夏穗生其實是堅定不移的，根本不需要動員！

以他的風格，什麼政治任務、個人主義、本位主義、社會主義覺悟之類，他通通都是無感的，這些東西跟他不在一個頻道上。他心裏只有一個想法那就是要跟著大型教學醫院走，同濟去哪他去哪，他的本事全是同濟學來的，他要以此成就更多。他要一邊搞臨床一邊搞科研，這樣才有發展、才有未來、才有真正的意義，那是一種“探索未知”的意義，一種難以被理解的“科學的意義”。

他根本不在意到底在武漢還是在上海，生活條件如何，若一個人真正擁有了執著的精神追求，現實世界對他的影響其實是微乎其微的。

遷漢一事倒是讓他的妻子十分痛苦，耿耿於懷。因為遷往武漢，她不僅失去了自己在上海安穩的工作，不得不在重新培訓學習後，進入同濟醫院放射科工作，工資幾乎減半，這是遷院時醫院為家屬提供的工作機會，而遷漢後不久同濟醫院的醫生也一樣被下調了工資水平。

此外，石秀湄被迫離開了她的家鄉與母親，在上海，夏穗生與石秀湄的小家庭在生活方面大部分依靠岳母照料，因而十分便利。他們的兩個孩子還如此年幼，最初遷往武漢時條件十分艱苦，孩子因為不方便帶著而都暫時留在了上海。由於新到一處難以適應，更是異常思念孩子，夫妻兩人時常發生爭吵，這是他們恩愛一生的婚姻生活中少見的波折處。

同濟醫學院及同濟醫院的遷漢是永久性的移民，因此他們打包托運了全部的家當，包括了所有的家具。1955年5月，最終西行時，他們站在船尾，看著外灘漸漸消失在視野中，看著滔滔的江水逆流向海，他們想必是百感交集的。哭是社會主義覺悟不高的表現，但離開自己的家鄉誰又能忍得住呢？

人不是不能被比作螺絲釘，但人畢竟不是螺絲釘啊！

過往雜事兩則

夏家有清晰的家譜《上虞桂林夏氏宗譜》可查，整個家族一直生活在江浙地區，900年間世世代代都沒離開過那裏，這也說明了一個農業性國家的定居意識。直到近現代以來，族人讀書工作逐漸向其他地域城市遷徙。回溯大約900年，兩宋交替的兵荒馬亂之時，夏家的一位先祖夏伯孫護宋高宗御駕從中原南遷，落腳於紹興山陰。夏伯孫之重孫夏榮（1073-1146）大有作為，南宋初年時屢立戰功，因戰功封兩浙節度使，封“英國公”，賜第於上虞桂林，並被《上虞桂林夏氏宗譜》視為一世祖，後世子孫凡有修譜或作為者皆自稱英國公後。夏穗生為第三十四世。

同濟大學醫學院不是沒有遷徙的經歷，事實上，同濟大學在抗戰爆發後，就輾轉千里撤往大後方四川李莊辦學。抗戰結束後，當局希望同濟大學能夠留在四川李莊，支持西南地區的文化教育事業。但同濟大學師生強烈要求返回上海，留川之事只能作罷。正因為同濟大學返滬，夏穗生才有機會在1946年繼續他因上海德國醫學院停辦而中斷的學業。

溯江而上

輪船裹挾著命運，

溯江而上，

晝夜不停。

三天後，他們到達了漢口，

那時的夏穗生剛剛三十一歲。

到達江漢關時，

他們彷彿看見了一點外灘的影子，

那時的長江上還沒有一座大橋，

滔滔江水伴著淚水，

就這樣毫無阻擋地奔向他們的故鄉。

第四章
動蕩時代中的科學理想

20. 初到漢口

武漢是個神奇的存在，這個不南不北不東不西，充滿了市井碼頭氣息的地方醞釀了中國近代史上最大的變革，命運的指引下千年來的帝制瓦解於此，從那以後，那裏便潛藏著一種不安分的基因，要出事的地方總是會出事。

1955 年當夏穗生與石秀湄來到武漢的時候，長江大橋還未建成，所以那時，武漢三鎮還是分離開來的，沒有陸地意義上的連接。從上海西行而來的輪船一般都停靠在漢口江漢關碼頭。漢口位於長江之北，與長江之南的武昌隔江相望。漢口以前是個通商口岸，也就是租界，主要有五國租界，英租界、俄租界、法租界、德租界、日租界，其中只有英租界（建於 1861）是第二次鴉片戰爭的直接產物，其他租界均在甲午中日戰爭（1895）後產生。

雖然無法與上海相比，但漢口租界亦有相當的規模。租界一向是西方科學文化的傳播之地，得風氣之先。可以想見，只有思想文化傳播到了一定程度，才能醞釀出"推翻帝制"這種驚天地泣鬼神的變革，這種敢為人先的彪悍風氣絕不是憑空而來的。民國時，三鎮一體成型，1927 年國民政府臨時遷往漢口時，才取了"武漢"這個名字出來。

漢口是 1949 年 5 月 16 日解放的，武昌和漢陽則在 17 日。1955

年 5 月 16 日，為了紀念武漢易幟六周年，漢口“解放公園”正式對市民開放，也正是此時，夏穗生一家搬到了武漢。武漢人沒有不知道解放公園的，在那個娛樂匱乏的時代，夏穗生與石秀湄周末時，便時常帶著兩個孩子在那裏遊玩。解放公園離已經改名“武醫二院”的同濟醫院不遠。

五十年代建成的武漢醫學院附屬第二醫院

從上海搬遷來武漢後，夏穗生與石秀湄便一起住在醫學院分配的房子裏，406 號樓二樓四號，兩間房，衛生間與廚房都有，大概 60 平方左右。由於想念孩子與最初的不慣，夫妻二人時常爭吵。建國初期，武醫二院雖是當時武漢的頂級醫院了，但周圍還是十分荒涼，就是從宿舍 406 號樓到醫院的路上，野草都能長到腰那麼高，一到下雨天更是泥濘難行。在稍晚接來孩子以後，他們的生活才算漸漸走上正軌。由於他們夫妻兩人全職上班，所以孩子們被安排到醫院旁上全托幼兒園，只有周末才能回家跟父母團聚，但這已經比武漢上海兩地分隔要好太多了。

夏穗生夫婦

家務事事無巨細，全由石秀湄一人操辦，舉例來說就是，她的丈夫：手從未碰過人民幣，腳從未進過銀行。他活在一個自己的世界裏，而她雖然牢騷一堆，但心底卻十分欽佩他這種少見的心無旁騖與志存高遠。當然，她的牢騷通常只是為了崇拜做鋪墊的，這種牢騷更像是一種拐彎抹角的浪漫與誇讚，比直截了當的崇拜多了一些情調。

就這樣，只要生活稍微安定下來，夏穗生便可以全身心地投入到工作研究之中。據石秀湄回憶，每天晚上在家，夏穗生便是看書和寫文章，沒有任何嗜好，但偶爾也會陪她聽聽音樂，雖然他一度認為音樂也是一種玩物喪志。她清晰地記得他們當時購買了最時髦的東方紅收音機放在家裏，其性質與今天的電視機差不多。

夏穗生在遷漢時已經是主治醫生，除了看病外，還有醫學院講師的任務。在臨床上，夏穗生最初做的最多的是肛腸外科手術。主要因為痔是當時外科最常見的疾患之一。1956 年，也就是在他遷漢不久，他便寫出了他最早期的論文〈痔的治療三〇七例報告〉。這份報告集中分析總結了 307 例從 1947 年 7 月到 1954 年 6 月這七年中，上海同濟醫院（中美醫院）所收治的痔患者的手術治療情況，也算是對他在上海同濟醫院的工作的總結。由此可見，夏穗生在其極其年輕時，便已經知道要不斷從臨床總結經驗。1947 年之時，他年僅 23 歲，還在醫學院讀後期，尚未畢業，但已經在中美醫院參加外科工作了，早在那時便已經完全可以看出他對待每一個病例的用心程度。

1956年 第4号　　　·291·

痔的治療三〇七例報告*

夏 穗 生**

痔为外科常見疾患之一，試以1951年为例，約估上海同济医院外科門診初診病例12.3%，外科非急症入院病例4.3%，並佔基礎外科非急症手術13.06%。

自1947年7月—1954年6月的7年中，上海同济医院外科共收容痔患者307例入院，其中男性247人，女性60人，男女之比約为4:1（門診以1951年为例，男女之比为3:1）。由於我院男病房較多，而且自1952年起，肛門疾患的門診和入院都有了限制，可能影响到上述數字。

痔多發生於發育完成後的20年中，即20—40歲之間。307例痔的發生年齡如下(表1)。

表 1

年　　齡	痔發生時人數	就診時人數
1—10	0	0
11—20	54	11
21—30	119	90
31—40	88	112
41—50	26	63
51—60	4	25
60以上	1	5
不　詳	15	1

痔發生後到入院求治的日期是相当長的，情况如下(表2)。

表 2

病　　期　(年)	病　例　數
0—1	30
2—5	104
6—10	106
11—20	39
21—30	8
31—40	1
不　詳	19

入院患者，僅8例为單純的外痔，其餘均为內痔或內外痔同時存在。

常見的症狀有便血，痔脫，繼發性感染及箝頓等。依照入院時主訴，可以規納下表为本組病人入院求治的主因(表3)。

表 3

急性出血	2
慢性反覆性出血	27
痔脫垂合併出血	212
箝頓性痔脫垂	31
痔与肛瘻同時存在	21
因其他肛腸疾患入院(息肉，肛裂……)	4
其他疾患，附帶治療痔	10

因痔出血而致明顯續發性貧血的有13例。

除繼發性痔及同時有其他嚴重疾病者以外，凡引起明顯症狀的或經保守治療不愈的痔，都是手術的適应証。307例中有11例未曾手術；其中3例經檢查後有其他嚴重內科疾病存在，4例为繼發性痔，4例經保守治療後痛苦消失，不肯手術自動出院。其餘396例均施行手術。

手術前均經短期的準备，術前二日吃流質，手術前一日晨服用蓖麻油或50%硫酸鎂20—30毫升，晚上行清潔灌腸，並放直腸排气管。若手術在上午，則当晨不需灌腸；若手術在下午，视情况而决定当日早晨是否再需灌腸一次。

痔的手術种類甚多，常用的方法，約可分为二大類：

1. 个别摘除法：將已变为痔的靜脈叢，以各种方式，个别予以除去。屬於这种類型的如Langenbeck氏鉗夾电灼[1]，Earle氏鉗夾切除[2]，Bacon[2] Buie[3] Milligan諸氏[4]靜脈叢摘除法。手術切口为一个或數个。手術後創口可以全部縫合，部分縫合或全部開放。

2. 环形切除法 Whitehead氏[1,5]：將所有

* 本文曾在1955年3月29日中華医学会上海分会外科学会宣讀。

** 武漢医学院系統外科教研組。

此文發表在《中華外科雜誌》上，1956年第四卷，頁291-295

可惜生不逢時，能讓他全心全意做學問的日子並不太多，他也是抓緊時間，能做多少是多少。搬到武漢後不久，轟轟烈烈的“雙百”運動便開始了，旨在“百花齊放，百家爭鳴”的運動非但沒有帶來言論自由的空間，反而引發了反右運動。

從頭說來，建國後，知識分子的改造早在 1951 年時就開始了，在所有的領域中，西方的理論和學術必須向蘇聯轉變，說白了，就是要摒棄西方自由主義思想，轉而接受馬克思列寧主義的改造。當然任何時候，思想改造總是在藝術與人文學科中引發極大的震動，自然科學中則相對寬鬆，一部分原因是自然科學深奧難懂，理論如天書，並非人人能懂，外行領導參與感不強。同時，自然科學又有著極其實用的功效，對社會主義建設是頭等重要的，因而自然科學所受到的壓力較小。不同學科雖有鬆緊之分，但知識分子始終被看成是一類人，並沒有跨越階級的不同，改造都是必須的。

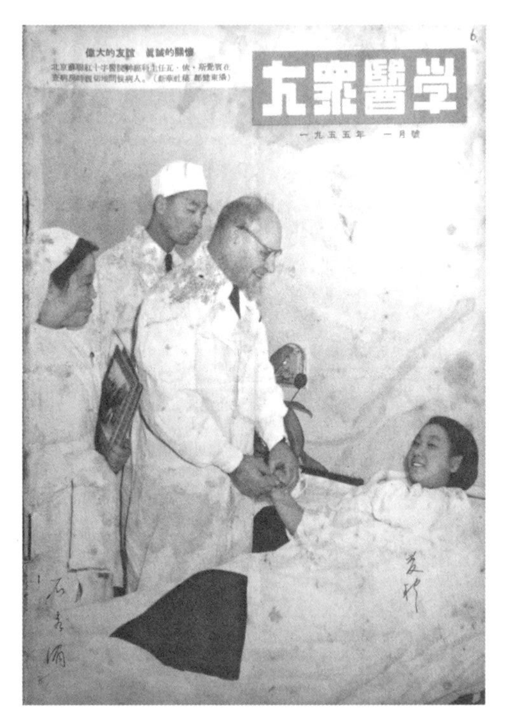

“偉大的友誼，真誠的關懷”，1955 年《大眾醫學》的封面倡導中蘇友誼

到了 1954 年時，又一次思想改造運動的矛頭直指人文社科領域的俞平伯，因為他認為《紅樓夢》是一本曹雪芹的自傳而並非批判封建制度的，他成為批判對象則是因為他沒有使用馬克思列寧主義來詮釋這部清代小說。這似乎與自然科學界關係不大，但很快，胡適就成了下一個批判對象，因為在胡適看來：“科學研究是為了滿足自己的興趣，而不是為了祖國和人民的需要。”對俞平伯和胡適兩人的批判很明顯的顯露出一個信息，在任何領域，政治態度都應該壓過專業學術。

這場思想改造運動在 1955 年批判胡風運動中達到高潮。胡風認為作家們應該按照自己的需要改造自己，而不用接受官員的改造，顯然這種個人主義與集體主義、國家主義是水火不容的，這一次自然科學界也受到波及，自然科學家以一種“事不關己”的態度看待胡風事件，被認為是他們革命覺悟不高的表現。

必須從胡風事件吸取教訓

（一九五五年六月十日“人民日報”社論）

今天本報發表了關於胡風反革命集團的第三批材料，進一步證明胡風和他的一夥是同帝國主義和蔣介石匪幫有密切聯系的一羣反革命分子。這一嚴重事件，應當引起全國人民的警惕，並從這個事件吸取教訓。

現在，胡風集團的假面已被完全揭穿了。胡風分子到底是一些甚麼人，現在也大體有了眉目。可以說，帝國主義國民黨特務分子，反動軍官，托洛茨基分子，革命叛徒，自首變節分子，就是這個集團的基本骨幹。

根據現在已有的材料，胡風分子已經混進我們的某些政府機關、某些軍事機關、某些教育機關、某些文化出版機關和報館以及某些經濟機關，他們還混進了某些工會、青年團等羣衆團體的領導機關。

他們也混進了中國共產黨，有的還担任了相當重要的職務。這批所謂“共產黨員”，對胡風這個反革命分子是忠實的，對黨則採取欺騙手段。

必須指出，我們的很多人對於暗藏的反革命分子，警惕性是不高的，許多人簡直喪失了警惕性。胡風反革命集團能在人民陣營中混了這樣久才被揭露出來，就是我們警惕性不高或者喪失警惕性的證明。我們還要這樣提出問題：如果胡風反革命集團能够混到我們的隊伍中來，甚至混到共產黨的隊伍中來，爲甚麼別的反革命分子不能用類似胡風的兩面派手法，暗藏在我們的機關、部隊、學校、工礦、人民團體和民主黨派中呢？應該說，他們必然會混進來，而且已有材料證明在許多地方已經混進來了。

我們必須徹底粉碎胡風集團，把這批反革命分子從人民隊伍中淸除出去。同時，我們也要把類似胡風集團的一切暗藏在我們隊伍中的反革命分子堅決地徹底地淸除出去！我們不能同老虎睡在一起，不能把反革命分子認作好人！

從胡風集團的反革命事件中，我們還必須深刻認識，只要我們革命隊伍的成員在政治上麻痹大意，對反革命喪失警惕，那就會提供這些反革命分子以進行活動的條件。根據已經揭發的材料，胡風集團分子把許多有毛病的人列爲他們欺騙利用的對象。他們尋找和利用思想上有錯誤的人、對共產黨不滿的人、歷史上有問題的人、喪失警惕性的人，加以拉攏，使這些人墮入他們的圈套。胡風集團力圖在我們的黨內、國家機關內、人民團體內和文化教育機關內發展組織，就是從這些不健全的分子身上下手的。因此，我們革命隊伍的每個單位、每一個人都要提高警惕，不要上反革命分子的當；並且都要學到一項本領，要善於辨別反革命分子，以便把一切反革命的陰謀揭露出來。

我們革命隊伍中的絕大多數（百分之九十幾）都是好人，只有少數是暗藏的反革命分子或壞分子。但是我們決不可以看輕這些反革命分子或壞分子，必須堅決地把他們淸除出去。否則，他們就會蔓延起來，擴大他們的人數，損害我們的肌體，使我們的事業遭到嚴重的損失。

在爲國家的社會主義工業化和建成社會主義社會的偉大運動中，階級鬥爭更加尖銳，反革命分子必然要更加進行破壞活動。但是我們是有能力粉碎一切反革命分子的活動的，因爲我們有着强大的革命力量。我們力量的基礎是人民羣衆的政治警惕性和他們對於反革命分子的辨別能力。這就要求我們的各級領導機關充分注意加强自已對羣衆的政治教育工作和組織領導工作。

必須注意淸查出一切暗藏的反革命分子，必須堅決地有分別地對於淸查出來的這些分子給以適當的處理。這是整個革命隊伍一切成員的任務，這是一切愛國者必須注意的大事情。

322　　大衆醫学

1955 年《大衆醫學》上刊發了胡風事件的材料

到了 1956 年之時，學術自由度有所放開，因為三大改造即將完成，正是社會主義建設需要知識分子的時候。經過胡風事件，消極的知識界肯定熱情不夠，就這樣，“百花齊放，百家爭鳴”的口號被提了出來，畢竟，只有“百花齊放，百家爭鳴”的自由才能使知識界煥發活力。“知無不言，言無不盡；言者無罪，聞者足戒；有則改之，無則加勉”這些話一出來，便立刻招致了當局所不能忍受的各路批評，特別是有些批評已經不是在批評黨的政策而是黨本身了。

事情正在起變化，於是雙百運動在 1957 年時，變成了轟轟烈烈的反右運動。

雙百和反右的時候，夏穗生並沒有公開說過什麼。原因也很簡單，他很清楚自己的身份，地主出身的他肯定不是新時代的主人，連算不算得上“人民”都有待考察，況且他還有個國民黨父親，這些家庭成分都很容易讓他成為任何政治運動的靶子，他還是老老實實低頭做事為好，以專研精進技術為主。

其實，夏穗生號稱“紹興師爺”，出名的有頭腦有見地，愛憎分明，正義感強，十分敢講，甚至口無遮攔，以至於鳴放與反右期間，他的岳母萬分擔心，認定他會被打成右派，而影響全家的前途。就在岳母萬分悲觀之時，夏穗生非但沒事，反而成了當時的紅人。他最終逃過這一劫還是因為他技術過硬，他超高的外科手術天賦與不知疲倦的工作態度贏得了外科黨支部書記的青睞。

通常來說，每個單位是有右派指標的，約在 5% 左右，按照當時的說法，這些“右派”就是潛伏在人民群眾中的“階級敵人”。

到今天為止，全國未被摘帽平反的右派只有 7 人。所以，可以想見，當時每個單位 5% 左右的“右派”根本都是無稽之談。話多一點的就是有言行右派，無言行的就是把刻骨仇恨埋在心裏的右派，其中選誰當右派就大有文章了，各種緣由恩怨夾雜其中。

只能這樣說，技術過硬與領導的青睞使夏穗生避免了被選為右派。此外，57 年反右時，夏穗生還相當年輕，只有 33 歲，是一個普通的主治醫生，而政治運動中的靶子多是在某個領域有較深資歷與影響的人，整一個名不見經傳的年輕人，政治運動達不到“革命性”的效果，但也不排除“右派”中有一些年輕人。

事實上，夏穗生厭惡這些政治運動，一個放棄了一切嗜好、一心專研醫術的人肯定打心眼裏覺得搞這些東西浪費時間且莫名其妙。從他發表的論文就可以看出，五十年代中後期雖然運動不斷，但他依然在普通外科領域做了大量的工作，且成績傲人。他陸續發表了〈腎部分切除手術〉、〈末端大腸癌臨床治療中的幾個問題〉、〈老年人的外科手術治療〉等幾篇論文，這些論文記錄分析總結了大量他在五十年代中後期所治療的病例。

武汉医学院学报（1:41—47,1958。） · 41 ·

腎部分切除手术

夏穗生 章道熙

本院系统外科学教研組

腎脏是一个很重要的器官，施行外科手术时应該尽量予以保留。只切除其有病变的部分而保留其余良好的腎組織，尽量避免作全腎切除的方法是合理的。根据切除的范圍，腎部分切除术可以分为下列主要类型[1]：

（一）半腎切除术。

（二）腎小部切除术（腎极切除术）。

（三）上下两腎极同时切除术。

（四）楔形切除术，上下两部分腎縫合术。

早在1887年Czerny氏已施行了第一个腎部分切除手术，以后，虽陆續有人采用，大半由于当时外科条件和病例选擇不当，以致常发生不能控制的出血和尿漏等并发症，此种手术曾一度被放弃。近来由于Goldstein[2][3]，Lattimer[4]，Semb[5]等氏的提倡，腎部分切除手术又逐漸地推广起来，病例的选擇和应用的范圍也逐漸的明确起来。我国1955年有何尙志等氏[6]六例和楊松森等氏[7]二例的二篇报告。本教研組自1956年1月至1957年10月的一年另十月內共施行了腎部分切除手术共6例，其中半腎切除1例，腎小部切除4例和腎楔形切除1例。

手术方法

硬膜外麻醉，患者采側臥位，患側向上。Isreal-Bergmann氏腰部切口。如同全腎切除术，必需将腎脏从脂肪囊中完全游离出来，細心暴露腎蒂处的腎动脉，将腎动脉予以游离，用一根長橡皮条疏松地繞过腎动脉。橡皮条拉紧时，便能遮断腎动脉的血流。根据病灶及病变范圍，計划腎之切除綫，切除綫呈平面，不作錐形状（图1）。然后在該切除綫之远端，切开腎眞筋膜，腎眞筋膜保留得愈多愈好。于是，細心剝离腎眞筋膜直至計划中的切除綫处。此时，为了防止出血，术者用手紧握腎的保留部，并令助手隨时拉紧橡皮条来控制腎动脉的血流。隨即用手术刀切开腎实質（图2）。出血并不很多，以蚊子鉗夹住止血点，令助手作个别結紮或縫合止血。腎盞漏斗部以細羊腸綫作緊密之連續縫合（图3）。切面之滲血不多，另用敲碎之肌肉块复盖切面，然后将腎眞筋膜翻回，以羊腸綫緊密縫合（图4）。腎脂肪囊也需縫合，准对切面处置一柔軟的烟卷引流，切口层层縫合。术后应連續多天，每日注射生理盐水1—2000毫升，以期冲淡及通暢尿液，避免尿液內血块形成，阻塞尿流。

我們应用的方法基本上相同于Lattimer[4]和Clark[8]等氏所描述的。我們認为这个方法很好，特提出下列各点，予以討論。

一、术中控制出血問題。切除前先行結紮所屬腎动脉分支的方法，是最理想的。但是鑒于腎动脉分支的分布情况是不定的。所以，事实上应用这种方法的可能性很小。很多文献[4][5][7][8][6]报告，用动脉血管鉗夹住腎动脉以遮断血流，有的認为每5—10—15分鐘[1][4]，应放松鉗夹一次，有的認为連續鉗夹30—45分鐘[8]，尙不至于引起腎組織缺氧。我們認为切开腎实質是手术中最紧張阶段，不能分心去注意腎动脉已鉗夹了多久的时間，也不可能要求，切开腎組織到止血完峻在一定的时限內完成，而且每次的手术途中放松腎动脉鉗替手术造成很大的困难。因此，我們改用橡皮条的方法。拉紧时能部分地或完全的遮断腎动脉的血流，放松时便能恢复

其中最著名的一篇論文當屬他1958年發表在《武漢醫學院學報》上的〈肝部分切除手術〉一文。我國是肝癌高發的國家，特別是建國初期，由於營養不良，患肝病需要手術治療的人很多。而肝

臟到底能不能切，能切掉多少，怎麼切，都是經過了漫長的科學探索的。要知道，二十世紀五十年代初時，肝臟還是外科手術的禁區。

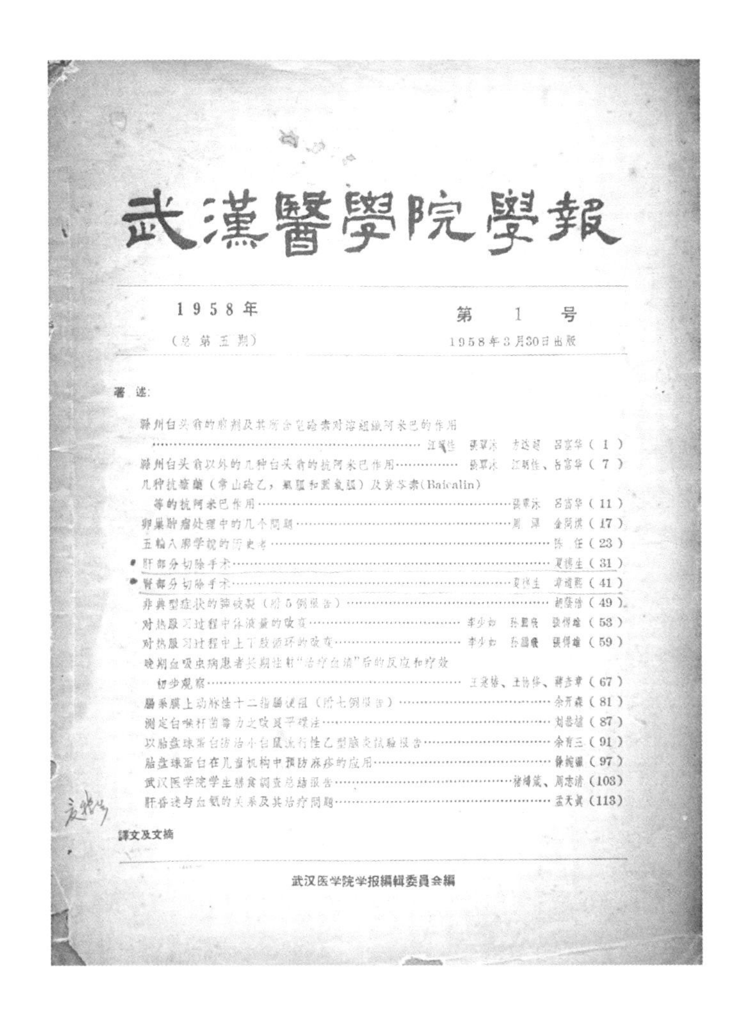

武漢醫學院學報

1958年　　第 1 号

（总第五期）　　1958年3月30日出版

著述：

譯文及文摘

武汉医学院学报編輯委員会編

武汉医学院学报(1:31—39,1958。) · 31 ·

肝部分切除手术⁺

夏穗生
本院系統外科学教研组

肝脏外科的发展是比較慢的。廿世紀以来，外科的各个方面如：麻醉，液体平衡的糾正，抗休克和抗感染都有了飞跃的进步；其他的外科部門如肺、腎、脑部手术也已广泛的开展，而肝脏手术却迟迟不前，技术方面改进并不显著。从近日（1950年以后）出版的一些外科書、手术学来看（Shakelford[1]，Cole[2]，Zenker[3]，Bier-Braun-Kummel[4]）所介紹的肝脏手术，其重点还在于一些小范围的，如活体組織檢查，小块的楔形或椭圆形切除，肝膿肿切开引流手术等。广泛性的大块切除肝組織手术很少或者完全沒有提及。虽然，早在1680年 Zambeccari 氏作了肝切除的动物实驗，1886年Escher 氏，1887年 Langenbach 氏相繼在臨床上試行了大块肝脏切除手术[6]，并沒有能促进肝外科的发展，肝脏依然是外科医生們所惧怕的一个器官。

阻碍肝脏外科的发展，有理論上的原因，也有技术上的原因。从理論上来說，大家都知道肝脏是人体的一个很重要的器官。上古时期已有人認为肝是一个造血器官。現在我們知道，肝脏的机能甚为繁复。根据Тареев[7]氏的綜述，肝对消化、新陈代謝、防御、凈血和血液成份的調节都很重要。肝不仅是人体內部的血液滤过器，而且也是解毒和消除細菌危害的地方。对这样一个重要器官，能否可以任意加以大块的切割是值得考虑的，人們也不知道維持人的生命最低限度需要多少正常的肝組織。而 Cantlie 氏(1898)和 Serége 氏(1901)[8]且認为左、右两肝叶的功能是不同的，左肝叶有着营养性的功能，而右肝叶却担負了防御性的任务，两者各有专职，不能互相代替。这样，更否定了施行一个肝叶切除的可能性。

通过肝的組織学、生理学和生化学的研究，不論在机构上或者生化的过程中，是沒有理由可以認为左、右两肝功能有所不同，我們发現二者完全相同，并且可以互相代偿。早在1889年Ponfick氏[9]从动物实驗中証明，大量切除肝組織是可能的。近来，又有Mann (1940)[10]、Localio (1950)[11]等氏証实了这些可能性。他們共同指出：肝組織的再生能力是非常强大的，切除的肝块很快的为新生的肝組織所代替，其結构和功能与原来的毫无不同，他們更說明，这种代偿并不是由于肝切面上新产生了大量的肝組織造成的，而是留存肝脏的細胞增殖(Hyperplasie)所致。現在我們知道，只要留存的那些肝組織是正常的，可以切除正常的肝脏达70—80%，对生命还是沒有妨害的，肝功能进行的順利和正常。

但是，要开展广泛性肝脏手术，仅有理論根据还是不够的，必需解决实际上的技术困难問題。大家都知道，肝脏的血运极为丰富，同时接受着肝动脉和門靜脉两方面的血液供应，并且組織甚为脆弱，手术中极易发生剧烈的大出血，甚难控制和处理，往往立刻发生死亡。所以，止血問題不解决，肝外科手术是很难广泛开展的。

很久以来，外科医生們已經注意了肝切面的止血問題，很多作者相繼的介紹了各种方法，除了普通的鉗夹、电灼法外，并且应用了很多的特殊縫合方法：各种式样的褥式

+(一)本文曾于1957年8月間，参加中华医学会武汉分会外科学术訪問小組，在桂林、南宁、貴阳和重庆的中华医学会作专題宣讀。

(二)指导者：裘法祖教授

論文〈肝部分切除手術〉1958 年發表於《武漢醫學院學報》

二十世紀四五十年代，國外研究者發現左右肝的功能完全相同，且肝臟切除 70-80% 後，只要保持 20%-30% 的肝臟便可以再生恢復肝功能。在理論障礙掃清後，操作技術的困難主要在於肝臟

血管豐富，有肝動脈、門靜脈雙重血供，而且肝臟組織非常脆弱、體積龐大，深居右橫膈下，不顯露操作困難。一旦發生出血難以控制，所以止血是肝切除的關鍵所在。在肝臟血管分布、分葉、分段被透徹掌握後，遵循血管分布規律的肝切除才有了可能，這被稱為典型性肝切除。國際上影響較大的成功的典型性肝切除被認為始於1952年。

在我國，夏穗生於1957年開始，施行了五次典型性肝切除手術，並在〈肝部分切除手術〉一文中詳述了手術適應症與手術方法步驟，這被認為是我國病肝切除肝外科治療的開端。這篇具有標誌性意義的論文發表時，他年僅34歲，算是在中國外科學界嶄露頭角了。此時，他的起步點離世界肝外科前沿並不太遠，以他的心性，他想的絕不是跟他們看齊，而是超過他們。

21. 大躍進與中國器官移植的狂想

在一個專業搞革命的年代，特別是當“紅”蓋過了“專”時，想搞點研究是很困難的，時代容不下一張書桌。

同濟醫院遷漢後，運動就沒停過。55年“批胡風”、56年便開始了“百家爭鳴，百花齊放”讓知識分子給黨提意見，57年畫風突變成了整風加反右，這波革命的浪潮終於在58年的大躍進中達到了頂峰。

當然，要搞革命，革命教育是必須先行的。否則，這支帶有德國傳統、從上海遷來的頂級醫療隊伍對廣大工農群眾的理解肯定是不到位的。那麼無產階級的政治教育無非是組織職工們學習毛澤東思想、樹立辯證唯物主義世界觀、反對唯心主義、講政治與業務的關係，務必做到又紅又專。在醫療上，要大搞技術革命，批判“三脫離”教育方向、貫徹中西醫結合方針等等之類。

這類運動與政治學習往往會佔用大量時間，使人疲於應付，以至於荒廢醫生的正經事：臨床與科研。據夏穗生的妻子回憶，夏穗生的一大優點在於心無旁騖，只要有一丁點時間，他永遠都在看他的業務書籍。搞鳴放和反右的時候，由於出身問題與資歷尚淺，他一直都十分低調，也沒公開說過什麼，低頭工作看書而已。同濟醫院 1955 年從上海遷漢時的員工數為 220 餘人[5]（57 年人數有所增加），57 年被選出的“右派”就有 20 多位[6]，就這樣看其比例相當之高。按後來“右派”家破人亡的悲慘遭遇來看，夏穗生當時真可謂逃過一劫。

從今天平反的情況來看，我們知道當年所謂的“右派”往往都是一些敢於講話的正直之士，那些逃過反右一劫的人，除了暗自慶幸外，難道心裏真的都沒有一把尺嗎？知識分子難道都是非不分，黑白不明的嗎？難道都能對他人所受的不公與冤屈視而不見嗎？經過這一次，他們肯定更加謹慎了，但更加肯定的是，他們一定會對眼前的社會有一個重新的認識，“右派”的遭遇也實際上讓他們對他們可能的未來做好了心理準備。

1958 年，是個多事之秋，是新中國真正的轉折點。1958 年春夏發動的大躍進與人民公社運動，其災難性的後果導致了黨內深刻

5 數據引自《同濟醫院志 1900-1990》1991.9 月編，頁 19。

6 數據引自《同濟醫院志 1900-1990》1991.9 月編，頁 25。

而不可彌合的分裂，並最終把全民族推入了萬劫不復的深淵。如果在此，我們不以笑話大全的方式來看待大躍進運動，那麼大躍進帶給我們民族的慘禍與痛苦是我們的心靈難以承受的。

從國家經濟發展上來看，“大躍進”其實是一種對第一個五年計劃的反思。建國後，一五計劃於 1953 年提出，實際執行要到 55 年，57 年算是一五的結束，而一五計劃完全是模仿蘇聯發展策略的體現。蘇聯發展模式則是計劃體制首先發展重工業，而其中冶金工業得到最優先的考慮，農村則作為被犧牲的一方，蘇聯的一五期間（1928-1932），為了利用農業資源發展城市工業，造成了百萬農民的死亡。[7] 中國的情況還是跟蘇聯不大一樣，中國共產黨從農村起家，這與蘇共的城市工人階級性質完全不同，中共的黨員絕大多數來自農村，這就使得中共絕對不會像蘇共那樣為了城市工業而放棄農村的發展。

當一五計劃重工業迅速發展後，農業基礎這一薄弱的環節遭到了威脅，在遇到發展瓶頸之時，廣泛動員群眾運動這一中共最擅長的革命思路就啟用了。廣泛深入地動員群眾運動可以說是中共的歷史傳統，源自延安時期（1935-1948），那種在野時期高尚而純潔的解放區激情奮發體驗，總是一次次在關鍵時候挽救了革命挽救了黨。

如果以這種角度來看，“大躍進”只不過是一次為了克服困難、工農業並舉的群眾運動而已，全社會只專注幹兩件事：煉鋼和

7　數據引自《劍橋中華人民共和國史》下卷，頁 275。

產糧，一工一農。最耳熟能詳的口號則是“鼓足幹勁、力爭上游、多快好省地建設社會主義”。

什麼性質的事物才能被稱為“躍進”或者“大躍進”呢？以作者的理解，遵循普遍經濟規律、按部就班的發展肯定不是“躍進”，所謂“躍進”，必然要擁有某種內心強烈的動機與意願，使事物的發展脫離原有的軌道，而獲得“質的飛躍”，舉例來說從猴子變成人，可以算是一種“躍進”。

而那種“內心強烈的動機與意願”也很容易理解，這是一個近代以來一直落後的民族對恢復往日尊嚴的渴望，說白了就是對超英趕美的強烈渴望，這種急切的渴望一直到今日都沒有消失，雖然此種心態可以理解，但急迫的心態往往使人走上一種不自知的冒進與功利之路，脫離了對普世規律與個人才能的尊重。其實，任何時候以趕超他人為目的的任何行為，都還處在對“自我”缺乏定位與認知的階段。

既然此次運動叫“大躍進”，那麼從“躍進”一詞開始，已經說明了這場聲勢浩大的群眾運動帶有強烈的革命浪漫主義激情，激情這種東西最容易在群體之中傳播蔓延，而激情最可怕的地方則是激情澎湃之時理性的消失，讓開始時“把困難腳下踩”這種豪情壯志在高度一致的體制裹挾下迅速變成了一種浮誇之風。今日看來那些匪夷所思、完全無法理解的口號，在當時的社會是一種風潮，幾乎沒有人不受其影響。作者在此摘取一些，供讀者們欣賞那個年代的革命浪漫主義：

“人有多大膽，地有多高產。”

“土地潛力無窮盡，畝產多少在人為。”

“三年超英，五年趕美。”

“一天等於二十年，共產主義在眼前。”

“與火箭爭速度，和日月比高低。”

“一個蘿蔔千斤重，兩頭毛驢拉不動。”

“一鏟能鏟千層嶺，一擔能挑兩座山，一炮能翻萬丈崖，一鑽能通九道灣。兩隻巨手提江河，霎時掛在高山尖。”

“你是英雄好漢，高爐旁邊比比看。你能煉一噸，咱煉一噸半，你坐噴氣式，咱能乘火箭，你的箭頭戳破天，咱的能繞地球轉！”

既然中央號召人們敢想敢說敢幹，那麼湖北省當然不能落後。雖然醫生不是工農，沒有直接煉鋼產糧，但醫學院和醫院一樣也要響應黨的號召，當時湖北省黨委號召各醫院在業務上破除迷信，解放思想，拔資產階級白旗、樹無產階級紅旗，三年超英、五年超美。

58 年時，34 歲的年輕外科醫生夏穗生為了響應“大躍進”的號召，開始在一種全民狂熱的氣氛中，追求醫術上的“躍進”，正所謂“人有多少膽，狗有多少肝”。正是在這種情勢下，1958 年 9 月 10 日，夏穗生將一隻狗的肝臟取下，移植在了另一隻狗的右下腹。

這一奇思妙想或奇思狂想正是我國最早的肝移植嘗試，這種手術被稱為“狗的同種異位肝移植手術”，所謂的同種便是狗與狗之間的肝移植，通常來講，同種移植較為現實，異種生物之間的移植更賦神話色彩，有點女媧人首蛇身的感覺了。

而異位移植則是指不切除原有的肝臟，而將取來的肝臟植入受體狗腹腔內另一位置上，因為不涉及切除原有肝臟，手術程序大大簡化，但受體狗的腹腔內有兩個肝臟一樣會出現各種問題。

在國際上，Dr. C Stuart Welch（1909-1980）於 1955 年，也就是三年之前，首次施行了狗的異位肝移植術。當時，我國尚處於封閉狀態，對國外器官移植方面的資料知之甚少，國內尚無其他醫療機構和外科醫師聽過肝移植手術。夏穗生的長處在於他的敏銳超前，向來關注國際醫學發展的最前沿，如飢似渴地閱讀外國文獻，顯然這些文獻不是蘇聯的，要想超英趕美，靠蘇聯文獻可能還是有些困難。

由此可見，夏穗生的這一次移植實驗雖然是在大躍進的狂潮下進行的，但其肝移植的思路絕非大躍進似的憑激情異想，而更像是他基於醫學實踐的理性求索。一方面，夏穗生擅長腹部外科手術，特別是肝臟切除術極為出色，在治療肝癌的手術中，病患的肝臟被切完了怎麼辦呢？肝移植是這種病人唯一的希望，也是肝外科進一步前進的希望。而另一方面，國外的先例也給他提供了啟發。

1958 年的第一次肝移植動物實驗更像是他趁著這個追求異想天開的年代，將國際上剛剛出現的肝移植概念引入了中國人的視野中，為中國醫學打開了一條肝移植的道路。說這是為響應大躍進的號召也好，為超英趕美也好，為救人性命也好，為祖國的醫學事業也好，以作者的眼光看，這其實就是一個醫生在為治療肝臟疾病進行探索罷了，而動力就是一個科學家無止境的好奇心，那些高大上的說法根本空洞無力，反而是把純粹的科學精神複雜化了。

夏穗生進行的第一次狗異位肝移植的時間相當早，同年（1958），國際上由 Francis Daniels Moore（1913-2001）實施了第一次狗的原位肝移植實驗。而第一次臨床原位肝移植則出現在 1963 年的美國，由著名的美國外科醫生 Thomas Earl Starzl（1926-2017）實施。

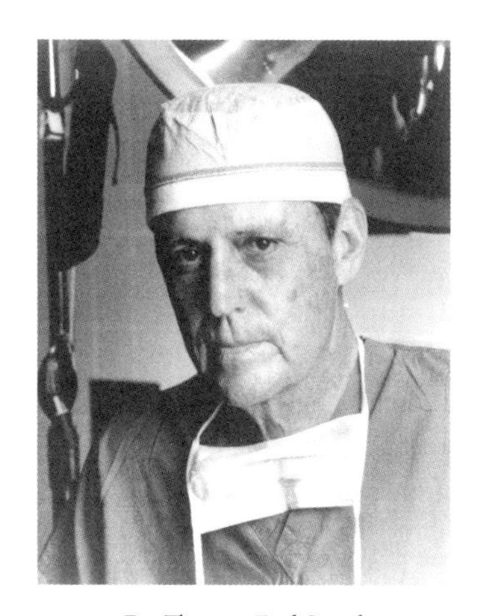

Dr. Thomas Earl Starzl

"Ignore the bullets, ignore all your enemies, focus on your productivity and everything will be fine" --- Thomas Starzl

可惜的是，夏穗生的肝移植探索在 1958 年第一次狗異位肝移植的嘗試後便因眾所周知的原因戛然而止了，再恢復探索實驗，都要等到十五年之後了。就這樣，一個有望超英趕美的領域被超英趕美的願望與激情耽誤了。

雖然這隻歷史性的移植狗在手術後只存活了十餘個小時，未能清醒，但在夏穗生的眼中，首例肝移植動物實驗是成功的，當時夏穗生激動地帶著整個團隊衝到黨委書記那裏去報喜，移植狗居然沒有馬上死去！不管怎樣，這也是一種"醫學的躍進"、"器官移植的序幕"，這即是黨的號召，又是人民的力量！

如果一隻狗真的可以帶著另一隻狗的肝臟存活十個小時，那麼一個人帶著另一個人的肝臟存活十天便指日可待了！按大躍進的邏輯，"一天等於二十年"，那麼"肝移植的成功在眼前"！

按後來中國器官移植事業的發展來看，還真應了大躍進的口號："不怕做不到，只怕想不到"！

22. 把心交給黨

送瘟神

大躍進的荒謬不僅出現在工業與農業中，科教文衛領域一旦躍進起來，亦是十分搞笑的。

1958 年 1 月中共中央發動的愛國衛生運動，其核心內容便是除"四害"，所謂的除害，就是除"老鼠、麻雀、蒼蠅、蚊子"四害。這次愛國衛生運動是大躍進的一部分，自然不能沒有大躍進的浮誇氣質，各省市紛紛表示要在極短的時間內完成"四無"。後經科學家們的長期申訴，麻雀終於在 1960 年的時候被從"四害"中除名，代之以臭蟲。但可憐的麻雀們在這次愛國衛生運動中死傷慘重，在某些地方滅絕可能真不是浮誇。

為了響應黨的號召，1958-1961 年間，當時的武醫二院組織醫生們“走出大門，下鄉下廠、支援工農、除害滅病”。走出大門的意思是醫生們不要再待在城市裏了，城市裏都是官僚老爺們，不是服務對象，下鄉下廠的意思就是服務工農，支援工農基本是在湊數重複第二句，除害滅病就是除四害，滅大範圍流行病。

所謂的大範圍流行病，便是長江沿岸廣泛流行且嚴重威脅身體健康的血吸蟲病。此疾病的傳播途徑為接觸到含寄生蟲的水源，在小孩身上最為常見，因為他們有較高的幾率在戲水過程中接觸到受污染的水源。其他的高危人群包括農夫、漁夫以及日常水源受污染者。血吸蟲病感染後症狀複雜多樣，而慢性血吸蟲病常無過度症狀，成因為疫區居民自幼與河水接觸，小量反復感染。慢性感染者消瘦、貧血、乏力、勞動力減退，而到末期會出現肝脾腫大、腹部膨隆似青蛙腹，病程長者可達十至二十年最終只能以手術治療。

針對這一情況，建國初期就有大規模的消滅血吸蟲病的運動，1956 年 2 月 27 日，毛澤東在最高國務會議上強調“全黨動員，全民動員，消滅血吸蟲病”。到了大躍進時期，1958 年 6 月 30 日，《人民日報》便報道了江西餘江縣已經成功消滅了血吸蟲病。這一造福萬民的功績，使得偉大領袖激動地徹夜難眠，並在翌日旭日臨窗時寫下了著名的《七律二首 · 送瘟神》：

讀六月三十日《人民日報》，餘江縣消滅了血吸蟲。浮想聯翩，夜不能寐。微風拂煦，旭日臨窗，遙望南天，欣然命筆。

其一

綠水青山枉自多，華佗無奈小蟲何！

千村薜荔人遺矢，萬户蕭疏鬼唱歌。

坐地日行八萬里，巡天遙看一千河。

牛郎欲問瘟神事，一樣悲歡逐逝波。

其二

春風楊柳萬千條，六億神州盡舜堯。

紅雨隨心翻作浪，青山著意化為橋。

天連五嶺銀鋤落，地動三河鐵臂搖。

借問瘟君欲何往，紙船明燭照天燒。

追隨著《人民日報》上餘江縣的先進案例，五十年代末和六十年代初下鄉巡迴醫療期間，武醫二院外科多次組成專門的血吸蟲手術醫療隊，去枝江、陽新、漢陽、漢南等重疫區，開展手術治療。夏穗生便是這其中的一員。因為江浙地區亦是疫區，所以在醫院尚未遷漢時，夏穗生便累積了大量治療血吸蟲病的經驗。

晚期血吸蟲病會引起一種“門靜脈高壓症”，夏穗生在“門靜脈高壓症”的外科治療上作出了重要貢獻。他首次在公社、區級衛生院施行了脾腎分流術，脾腎靜脈分流術尤具特色，其術式的獨創性，在國內有較大影響。[8] 後來，他又根據常年治療血吸蟲病的病例，發表了論文〈分流手術治療門靜脈高壓症 46 例遠期療效觀察〉。

8 參考《同濟醫院志 1900-1990》1991 年編，頁 71、72。

武汉医学院学报 1960.4.

•179•

分流手術治療門靜脈高压症46例远期療效观察

附屬二院外科學教研組

夏穗生　裘法祖　戴植本　張應天

門靜脈高壓症在我國是一種常見的疾病，其主要病因是肝硬變。引起肝硬變的原因很多，但在我國多爲血吸虫病所致；在門靜脈高壓症患者中，有半數以上爲嚴重的血吸虫感染者。由于黨及政府對人民保健事業十分重視，及時采取了各種消滅血吸虫病的措施。對于晚期血吸虫病引起的門靜脈高壓症的外科治療亦自 1952 年來先在上海、北京、武漢，繼在全國大、中城市，獲得了飛躍的發展和成績。

現目前爲止，分流手朮（❶脾靜脈、腎靜脈吻合朮和❷門靜脈、下腔靜脈吻合朮）是減低門靜脈壓力和防止上消化道曲張靜脈破裂大量出血比較有效的辦法。國內學者一認爲：㊀无腹水，而有明顯的食管靜脈曲張，或因此已引起出血的門靜脈高壓症最適宜于分流手朮；㊁有腹水，同時有食管靜脈曲張，或因此已引起出血的患者，如果經內科或中醫治療后腹水在短期內顯著減退或消失，亦應爭取施行分流手朮；㊂无食管靜脈曲張，或腹水經內科或中醫治療未見好轉者，或肝功能甚差的病例，都不適宜于分流手朮治療。

武漢醫學院附屬第二醫院（1955年遷漢前爲上海同濟醫院）自1953年六月至1958年底五年半中共施行164例分流手朮，由于地區關系，絕大多數患者（近80%）爲晚期血吸虫病。164 例中施行脾腎靜脈吻合朮者有118例，施行門腔靜脈吻合朮者有46例。无直接手朮死亡者。住院期中早期死亡五例，晚期死亡四例，共計九例，死亡率爲 5.5%，死亡原因都爲肝性昏迷。

由于我院遷漢后，江浙一帶患者不能來本院復查，遷漢后的部分患者來自外省，而近年來患者地址變动很大，所以能夠保持聯系或進行比較詳細復查者僅有46例。大多數病例都在手朮后二年以上。茲將隨訪和復查結果，分析報告如下：

（一）再出血。分流手朮的主要目的在于防治上消化道曲張靜脈破裂大量出血，所以朮后是否重新發生大量出血，是隨訪中首要確定的。隨訪的46例中（脾腎靜脈吻合朮38例、門腔靜脈吻合朮8例），重新大量出血者共3例，皆系脾腎靜脈吻合朮后患者。其中一例于出院后20個月時，突然發生大量嘔血，不及救治而死亡。另二例中，一例爲反覆多次的中量嘔血，經二次入院施行了胃底靜脈結扎而愈；另一例未經手朮自行停止。所以，手朮后的再出血率約爲6.5%。

（二）食管靜脈曲張。朮后經X線吞鋇復查食管的共44例，其中在38例（約占83%）可以看到不同程度的改善。食管靜脈曲張完全消失者7例，明顯好轉者14例，有好轉者17例；僅有6例脾腎靜脈吻合朮后患者的食管曲張靜脈无明顯的改進（見表一）。

表一　食管靜脈曲張X線復查病例

靜脈曲張程度	門腔靜脈吻合朮	脾腎靜脈吻合朮	共計
完全消失	1	6	7
明顯好轉	6	8	14
有好轉	5	12	17
无變化	0	6	6

（三）肝功能檢查。根據我院的臨床觀察，分流手朮后經短期內所有患者的肝功能都有減退，但在隨訪病例中看來，肝功能與朮前的檢查比較皆呈輕度的改善（見表二）。

論文發表於 1960 年《武漢醫學院學報》

除了脾腎靜脈分流術治療晚期血吸蟲病外，脾切除術亦是治療晚期血吸蟲病所致的門脈性脾腫大的方法，夏穗生亦在此積累了大量脾切除的經驗，而為後來的脾臟移植打下了基礎。

•266•　1964　武汉医学杂志

关于脾切除手术操作的几点意見

武汉医学院附属第二医院外科　夏穗生

治疗晚期血吸虫病所致的門脉性脾肿大的手术方法中，单纯脾切除手术由于操作较分流手术为简单，能矫正脾机能亢进，有一定的预防和治疗食管靜脉曲张出血作用和恢复患者劳动力，到目前为止，仍极为常用和值得推广。但脾切除手术不是沒有危险的，因操作不当，术中可以发生不能控制的大出血，术后出现腹腔内大出血、膈下脓肿等併发症也屢見不鲜。根据我院400余例脾切除手术的体会，本文拟就脾切除手术操作中的几个环节，提出一些意見，以供讨论。

切口的选择

要求损伤少、显露良好。一般说来，单纯腹部切口已足够，不需开胸。常用切口有二：左上腹L形切口和左上腹斜切口。二者相较，左上腹斜切口的优点在于：（1）显露横膈面更为清楚；（2）一旦发觉脾与横膈面粘连较多较紧，可以方便地延长切口开胸，以利膈面止血。有人认为L形切口显露胃短动、静脉较好；我们觉得，若令站在第一助手右侧的第二助手以方头劍勾在脾上极处拉开切口，同样的可以达到良好显露的目的。一般说来，左上腹斜切口宜经过劍突、脐连线的中、下⅓交界点，指向左側第8肋骨；根据巨脾的形状和程度决定切口的长度，右側往往需要切断右腹直肌少许；左側則毋庸切断肋弓。

关于脾周围的粘連

切除脾必需首先游离脾臟，而游离脾的关鍵之一在于如何能安全地分离脾周围特别是和膈面的粘连。我们将粘连分成二种：血管性粘连和纖维性粘连。血管性粘连呈网织状、坚韧密集，含有极丰富的侧支循环，严重时脾和膈面广泛地连成一片，手指简直无法插入；而纖维性粘连或呈膜状或呈束状，较松弛，多不含血管，以钝力甚易分离，不会出血；有时束状粘连也含有少许血管，由于纖维束较长，令第二助手以方头拉勾将切口上提，术者将脾下压，可以清楚地看到，极易用長弯血管钳夹住、切断、结扎之。晚期血吸虫病所致的巨脾多有粘连，且常呈现混合型，一般说来，虽以纖维性粘连为主的混合型为多見，但血管性粘连给手术带来巨大的困难和危险。

分离粘连的错误在于：（1）术者对血管性粘连出血的危险性估计不足；（2）对血管性粘连面积估计不足，由于粘连多位于脾上极和膈面之间，位置极深，不易探查；（3）术者对二种粘连不加鉴别，均轻率地一概用钝力强行分离，产生不能控制的膈面广泛大渗血，是造成脾切除术中死亡最常見的原因之一。

我们认为，避免上述大出血的办法是：（1）很好地探查粘连，明确性质，屬那一种类型，确定血管性粘连的实际范围；（2）在全面弄清粘连性质和范围以前，切不可作钝力分离，或者存侥幸心理进行边探查边分离，从而引起大出血，此时止血不易，放弃手术已来不及，造成进退两难；（3）在血管粘连较紧或范围较广（超过脾上极范围或占左膈面一半左右）以及操作不愼已发生膈面较大出血而止血困难的病例，应延长切口，进行开胸，切开横膈，求得更为良好的手术野，在目视下进行逐步縫合止血和逐步游离粘连；（4）有时可以行脾包膜下分离，防止出血点缩入，有助于止血；（5）若遇血管性粘连范围甚广（几占大半或整个左膈面时）或血管性粘连虽不如此之甚但输血条件和手术经验不足时，应以放弃继续进行脾切除手术为宜。根据我们体会，晚期血吸虫病患者

論文發表於1964年《武漢醫學雜誌》

把心交給黨

知識分子到底屬於什麼階級？這個問題恐怕是強調階級鬥爭時最棘手的問題之一。無論如何搞群眾運動，社會方方面面的實質性的創新、發展與進步依賴的都是知識分子。知識分子到底屬不屬於人民群眾很難講，從肉體層面應該算是，但從精神層面來講，知識分子最寶貴的東西在於精神獨立，既然獨立，那麼意思就是自己屬於自己，肯定不屬於群眾。

新政權是一個工農政權，走的是農村包圍城市的群眾路線，對城市缺乏經驗，而建國前，知識分子基本屬城市精英，屬嚴重脫離群眾的典型，所以常常被貫以"資產階級知識分子"的頭銜。因此，知識分子的思想改造從建國初期就開始了："他們的思想充滿著毒素，他們的靈魂是不健康的，有些甚至是反動的……團結他們，爭取他們，用馬克思列寧主義和毛澤東思想去教育他們，改造他們，使他們從舊的椅子上把屁股移到無產階級方面來，確立實事求是、為人民服務的人生觀，協助新中國建設。"

在思想改造一段時期後，1956 年，周恩來宣布絕大部分知識分子已經是工人階級的一部分了，但 57 年反右後情況又急轉直下，資產階級知識分子顯然沒有被改造徹底，培養"紅色專家"的任務依然艱巨。到了 58 年大躍進時，知識分子當然不能落下，也要來一場立場上和思想上的大躍進。用當時流行的話說就是：

"把心交給黨，把知識交給人民！"

"決心做左派，苦戰三年到五年，成為又紅又專、更紅更專的工人階級知識分子！"

在向黨“交心”這一問題上，自然科學通常要比人文社科容易一些，自然科學在近代西學東漸傳入我國之時，便處於“長技”的地位，是“用”而不是“體”，既然是“用”，所以地位不高，堪比工具。即為工具便談不上轉變專業領域的學術觀點，所謂的交心就是表忠心便可以了，表明我一定要被黨所用，且用在黨需要的領域就對了。所以在自然學科領域通常較少看到那種人文學科中紛紛拼命批判自己原有舊觀點的無節操行為。當然，作者在此批判自己嘲笑這種時代悲劇的做法。

夏穗生顯然是交心做的比較好的，他超強的業務能力獲得了外科黨支部書記的青睞，無論是之前的肛腸外科手術、肝切除、腎切除、還是門脈高壓症手術，抑或是大躍進中的首例肝移植動物實驗都是極其出色的，即發展了醫術又響應了黨的號召，還替廣大農民群眾送走了一波血吸蟲瘟神。

由於技術過硬，又聽黨指揮，說白了就是又紅又專，夏穗生於1959 年被批准加入了中國共產黨。能夠入黨在當時來說，可以說是無上的光榮與進步，特別是對於夏穗生這種舊社會地主出身的知識分子來說，那簡直是天大的光榮與進步，至少，成為黨員肯定是被新社會接納與思想改造成功的表現。夏穗生的一大特點便是目光長遠，永遠追求進步，凡事一定要走在最前面，這不正是黨在醫藥衛生領域需要的先進典型嗎？

圖為夏穗生手寫的長達 51 頁的入黨材料。其中不僅包含了他的簡歷，家庭背景更是追溯到了他的曾祖夏召棠一代，其中亦包括家庭成員的簡歷，以及他的思想改造過程，總而言之，就是向黨交心，能說的不能說的，都跟黨說

三年困難時期

當時的中國人絕對想不到，大躍進和人民公社的推進，竟然導致了二十世紀破壞性最大的饑荒[9]。有許多常見的觀點將 1959-1961 年的大饑荒歸咎於自然災害或蘇聯撤走專家。但考慮到中國巨大的領土面積和一方有難八方支援的傳統，中國歷史上並沒有全境意義上的災荒，而中國這個千年來以農業立國的國家，根本不需要戰鬥民族來教授如何種地囤糧養活人口這種農業民族基本的生存技能。

大饑荒餓死的人口基本為農村人口，因為當時中國已經有了嚴格的戶籍制度，1958 年出台的《中華人民共和國戶口登記條例》

9　數據可參考《劍橋中華人民共和國史》下卷，頁 292。

將個體分為“農業戶口”和“非農業戶口”兩大類，極大地限制了城鄉居民的自由流通，這種城鄉分離的“二元經濟模式”也使城市居民也就是“非農業戶口”者享有了定量的口糧，當然憑糧票領取。

在這樣的供給體制下，城市並沒有發生農村那樣大量餓死人的慘禍，但吃不飽的感覺確實是一代人廣泛共有而深刻的記憶，直到今日，我們還能在各種搶購潮中看到這代人的身影，只能說，跨越代溝的理解與同情往往建立在對歷史的瞭解之上。

夏穗生一家還算幸運，算是城市人口，可以吃上口糧。三年困難時期，夏穗生在醫院是主治醫師和醫學院講師，供給有保證。城市居民的供給體制實際是等級供給體制，不僅政府部門按級別分配，高校職工也是憑教師級別吃不同的食堂，有職工和學生食堂，教授和副教授可以吃小灶。

以夏穗生當時的級別，他們在醫院食堂常吃的是一種黑白色的雜糧花卷，雜糧是黑色的夾在白麵層之間。他們夫妻二人都食量小，常常會省下一點接濟他們科室裏吃不飽的同事，因為當時，人不僅分階級，還分等級，有的人的等級只能吃全雜糧的黑花卷。

無論是吃著雜糧花卷，還是下鄉接受貧下中農再教育，可以肯定的是，在吃飯都有問題的艱難時刻，夏穗生一刻都沒有放下手上的書。如果我們想嘗試去瞭解經過那個年代的科學家，無論他們做出了什麼成績，我們最需要瞭解的都是，這些成績是在怎樣的環境下做出來的。

在這樣的時代大洪流之下，一個知識分子到底能做些什麼？依作者看，能做的也就是不要抬頭，不要放下手上的書而已。

23. 崩潰的邊緣

大躍進並沒有“失敗”，較為妥當與合規的說法是大躍進運動在1960年的冬天“被停止”了，這跟日本人一直把“投降日”稱為“終戰日”的意思差不多。在大躍進的災難性結果面前，黨內已經不能保持一致了。相對躍進的革命浪漫主義激情來說，另一條路線較為務實溫和，也缺乏驚心動魄的氣勢，注定不是革命激情的對手。但在大量餓死人，危及統治權威的狀況下，革命激情派還是暫時默認了一些務實溫和的經濟政策。全國性大饑荒在1962年的“七千人大會”後有所緩和，一些經濟上“左”的趨勢得以糾正。

顯然，在革命意識形態下的革命派肯定意識到了溫和的政策已經不那麼“革命”了，好像自由與物質多了一點點，黨內的一部分人已經不能“把革命進行到底了”，他們正在試圖與西方資本主義和蘇聯修正主義和平共處，而且還要與亞非拉民族解放的正義事業劃清界限。正巧五十年代末、六十年代初，中蘇關係惡化，在意識形態領域狠批蘇聯修正主義的同時，黨內出現“修正主義”就再正常不過了。

資本主義的復辟、修正主義與官僚主義的抬頭讓革命派如臨大敵，這樣長此以往，無產階級的革命果實就要保不住了！為了扭轉這一狀況，社會主義教育運動與著重強調階級鬥爭又在62年9月被提了出來。從這些搖擺不定不斷出台的政策中，已經可以看出來，在黨內的最高層，鬥爭與矛盾已經日趨激化。一旦鬥爭的一方被定性為“走資本主義道路的當權派”那種階級敵人，在“以階級鬥爭為綱”的口號煽動下，社會便已經走到了崩潰的邊緣，群體性瘋狂激進就已經指日可待了。

所謂崩潰的邊緣，完全是一種後見之明。

歷史有多種視角，簡單來說上述算是帝王將相的視角，若從社會大眾的視角來看，六十年代前中期並沒有什麼崩潰的前兆。文革前的六十年代上半期並沒有那種“山雨欲來風滿樓”的危象。甚至相反，在渡過了大躍進所致的嚴重饑荒後，社會穩定，經濟明顯恢復，連空氣中似乎都帶著一種艱苦奮鬥、克服萬難的激情。可以說，在共和國成立的頭三十年裏，只有兩個經濟發展期，一個便是第一個五年計劃時期（1953-1957），第二個便是 1961-1965 這個調整時期。前一個發展期是真的在發展，後一個也就是六十年代的發展期其實是在努力恢復到大躍進之前的水平，也就是重新恢復到 57 年的水平。

當時，在國家封閉與物資極度匱乏的情況下，人民思想與社會風尚都還樸素，雖然不可能做到完全消除等級差別，但絕對沒有今日這種極其刺眼的貧富差距與普遍的腐敗現象。工業和農業都在進行著破壞後的恢復，至少可以吃飽了。一種饑荒過後，克服一切困難的振奮與奉獻精神正在這個國家蔓延。

人，既需要物質，也需要精神。往往，在對外環境封閉、物質極度匱乏，加之刻意宣傳引導之時，人的精神追求就會表現出一種驚人的急迫。這一點似乎跟改革開放後的情況完全相反，作者以為正是這一點使得年輕一些的讀者（成長於改革開放後）並不能完全理解六十年代發生在中國的事情。因為，改革開放極大地改善了對外封閉與物質匱乏的狀況，而這無疑在某種程度上弱化了那種純粹的精神追求，使精神追求多依附於物質，甚至一度到了物欲橫流的狀態。

與改革開放後完全相反，六十年代是一個窮振奮的年代，那種奮發圖強與克服萬難的精神有些類似今天所說的“正能量”。有所區別的是今日的正能量是在物質豐富的狀態下去引導人的精神追求，而那時是在完全沒有物質的狀態下去刺激精神創造物質。可以這樣說，那時的正能量更為震撼、徹底與絕對，是一種蘊含著巨大能量而毫無退路的極端純精神。

許多時代楷模都無疑能反映出這種時代精神與理想。最典型的例子便是鐵人王進喜、雷鋒、焦裕祿等等，還有六十年代一大批數不勝數的紅色經典，那些旋律無一不在彰顯著建設國家的理想與精神。只有理解了這種時代精神氛圍後，才能理解為什麼在這種年代裏出現了我國“科學的春天”。1964 年 10 月 16 日，我國第一顆原子彈爆炸成功。那些穿著世上最土衣服、梳著最土髮型的人群，極有可能還是營養不良的人群，像瘋了一樣地沉醉在巨大的狂喜裏，那種笑容是如此天真質樸、震撼人心，相信任何一個看過那種笑容的中國人都會情不自禁地流下眼淚。為什麼一群連吃飯都吃不飽，衣服土了吧唧的人會拼了命去造原子彈？這類問題，今日看朝鮮試射導彈時也常常會問到。

可能也只有這種物質匱乏下的極端精神力量才能解釋中國六十年代的科學成就了，在一個不講物質的年代，他們巨大的科學成就幾乎是沒有任何物質回報的。這在今天簡直是不能想像也不可想像的，那樣一個科學的春天，是純精神的。夏穗生就是那個春天的親歷者，千萬個科學工作者之一，他到底是被這時代的潮流鼓舞，還是被他自身的科學精神鼓舞，又或者兩者皆有，現已經無從判斷了，可以肯定的是，他沒有停下他探索的腳步。

在大躍進之後，文革之前，確有一個調整期，確有一種糾正錯誤的力量在饑荒後，試圖使各行各業走上正軌。正是在 62 年前後，武醫二院貫徹了“調整、鞏固、充實、提高”的方針，執行了《教育部直屬高等院校暫行工作條例》及衛生部《關於改進醫院工作若干問題的意見》，明確提出了“以醫療為主，提高醫院各項工作的基本質量”，文革前的六十年代，醫院實際進入了一個發展期。

雖然時有下鄉巡迴醫療，但只要夏穗生稍有些穩定時間，不管條件多艱苦，他就一定能做出一些成績。他除了日常的醫療與教學工作，還在 60-65 年間共發表了 12 篇專業論文。由於夏穗生出色的工作科研表現，使他在 1962 年時被晉升為副教授，那時他年僅 38 歲，是武醫二院最為年輕的副教授。

他這一時期的論文大部分都是有關肝外科的，夏穗生在 1958 年發表了〈肝部分切除手術〉之後便一直注重於肝外科，並著力改進肝切除手術，陸續發表了〈肝切除手術操作的若干改進〉等文章以完善肝切除術。

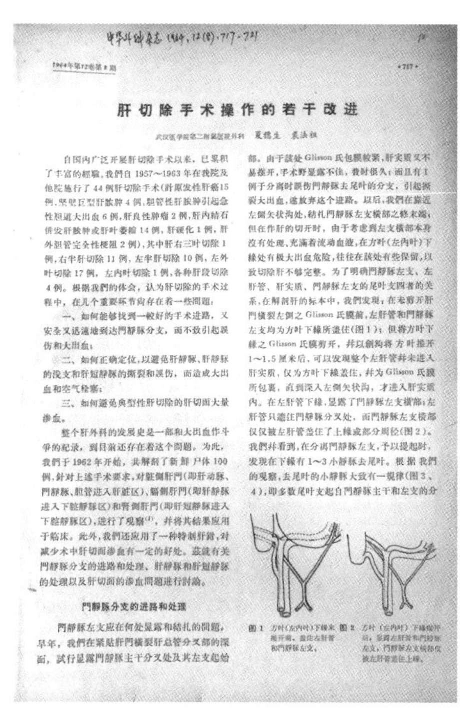

中华外科杂志 1964, 12(8)·717-721

1964年第12卷第8期　　　　·717·

肝切除手术操作的若干改进

武汉医学院第二附属医院外科　夏穗生　裘法祖

自国内广泛开展肝切除手术以来，已累积了丰富的經驗。我們自1957～1963年在我院及他院施行了44例肝切除手术（計原发性肝癌15例，竖壁巨型肝膿肿4例，胆管性肝膿肿引起急性胆道大出血6例，肝良性肿瘤2例，肝内結石併发肝膿肿或肝叶萎縮14例，肝硬化1例，肝外胆管完全性梗阻2例），其中肝右三叶切除1例，右半肝切除11例，左半肝切除10例，左外叶切除17例，左内叶切除1例，各种肝段切除4例。根据我們的体会，认为肝切除的手术过程中，在几个重要环节尚存在着一些問題：

一、如何能够找到一較好的手术进路，又安全又迅速地到达門靜脉分支，而不致引起誤伤和大出血；

二、如何正确定位，以避免肝靜脉、肝靜脉的没支和肝短靜脉的撕裂和誤伤，而造成大出血和空气栓塞；

三、如何避免典型性肝切除的肝切面大量滲血。

整个肝外科的发展史是一部和大出血作斗爭的紀录，到目前还存在着这个問題。为此，我們于1962年开始，共解剖了新鮮尸体100例，針对上述手术要求，对脏侧肝門（即肝动脉、門靜脉、胆管进入肝脏区）、膈側肝門（即肝靜脉进入下腔靜脉区）和腎側肝門（即肝短靜脉进入下腔靜脉区），进行了观察[1]，并将其結果应用于临床。此外，我們还应用了一种特制肝鉗，对減少术中肝切面滲血有一定的好处。茲就有关門靜脉分支的进路和处理、肝靜脉和肝短靜脉的处理以及肝切面的滲血問題进行討論。

門靜脉分支的进路和处理

門靜脉左支应在何处显露和結扎的問題，早年，我們在紧貼肝門横裂肝总管分叉部的深面，試行显露門靜脉主干分叉处及其左支起始部。由于該处 Glisson 氏包膜較紧，肝实質又不易撬开，手术野显露不佳，費时很久；而且有1例于分离时誤伤門靜脉去尾叶的分支，引起撕裂大出血，遂放弃这个进路。以后，我們在靠近左側矢状沟处，結扎門靜脉左支横部之終末端；但在作肝的切开时，由于考虑到左支横部本身沒有处理，充滿着流动血液，在方叶（左内叶）下緣处有极大出血危險，往往在該处有些保留，以致切除肝不够完整。为了明确門靜脉左支、左肝管、肝实質、門靜脉左支的尾叶支四者的关系，在解剖肝的标本中，我們发現：在未剪开肝門横裂左側之 Glisson 氏膜前，左肝管和門靜脉左支均为方叶下緣所遮住（图1）；但將方叶下緣之 Glisson 氏膜剪开，并以创鉤將方叶撬开1～1.5厘米后，可以发現整个左肝管并未进入肝实質，仅为方叶下緣盖住，并为 Glisson 氏膜所包裹，直到深入左側矢状沟，才进入肝实質内。在左肝管下緣，显露了門靜脉左支横部；左肝管只遮住門靜脉分叉处，而門靜脉左支横部仅仅被左肝管盖住了上緣或部分周径（图2）。我們并看到，在分离門靜脉左支，予以提起时，发現在下緣有1～3小靜脉去尾叶。根据我們的观察，去尾叶的小靜脉大致有一規律（图3、4），即多数尾叶支起自門靜脉主干和左支的分

图1　方叶（左内叶）下緣未撬开前，盖住左肝管和門靜脉左支。

图2　方叶（左内叶）下緣撬开后，显露左肝管和門靜脉左支，門靜脉左支横部仅被左肝管盖住上緣。

論文〈肝切除手術操作的若干改進〉

整個肝外科發展史就是一部跟大出血做鬥爭的歷史，所以如何止血是肝外科手術成功的關鍵。肝切除手術要求在肝門而不是在肝內處理肝的血管和膽道，因此肝門解剖對肝外科的進展有著重大意義。夏穗生從1962年開始做了100例新鮮屍體的肝門外科解剖並系統觀察了結果，寫出了〈肝門外科解剖〉一文，發表於1964年的《武漢醫學雜誌》上。正是這100例肝門解剖，為肝葉切除積累了極為可靠的經驗與資料，無論是對肝門的解剖學研究，還是對手術方法和手術工具的改進，實際上都是在試圖解決手術中出血的問題。

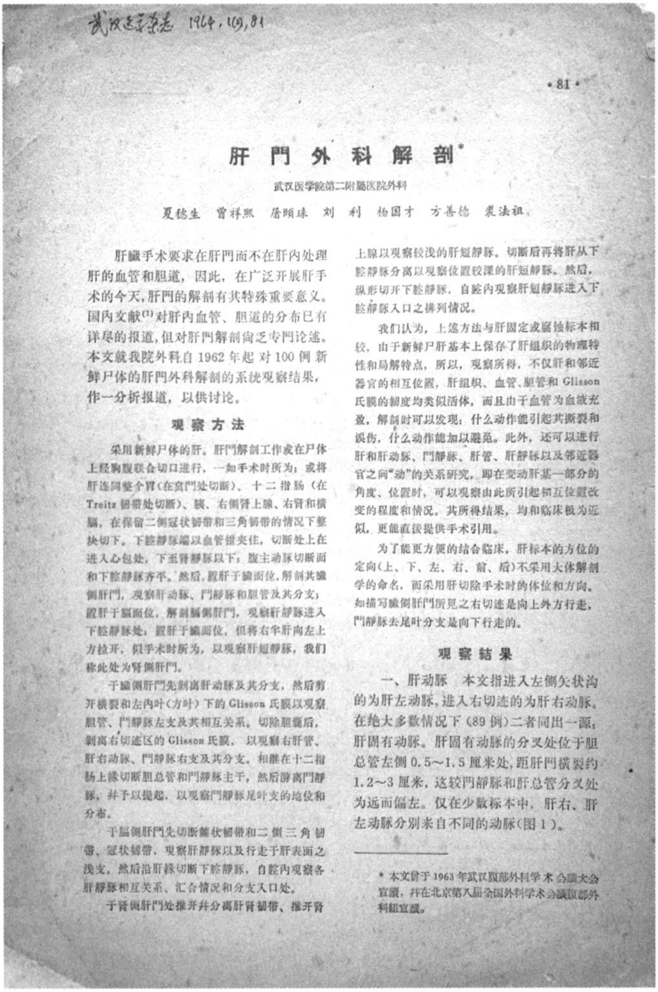

武汉医学杂志 1964, 1(1), 81

肝 門 外 科 解 剖*

武汉医学院第二附屬医院外科

夏穗生 曾祥熙 屠順球 刘 利 杨国才 方善德 裘法祖

肝臟手术要求在肝門而不在肝内处理肝的血管和胆道，因此，在广泛开展肝手术的今天，肝門的解剖有其特殊重要意义。国内文献[1]对肝内血管、胆道的分布已有详尽的报道，但对肝門解剖尚乏专門论述。本文就我院外科自1962年起对100例新鲜尸体的肝門外科解剖的系统观察结果，作一分析报道，以供讨论。

观察方法

采用新鲜尸体的肝。肝門解剖工作或在尸体上经胸腹联合切口进行，一如手术时所为；或将肝连同整个胃(在賁門处切断)、十二指肠(在Treitz韧带处切断)、胰、右側腎上腺、右腎和横膈，在保留二側冠状韧带和三角韧带的情况下整块切下。下腔静脉端以血管钳夹住，切断处上在进入心包处，下至腎静脉以下；腹主动脉切断面和下腔静脉齐平。然后，置肝于臟面位，解剖其臟側肝門，观察肝动脉、門静脉和胆管及其分支；置肝于膈面位，解剖膈側肝門，观察肝静脉进入下腔静脉处；置肝于臟面位，但将右半肝向左上方拉开，似手术时所为，以观察肝短静脉，我们称此处为腎側肝門。

于臟側肝門先剥离肝动脉及其分支，然后剪开横裂和左内叶(方叶)下的Glisson氏膜以观察胆管、門静脉左支及其相互关系。切除胆囊后，剥离右切迹区的Glisson氏膜，以观察右肝管、肝右动脉、門静脉右支及其分支。相继在十二指肠上缘切断胆总管和門静脉主干，然后游离門静脉，并予以提起，以观察門静脉尾叶支的地位和分布。

于膈側肝門先切断鐮状韧带和二側三角韧带、冠状韧带，观察肝静脉以及行走于肝表面之浅支。然后沿肝緣切断下腔静脉，自腔内观察各肝静脉相互关系、汇合情况和分支入口处。

于腎側肝門处推开并分离肝腎韧带、推开腎上腺以观察较浅的肝短静脉。切断后再将肝从下腔静脉分离以观察位置较深的肝短静脉。然后，纵形切开下腔静脉，自腔内观察肝短静脉进入下腔静脉入口之排列情况。

我们认为，上述方法与肝固定或腐蚀标本相较，由于新鲜尸肝基本上保存了肝組织的物理特性和局解特点，所以，观察所得，不仅肝和邻近器官的相互位置，肝組织、血管、胆管和Glisson氏膜的韧度均类似活体，而且由于血管为血液充盈，解剖时可以发现：什么动作能引起其撕裂和误伤，什么动作能加以避免。此外，还可以进行肝和肝动脉、門静脉、肝管、肝静脉以及邻近器官之间“动”的关系研究，即在变动肝某一部分的角度、位置时，可以观察由此所引起相互位置改变的程度和情况。其所得结果，均和临床极为近似，更能直接提供手术引用。

为了能更方便的结合临床，肝标本的方位的定向(上、下、左、右、前、后)不采用大体解剖学的命名，而采用肝切除手术时的体位和方向。如描写臟側肝門所見之右切迹是向上外方行走，門静脉去尾叶分支是向下行走的。

观察結果

一、肝动脉　本文指进入左側矢状沟的为肝左动脉，进入右切迹的为肝右动脉。在绝大多数情况下(89例)二者同出一源：肝固有动脉。肝固有动脉的分叉处位于胆总管左側0.5～1.5厘米处，距肝門横裂约1.2～3厘米，这较門静脉和肝总管分叉处为远而偏左。仅在少数标本中，肝右、肝左动脉分别来自不同的动脉(图1)。

---

* 本文曾于1963年武汉腹部外科学术会議大会宣讀，并在北京第八屆全国外科学术会議腹部外科組宣讀。

論文〈肝門外科解剖〉發表於《武漢醫學雜誌》1964

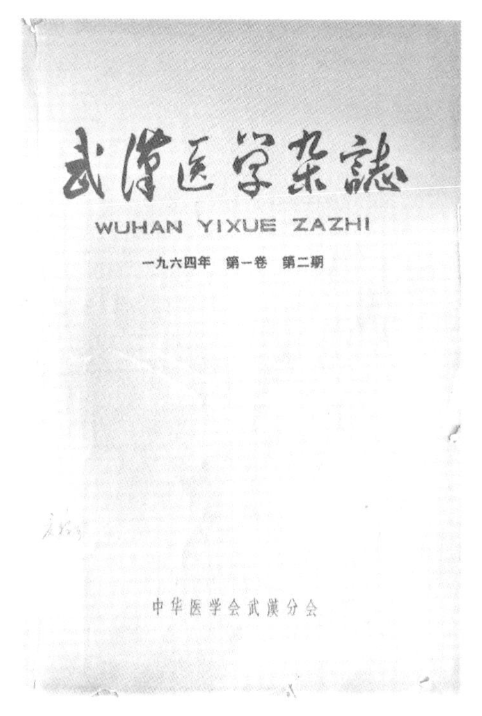

武漢医学杂誌

WUHAN YIXUE ZAZHI

一九六四年　第一卷　第二期

中华医学会武漢分会

論文〈肝門外科解剖〉發表於《武漢醫學雜誌》1964

此外，夏穗生在這一時期內也沒有停下對國際外科前沿的關注。他於1964年在《國外醫學動態》上發表了〈肝外科近展〉一文。這篇標誌性的論文從肝的外科解剖寫起，介紹了六十年代前半期國際肝外科前沿動態，包括：典型性肝切除、肝再生、肝外傷、肝內膽道出血、肝結石以及其他多種肝疾病，在這篇論文的最後一部分中，他介紹了國際肝移植動物實驗與臨床所取得的進展。由這條翻譯綜合整理的思路看來，他心裏早已經十分清楚了，肝移植就是肝外科治療的未來。

国外医学动态 1964 10.604

肝外科近展

夏穗生

(武汉医学院第二附属医院)

本文在以下各个方面，介紹了肝外科近年来的概況和新进展。(1)肝的外科解剖：有关二半肝間的血管和胆管在肝内的吻合，左内叶、尾叶血流归属，肝段切除和肝静脉系統等問題；(2)典型性肝切除的类別、特点、注意点、术前后处理和适应症（討論了肝切除术在轉移性肝癌、胆囊癌和肝硬化的应用）；(3)肝切除术后肝再生（动物实驗和临床所見再生，討論影响再生的一些因素）；(4)肝外伤治疗的进展；(5)肝内胆道出血，主要是肝外伤术后胆道出血的定位診断和手术选择；(6)肝内結石的临床問題；(7)慢性传染性肝炎、不能手术切除的肝癌和肝膿肿的外科治疗；(8)肝移植手术：动物实驗和临床所取得的新进展。

近年来，随着肝切除术的广泛应用，肝外科有着較大的进展。仅就所見国外文献，对肝外科的一些常見問題，作一扼要的綜述。

肝的外科解剖

根据肝的門静脉、肝动脉和胆管逐級分支、每一級分支管理一特定的界限分明的肝区之事实，肝分为二个独立的左、右半肝，左半肝分为内、外二叶，右半肝分为前、后二叶，肝叶又可以分为肝段。这个解剖概念[1-5]已广泛应用于临床，成为各种典型性肝切除的解剖基础。近来，很多文献对解剖上尚有爭論的問題，作了新的观察。

一、二个半肝間的胆管和血管在肝内有无吻合支

Hartmann[6,7] 应用腐蚀标本和透明切片，认为二半肝的胆小管在肝内和被膜下有横的吻合支，病情需要时（如肝外胆管梗阻），吻合支还能扩大。但Dick[8]、Stucke[3] 分别用各种液体（牛乳、水和稀薄的鋇剂）注入一側胆管，不能証明有吻合支通至另側半肝。Stucke[3] 认为Hartmann所見的并不是吻合支，而是一种功能性終末血管現象(funktionelle Endströmgefässe)。Ellias[1] 认为肝内血管之間沒有大于显微鏡下可見的吻合支，Michels[4] 指出肝动脉在肝外和被膜外虽有26种偏枝和付支式样，但不能相互代替，結扎某一級的血管必然引起它所营养的肝区坏死。

二、关于左内叶（方叶）、中間区（即位于方叶、尾叶、左側和右側矢状沟之間的肝区）和尾叶的血流归属及其单独切除的可能性

Stucke[3,5] 的观察綜合如下：

	左内叶	中間区	尾叶
門静脉	来自左支（囊部）、1—6支；仅門静脉分为三支时，有1支来自右背尾支	来自左支或左内叶支	来自左支或右支，以左支为主
肝动脉	来自肝左或肝右动脉，以肝左动脉为主	来自肝左动脉或左内叶支	1—3支，来自肝左、肝右动脉或来自二者的分叉处、右背尾支或左内叶支
胆管	来自左肝管	来自左肝管	尾叶多来自左肝管，尾叶突起多来自右肝管
肝静脉	入肝中静脉	入肝中静脉	单独流入下腔静脉

由于能在肝表面定位，血管有規律性，营养左内叶的血管开始段又处于肝外，故Stucke认为左内叶和

〈肝外科近展〉一文，是我國第一篇介紹肝移植的論文

這篇論文由於涉及國際肝外科方方面面的前沿動態，從解剖到各種肝疾病到移植，所以可以看到他在這篇論文中旁徵博引，參考的國外文獻達到 105 篇，涉及德語與英文兩種語言。這在今日看來也許不算什麼，但在六十年代，一個饑荒剛過，剛剛能填飽肚子的年代，要心無旁騖地去做這種科學研究真是需要一些崇尚理想的精神。而且醫學研究不同於其他種類的科學研究，人民科學家的代表主要是袁隆平和錢學森那樣的，要麼能夠養活大量人口，要麼能夠保衛國家的，但醫學研究顯然沒有那麼迅速而巨大的功效，所以在革命年代受到的支持與保護也小得多。

夏穗生的這篇文章正是我國第一篇介紹肝移植的論文。從他介紹的情況來看，至少在 1964 年這個時間節點上來看，國際上的肝移植也才剛剛起步，狗實驗中，全肝切除後的移植狗最長能存活 20.5 天，而死亡原因屬免疫學拒受。在臨床上，1963 年，也就是在此文章發表前的一年，國際上實施了首三例肝移植。第一例於手術時死亡，第二例與第三例分別存活 22 天和 7.2 天，除了一些初步經驗與死亡原因分析外，並沒有任何手術的具體步驟。但就算沒有手術步驟，這也使他清楚地明白了移植就是外科發展的未來，應該立刻馬上著手自行研究了。

為了更好地指導腹部外科和器官移植，1965 年國家科學技術委員會（1998 年更名為科學技術部）批准成立了腹部外科研究室，主要從事肝膽外科的研究，繼而開展器官移植的實驗研究，當年這個“腹部外科研究室”正是後來“器官移植研究所”的前身。

他的面前是一片真正的、他已經觸手可及的“廣闊天地”，正等著他去“大有作為”！

可這一切都被即將到來的文化大革命打斷了。

24. 文化大革命中的“反動學術權威”（上）

乘風破浪

1966 年 7 月 16 日，武漢。

73 歲的毛澤東突然出現在了橫渡長江的隊伍中，從《人民日報》後來刊發的照片看，他意氣風發，無論是“萬里長江橫渡，極目楚天舒”還是“不管風吹浪打，勝似閑庭信步”，都是一副世界無產階級革命家的氣派。

這不是他第一次暢游長江，卻是最具有標誌性意義的一次，他意在告訴全國，他完全有精神與體力來領導這次偉大的無產階級文化大革命。他以 73 歲的高齡在天塹中暢游，那種挑戰權威的革命精神顯露無疑。他用他的行動鼓勵年輕人與他一道“乘風破浪”，體驗他們錯過的革命時代與革命激情。

這種做法與他當年稍晚（8 月 -11 月）在天安門八次接見紅衛兵的性質並無不同。這些紅衛兵後來便被發動起來衝擊劉少奇等控制的黨的各級官僚組織，試問誰能想到，建國十七年之後，中共武漢市委竟然轉移到勝利飯店和江漢飯店，搞起了地下辦公。

當然除此之外，小將們打砸搶燒無所不做，毀掉的文物數不勝數，上至孔廟孔墳，下至抗日將領的新墓，統統被刨，就連包拯跟岳飛都能被他們挖出來挫骨揚灰。

事實上，文革早已悄然開始，吳晗和他的《海瑞罷官》早在1965年底已經受到了批判，1966年5月17日，文化大革命綱領性的文件《五一六通知》已經在《人民日報》上全文刊出，而另一份文化大革命綱領性文件《十六條》也即將在8月發出。

在和平年代，要在國家內部發動一場革命，其原因肯定是革命的發動者對社會現實狀況不滿。在如何建設社會主義這個問題上，在大躍進和人民公社的慘禍面前，黨內有不同的道路，黨內出了“走資本主義道路的當權派”，這條路太“右”太“修”了，走不出他心中理想的社會主義來。

他感到自身大權旁落的威脅，再加上他所剩時間也無多了，只有發動群眾來一場徹底改變人心的大革命，才能確保他身前的絕對權威與他身後純正的社會主義不被顛覆。難怪有人說，“權力鬥爭是真，其餘都是假的”。

也許權力鬥爭屬宮闈秘事，不是平民百姓應該談的，就像《資治通鑒》不是我們該看的書一樣。如果我們在此不談權力鬥爭，轉而談理想與社會的話，那就是：毛澤東戎馬一生，腥風血雨中想要的不就是一個由他領導的、高舉革命旗幟的、擺脫對物質追求的、人人平等的那種純淨的社會主義社會嗎？

要建成這樣理想中的社會主義，他認為大搞階級鬥爭便是法門，放棄階級鬥爭便是走向資本主義。偉大領袖從62年起便一再強調：“千萬不要忘記階級鬥爭！”

按文革的兩個具體綱領來看，這場大革命，貫穿著以階級鬥爭為核心的“左”的思想，主要要批判兩種人，一種便是黨內“走資本主義道路的當權派”，這些人在社會、經濟領域降低了公有制的含量，為私有制度開路。另一種人便是“資產階級知識分子”，也叫“反動學術權威”，這些人在思想、政治領域倡導了非無產階級的思想。

其實，從馬克思主義理論的角度來看，建立公有制，搞計劃經濟，抵制市場，這個是馬克思主義沒錯的；但將知識分子劃為資產階級是不符合經典馬克思主義理論的。凡是學過馬克思主義的人都知道，馬克思是以佔有生產資料的多少來劃分階級成分的。知識分子在沒有佔有任何生產資料的情況下被劃為資產階級實際顯示出的是當時社會上的一種“反智主義傾向”與對馬克思主義的無知。

平等與反智

從社會上的情況來看，六十年代在極端困難的時期，整個社會呈現出一種艱苦奮鬥、樂於奉獻的亢奮精神狀態，但同時“左”的革命思想傾向也在這種亢奮中不斷生長。

而所有“左”的思想源於對建設社會主義的不正確理解。社會主義的根本任務是發展生產力，達到社會高度共同富裕。但一旦以階級鬥爭為綱，社會主義實際就走偏了。因為階級鬥爭是一個手段而不是目的，階級鬥爭只能幫助建立社會主義制度，要想發展社會主義，要想達到富裕，根本還是要靠發展生產力。

其實，這種“左”的階級鬥爭思想有著極其根深蒂固的思想根源，那便是人內心深處對“平等”的追求，對社會各方面不平等的深深憂慮與不滿。他們對消除人與人之間、階級與階級之間差距的訴求超過了一切。對“平等”的追求可謂真正的雙刃劍，一方面“平等”有其無可厚非的正義性，但也有極其不堪的一面。實際上，很多時候，對平等的追求狹隘了人的心智，也反映出人性中普遍嫉妒、自私與害怕吃虧的一面。

總之，在當時人們的心目中，“平等”才是社會主義的核心，一切不平等的、不平均的、私有的、等級的、特權的、官僚的都是變“資”變“修”的，都是要堅決鬥爭的。

現今年輕一代的讀者若不瞭解當時的社會，不妨可以嘗試從鄧小平改革開放之後的口號來反向、顛倒式理解六十年代那種左的階級鬥爭思想。鄧小平說，“貧窮不是社會主義”，也就是在說社會主義的核心是要發展生產力，要富裕。由此倒推，六十年代時，社會主義的重點不在發展生產力，而去搞了階級鬥爭。鄧小平又說，“讓一部分人先富起來”，也就是說社會主義允許貧富差距，允許不平等。由此倒推，六十年代時，要求人人平等，差別、不平等不是社會主義。可以見得，鄧小平認為社會主義的根本目的是發展生產力，而不是搞窮平等。

由於社會主義的最高理想就是平等，對“平等”的追求又是一種強烈的、潛在的人性，消除三大差別“城鄉差別、工農差別、腦力勞動和體力勞動差別”也就天經地義了，批判資產階級知識分子也就自然而然了，因為知識分子是最容易變成“精神貴族”的一群人，不管他們研究什麼，他們在意的是自我、科學、真理等等，並沒有那麼在意工農大眾，他們被罵成“臭老九”也就不足為奇了。

這樣，讓他們下鄉，與工農結合，參加體力勞動其實也就是在消除知識分子與群眾的差別，追求“平等”。這種反智主義在當時左的思潮中被認為是一種不證自明的“正確價值觀”，至今仍有一定程度的留存。

反動學術權威

本來在1965年時，當時國家科學技術委員會（1998年更名為科學技術部）已經批准成立了腹部外科研究室，正準備開始進一步開展肝膽外科與器官移植的研究。在國外文獻的啟發下，夏穗生當時正準備著手實施狗的原位肝移植實驗，探索肝移植的手術模式，為人體肝移植進入臨床做準備。

還沒來得及大展身手，一切說變就變，一夜之間，武漢醫學院與武醫二院的大字報鋪天蓋地而來。

回想起那一幕，石秀湄至今還是心有餘悸。一天夜裏，她正在醫院住院部放射科上夜班，她無意間下樓走走的時候，鋪天蓋地的大字報映入了她的眼簾。牆上、通知欄、廣場上到處拉著繩子掛滿了各式各樣的大字報。

不幸的是，夏穗生的大字報特別多，後來她想多半是由於他的出身問題和他的業務突出拔尖、恃才傲物的原因。夏穗生在1962年時已經成為副教授，由於出名的會開刀、會寫論文、會講課的“三會”而成為了外科學上的“學術權威”。

大字報是白色的，黑色的大字，打有一個象徵階級仇恨的大叉，上面醒目的不能再醒目的寫著：打倒“反動學術權威夏穗生”、

“打倒資產階級知識分子夏穗生”、“打倒地主階級的孝子賢孫夏穗生”。

當時幾乎所有稍有“權威”的知識分子、教授都成了被打倒的對象。除了反智外，唯成分論、血統論在六十年代也開始盛行。中共在理論上其實是反對唯成分論、唯出身論的，例如“出身無法選擇，道路可以選擇”。但一旦開始大搞階級鬥爭，分清階級，分清敵友，分清革命和反革命就是重中之重了。這樣事實上，六十年代後，社會上其實是出身論盛行的，這樣，事實上一輩子沒怎麼回過鄉下老家的夏穗生還是逃不過地主出身這個原罪。不僅如此，子女也因為這一出身而備受歧視，在人前抬不起頭來，說來也好笑，這是典型的追求共產主義平等理念下造成的極大不平等。

石秀湄回到科室裏值班，害怕得一夜沒睡。第二天，她低頭走回家裏，打倒她丈夫的大字報從醫院到家屬區 406 號樓貼了一路，她看得膽顫心驚，回到家中，夏穗生神色還算正常，只是跟她說了句：

“我這一生完了。”

夏穗生在家極少表達自己的情感與想法，石秀湄也只能安慰他，不是你一個人有大字報，這麼多人都有大字報，事情會過去的，不用害怕。那段時間他的話更少了，甚至一度根本不講話。據石秀湄回憶，最開始時，無論他白天受了多大的批判，他晚上回到家裏都能照常看書，對自己受到的批判一言不發。

武漢在 1966 年 6 月便開始出現了紅衛兵組織，恐怖漸漸升級了。8 月下旬武漢紅衛兵開始以“破四舊”的名義公然上街打砸搶燒，他們“破四舊”的主要依據是《人民日報》的社論《橫掃一切牛鬼蛇神》和《十六條》，裏面強調：“資產階級雖然已經被推翻，但是，他們企圖用剝削階級的舊思想、舊文化、舊風俗、舊習慣，來腐蝕群眾，征服人心，力求達到他們復辟的目的。無產階級恰恰相反，必須迎頭痛擊資產階級在意識形態領域裏的一切挑戰，用無產階級自己的新思想、新文化、新風俗、新習慣來改變整個社會的精神面貌。”

就這樣，千年江城在“革命無罪，造反有理”的口號聲中顫抖悲泣。當時，連歸元寺也是在周恩來出面干預下才得以幸存至今的。據不完全統計，在武漢共抄家 2.1 萬戶，沒收黃金 17845 兩，白銀 28936 兩，26.7 萬銀元，現金 4.4 億。亂查抄、揪鬥、體罰導致自殺案件 112 起，其中 62 人死亡，遊鬥折磨致死 32 人。[10]

當然，除了移風易俗的文化掃蕩外，還有暴力恐怖行動。“五類分子”、“黑幫”、“牛鬼蛇神”、“反動學術權威”等人群紛紛受到侮辱與迫害，夏穗生的家便在此期間被不同組織、不同派別的紅衛兵抄了三次。雖然他們分不同派系，後來還搞武鬥死一片，但看上去，他們穿的衣服都一樣，無非是藍綠兩色帶點白，帶著個象徵“血統高尚”的紅衛兵袖章，抄家時還拿著紅寶書，喊的口號也差不多，就那麼幾句。

總是有個起頭的，高舉著拳頭先喊：

10 數據參考王紹光：《超凡領袖的挫敗——文化大革命在武漢》，香港：香港中文大學出版社，2009，頁 70。

“打倒反動學術權威夏穗生！”

“無產階級文化大革命萬歲！”

“毛主席萬歲！”

“中國共產黨萬歲！”

起頭的聲音必須慷慨激昂，紅衛兵們才能被鼓舞奮勇抄家。

夏穗生的家當時住在武漢醫學院家屬區 406 號樓 2004 號，總共兩間房，最多 60 平方，夫妻二人再加兩個孩子，一個 13 歲一個 12 歲。四個人要生活，這麼點地方根本不可能有多少東西，就是這樣，還是被紅衛兵們抄走了大量的私人物品。據石秀湄回憶，幾次抄家中被抄走的東西有唱片、留聲機、德國品牌的電風扇、手鐲、雪花膏、打字機、旗袍、西裝、書籍等帶有舊社會性質的東西。

按照“破四舊”的理論，市民的生活方式應該革命化，完全祛除“封、資、修”，按這種取向理解，西裝應該屬“資”，民國旗袍這種展現女性嫵媚身段的應該算下流服裝了，滿清旗袍則應該算“封”。打字機屬間諜特務用品，首飾屬“封”或“資”的物品，雪花膏則是不為工農兵服務的日用品，唱片跟留聲機顯然是屬資產階級的物品。

書籍則是重點查抄對象，任何“資”或“封”的書籍都會被查收。但什麼樣書籍是“資、封”書籍，這個標準太寬泛了，紅袖章們文化水平有限，外科學學術權威的書，他們反正也是看不懂的，反正抄得一團亂就是了。按幾次抄家夏穗生遺留下的書來看，49 年之前的書一概沒有了，要是留著那些書，說不準哪天他就被定性為懷念舊朝的現行反革命了。

除了醫學專業書籍雜誌字典外，夏穗生的書櫃幾乎不留存任何其他種類的書籍，即使有一些，也是八十年代後購買的新書，沒有任何早期的書了。作者以為這多半是一種抄家後遺症。

揪鬥“反動學術權威的時候”，夏穗生的家一共被抄了三次，封、資、修的東西基本都被抄完了，實際上就是稍微值點錢的東西都抄完了。還好的是，他那些類似天書的醫學專業書籍，紅衛兵們也看不懂，也抄不出什麼驚人發現，只能作罷。習慣被抄家後，夏穗生也是見怪不怪了，每次抄完家，家裏都是一片狼藉，到了晚上他還是淡定地撿起書，該看什麼繼續看什麼。

在他心裏，那些人只不過是些興風作浪的牛鬼蛇神，而他才是那個手中有刀、心中有道的世間高人。

但第一次抄家時，夏穗生確實是被嚇壞了，他蜷縮在房間的角落裏一動不動，嘈雜的侮辱打罵聲中，有紅衛兵竟然號召他的一雙兒女勇敢站出來，與自己反動學術權威的父親作鬥爭。抄家時，兩個十二三歲的孩子都在家裏，站在走廊上被眼前的一幕嚇傻了。

他們確實跟他們的父親不同，他們的父親是舊時代教育出來的知識分子，受的都是殖民教育跟國民黨反動教育，而他們雖然血統不好，但他們是出生成長在新中國的紅旗下，受著革命教育長大的一代。

但，萬幸的是，在革命性與人性之間，他們堅定地站在了人性一邊。

25. 文化大革命中的“反動學術權威”（下）

毛主席喜歡武漢，稱那裏是白雲與黃鶴的地方。

大江大湖縱橫交錯完美地匹配了他無產階級革命家的宏大氣象。

辛亥革命之後，那裏的每一根汗毛都帶著難以馴服的革命造反基因，這太對他的胃口了。

當然他更喜歡東湖賓館，生前他四十多次下榻東湖賓館，而且住的時間很長，那裏因此被稱為湖北中南海。他應該是無比欣賞東湖那種野性原始質樸的氣質，不像西湖，一籮筐帝王將相、才子佳人的往事，他顯然看不上那些，就怕那“山外青山樓外樓”的暖風迷醉了造反的革命精神。

紅衛兵們的打砸搶燒是有原則的，夏穗生家當時最值錢的電器收音機在歷次抄家中毫髮無傷，原因也很簡單，這台收音機是“東方紅”牌的，收音機上，一輪紅日冉冉升起。僅從這一點，便可以看出群眾運動也並非完全無理性可言，群眾心裏很清楚什麼能砸什麼不能。紅衛兵們雖然來勢凶猛，但他們並不是徹底的造反者，他們的行為類似某種原始的宗教，原始的野人們在行動之前也常常成群結隊，跪在太陽下祈禱。

除了抄家之外，批鬥反動學術權威的批鬥大會也是必不可少的。武漢醫學院的批鬥大會通常在今日同濟醫學院的那個大操場上舉行，醫生食堂和醫學院學生食堂也都開過各種批鬥大會。所有被打成“反動學術權威”的教授們都被迫站在主席台上，低著頭接受紅衛兵與革命群眾的批判。高音喇叭鏗鏘有力地批判著他們所謂的

“罪行”，也不知道一幫醫學家也不是研究歷史政治哲學社會的，怎麼就反動了？

如果連治病救人都是反動的，試問這世上可還有正著動的東西嗎？

但台下的革命群眾們想不了那麼多，紛紛義憤填膺地高喊著那些他們根本理解不了的口號。按照台上被批判人的不同情況，口號也略有不同，多是“打倒反動學術權威 XXX”、“打倒地主階級的孝子賢孫 XXX”、“打倒修正主義的活標本 XXX”，結尾一般都是亢奮地高呼“無產階級文化大革命萬歲！”、“毛主席萬歲！”。

可憐巴巴的反動學術權威們站在台上，有的戴著鐵牌，有的戴著高帽。總之，權威們徹底在群眾面前低下了他們高傲的頭，被迫做出向人民“謝罪”的樣子，這讓革命群眾們獲得了一種在秩序社會中完全無法獲得的快感，也許這就是一種革命的快感。

今日說這些跟笑話一樣，但學術權威低下的頭，就跟被扔進火堆的“萬世師表”牌坊一樣，西方資本主義那些邪惡文化就不用提了，就連華夏民族自己千年來的孝、悌、忠、信、禮、義、廉、恥也被徹底掃蕩了，換句話說，這就是革了文化的命，斯文至此掃地。

夏穗生當時是個業務極為拔尖的副教授，42 歲，在權威裏算是相當年輕的。在他之上還有很多年紀相當大的各科醫學權威，所以就算他在台上遭受群眾批判，他也還能站在後面，不是那種最大的、最老資格、最顯眼的運動靶子。

在六十年代中期就能成為“學術權威”的老教授都是些經歷過歷史風雨的舊式知識分子，極重氣節與尊嚴，一些性格剛烈、正義感強、視真理高於一切的知識分子根本受不了這樣人格上的侮辱與黑白顛倒的世道，在文革的過程中精神失常或自殺的，大有人在。

批鬥大會完了之後通常接著就是批鬥遊街，這就跟電視劇裏面封建時代那種斬首示眾前的遊街一個意思，旨在當眾羞辱那些學術權威。被批鬥對象被革命群眾們押在最前面，還有人的頭上被扣上了垃圾桶，就這樣圍繞著武漢醫學院的大道遊街，後面簇擁著紅衛兵與革命群眾對他們進行著任意的打罵。夏穗生就曾在遊街中被革命群眾打傷。據目擊者回憶，一次批鬥遊街中，夏穗生被兩個紅衛兵像犯人一樣押解著，他手中還拿著臉盆和木棍，一邊敲，一邊自己說自己是反動學術權威，要打倒自己云云。

每次批鬥遊街回家，他也是不發一言，除了皮鞋把腳後跟磨得都是血外，家人也沒看出他身上有什麼異常，到了晚上他該看什麼書、該研究什麼還是照常，直到一次偶然事件，家人才知道他曾經被打得很嚴重，一肚子的悲憤與委屈。

一次批鬥遊街中，有人在一旁看到了有某些“革命群眾”打傷了夏穗生。第二天碰到夏穗生的女兒時，便向她詢問夏穗生的情況是否安好有沒有骨折。夏穗生的女兒就隨口說了句還好還好。當這句話傳回夏穗生的耳朵裏時，他突然爆發在家裏大發脾氣，吃飯時甚至把當天的報紙扔到了她的臉上，說了句：“什麼叫還好？我都快被打死了還叫還好嗎？”

破四舊運動在從 1966 年 8 月開始到 9 月底就差不多結束了，

在寧左勿右的思潮下，破四舊得到了縱容，那些“要文鬥不要武鬥”的呼聲並沒能減輕破四舊運動帶給整個民族無法彌補的傷害與損失。紅衛兵的胡鬧已經到了瞠目結舌的地步，他們的過激行為危害了社會秩序，雖破了四舊，但卻放過了文化大革命中最主要的鬥爭對象，那便是“黨內走資本主義道路的當權派”。

顯然他們的領悟力不夠，紅衛兵小將們天真地以為文化大革命只是又一次類似反右的運動，打擊的是知識分子或那些出身成分不好的人，這些人建國後就已經被無數次打倒了，再打倒一次也不會有什麼政治錯誤。可這一次真的不同了，紅衛兵小將們如此不開竅，又如此狂熱難以控制，離他們被拋棄也就不遠了。這些最早期的老紅衛兵其實是現有官僚體制的捍衛者，他們不可能是真正的造反派。他們打擊的對象是地富反壞右這種所謂的敵對階級，但很明顯，他們完全沒有領會到這次運動的打擊重點。

武漢不是北京，隔著這麼遠的距離，想完全領會中央意思也是有些困難的。即便是北京的紅衛兵最開始的時候也是一頭霧水，1966年8月5日，在毛澤東寫了《炮打司令部——我的一張大字報》之後，從上至下，從北京到地方，有一個過程後人們才逐漸開始明白，文化大革命的重點是打倒“黨內走資本主義道路的當權派”。

紅衛兵開始串聯後，一幫北京的紅衛兵來到了武漢。他們帶著中央的消息與優越感，一定要做一些當地人不敢做的事情：他們開始帶頭炮轟湖北省地方黨委。武漢交通發達，九省通衢，隨著各地紅衛兵來回的串聯，人們很快便開始相信，建國十七年來，炮轟黨委這種想都不敢想的事原來真的可以。而且，紅衛兵組織想要多少就可以成立多少，這種後來成立的紅衛兵組織把自己稱為“毛澤東思想紅衛兵”，他們的出身狀況要寬泛得多，因為就這次革命來說，他們出身不好的父母並不是重點主要的打擊對象。

到了 1966 年最後幾個月裏，群眾造反組織在迅速擴大，在學生組織的啟發下，工人群眾組織開始成立。如果說學生只能起個先鋒作用，一切還能控制的話，工人或社會其他行業的造反組織就是在動搖社會生產與基礎了。北京在 66 年 11 月取消了禁止工人組織的禁令。此後，武漢的眾多工人造反組織輪番登場。

1966 年 10 月以後，武漢醫學院的黨組織就已經被各種群眾造反組織衝垮了。1966 年底，湖北省委和武漢市委的權威開始逐漸在衝擊下瓦解。在 1966 年的最後一天，武漢市委的機關報《武漢晚報》被造反派關閉，武漢的兩個最大的權力機關湖北省委和武漢市委已經失去了功能。

到了 1967 年 1 月，以上海工人造反派為樣本的奪權風暴在全國開展起來，武漢的奪權把舊權威統統趕下台是成功的，但奪權後造成的地方權力真空卻導致了造反派內部的爭鬥，造成了社會更大的混亂。

在這樣的形勢下，毛澤東命令軍隊介入運動，“支持左派”，但誰是左派沒有明示。在人人手拿紅寶書，口喊毛主席萬歲的時代，誰才是左派真是令人困惑。武漢軍區認為保守派組織才是血統純正的左派，因而對造反派進行了鎮壓。但事實證明武漢軍區拎不清狀況，當“二月逆流”一詞出現時，他們才知道他們可能未能搞清上面的意思，什麼是“支左”，誰才是“左”？武漢軍區支持保守派，打擊造反派的介入，最終導致了兩派武漢七二零武鬥事件。

“武漢事件”發生時，毛澤東正住在武漢東湖賓館，並在第二天撤離。武漢軍區支持的保守組織是“百萬雄師”，他們認定保守組織才是最為純正的左派。但事實再一次證明，他們搞錯了，保守派“百萬雄師”已經被中央稱為了“武漢的反革命分子”，7 月 27 日，黨中央甚至向武漢市民發出了一封公開信，號召武漢市民把鬥爭的矛頭指向武漢軍區、百萬雄師、公檢法的一小撮壞頭頭。

在權威面前，百萬雄師解散了，武漢軍區換頭了，造反派贏得了城市，但造反派們很快又陷入了爭奪權力的派系鬥爭中。

複雜的派系武鬥時，因為混戰實在太忙了，揪鬥反動學術權威少了一些，但夏穗生天天都在擔心恐懼中度日，不知道明天會發生什麼。到了 1968 年 8 月的時候，反已經差不多造完了，造反派變得不合時宜沒多少價值了。武漢的軍事當局開始派遣工宣隊（工人毛澤東思想宣傳隊）進駐武漢各大高校，防止造反派的武鬥，解除他們的武裝，解散他們。稍晚又派出了軍宣隊（解放軍毛澤東思想宣傳隊）來對社會單位進行代管。

工宣隊、軍宣隊進駐醫學院與醫院期間，夏穗生又一度被剝奪了當醫生的資格。文化大革命期間，由於他是反動學術權威，他時常被剝奪在門診看病的權力，轉而進行勞動改造和政治學習。給他布置的任務通常是在門診叫號、生爐子、拖煤、掃地、掃廁所之類的。雖然工人階級領導一切，但病友的眼睛是雪亮的，病友為了看病只能偷偷到廁所裏找夏穗生看病，因為夏穗生公開接診是違反規定的。

顯然，醫生可以當工人階級，可工人階級始終當不了醫生。據後人回憶，有一次工宣隊領導的親戚病了，也是到廁所去找夏穗生看病。夏穗生說現在我在勞改，接診是違反政策的，工宣隊直接表示，我是工人階級，我說你可以看就可以看，夏穗生最後還是給他看了病，也不知道他是站在階級立場還是人道主義的立場上給他看的病。

此外，夏穗生生爐子的水平也是一段佳話，他總是可以在最短的時間內生好門診所有的爐子，很顯然他是在用反動學術權威的技術水準生爐子。他有一套獨特的、整理好的、成文的方法，在家裏，他也是反復應用這套反動學術權威技術水準生火做飯，並樂於傳授他人。關於生爐子，他留有詳細的操作步驟，仔細看來，這就跟他論文裏的手術步驟沒什麼不同：

一，首先將《人民日報》折疊剪成 4 份。

二，取 1/4，輕輕揉成團，使紙團留有空隙，放入爐子。

三，點燃後，立即再取 1/4《人民日報》繼續燃燒。

四，立即放入木頭 4 塊，木頭燃燒至 1/3 時，

五，放入蜂窩煤一個，蜂窩煤燒到 1/3 時，

六，再放入第二個蜂窩煤。

按上述方法，生爐子必然一次成功。關於煮飯，則是加米後加入水，插入食指，需保證水位總是沒過米一個指節即可。

就在這樣前所未有的歷史洪流中批鬥、遊街、拖地、掃廁所、

生爐子、煮飯，夏穗生可能也思考過，一個知識分子該如何自處？如何在最身不由己的時代成為自己？夏穗生沒有抗爭過，當然也抗爭不了。他所做的，只是不與時代為伍，對世態炎涼、寵辱毀譽輕蔑一笑，低頭看書而已，可能書中有他追求的科學理想，而正是那些科學理想幫助他熬過了那個不堪回首的時代。

26. 傾心仰訴天

圖為夏家祖宅側面的埠頭與小河，
由於祖宅已拆，所剩的埠頭與小河便是夏穗生記憶中家鄉的樣子了

夏家的悲劇是從土地改革一步步開始的。當時新政權剛成立不久，新政權的江山是先烈們打下來的，一貫奉行“槍杆子裏出政權”的武裝革命路線。剛建國時的土改帶著些血的顏色與味道，也就不足為奇了。

1950 年 6 月，新政權頒布了《土地改革法》，廢除“封建剝削土地所有制”，沒收地主的財產和農具，分配給了無地的農民。農村的人口被分成了五類：地主、富農、中農、貧農、雇農。

夏穗生的父親，夏福田便是在這場席捲全國的運動中被打為了地主，而夏穗生的母親陳琳貞則成了人人喊打的地主婆，夏家自清代繼承而來的土地與祖宅則全部充公。

土地改革的過程進行得猛烈而迅速，從 1950 年 6 月開始到 1952 年 12 月基本完成。這場土地改革運動不僅終結了中國自戰國以來的土地私有制度，也從根本上改變了中國農村的人群與秩序，地主作為傳統中國鄉村的士紳階層與精英階層被徹底消滅，隨之而去的則是以儒家倫理、宗族血緣為秩序結構的傳統中國鄉村。

而對於農民來說，在短期內分到了地主與富農的土地。但在 1953 年，農村集體化運動便開始了，從互助組到初級合作社再到高級合作社，1957 年集體化運動完成時，土地已經是集體所有了。當 1958 年人民公社運動開始後，土地公有制則進一步加深。

從這樣看來，土改到集體化運動再到人民公社，實際是一個農村土地從私有制到公有制的轉換。農民打倒地主只不過是其中的一個環節與過場，相當於土地從私有到公有的過程中，從 50 年到 57 年，土地所有權在地主與農民手中轉了一次手。農民被號召起來打倒地主，而剛到手的土地則在三年之內，當地主被打倒時的慘象還歷歷在目時，當作案人手上的暴力鮮血還沒洗乾淨時，那些分來的土地又被巧妙地收歸公有了。

一般來講，未經大規模改造的中國傳統農村，地主的土地主要源於祖傳。這種祖傳的地主家庭一般都是士紳階層，在儒家傳統文化的熏陶下，倡導“耕讀”，這一點在文化繁榮的江南地區更甚，其子弟多念四書五經，視科舉考取功名，光宗耀祖為一般性世俗目標。地主的另外一些來源則包括，在外做官回鄉置地者，在外經商回鄉置地者，或勤勞能幹節儉置地者。

只要是人，便有好有壞，時好時壞，在中國傳統農業社會，地主階層相較於其他人群，並沒有什麼“階級性罪大惡極”。夏家在餘姚韓夏村的上千畝土地，是由夏福田的祖父夏召棠經商所得，夏召棠晚清時期在上海經營錢莊致富而在家鄉購置土地傳於後人。夏召棠便是餘姚韓夏村典型的鄉紳，他種種惠及鄉土的善舉詳載於《上虞桂林夏氏宗譜》，作者在第一章中亦有詳述。

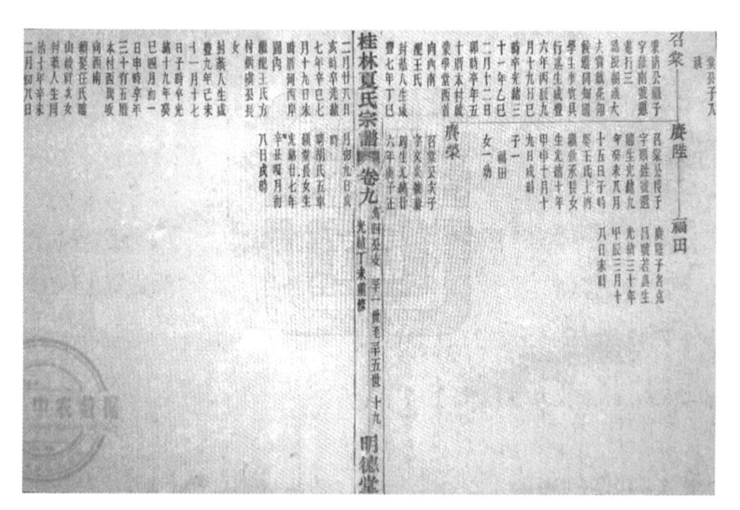
召棠
賡陞
福田
桂林夏氏宗譜 卷九
明德堂

宗譜載有夏召棠－夏賡陞－夏福田祖孫三代，

夏福田為《上虞桂林夏氏宗譜》所載最後一代

由於晚清時社會在由傳統向現代轉型，科舉制度廢除，考取功名的向上之路已不可能，所以夏紹棠的孫輩夏福田已經完全接受西式現代教育，轉到上海尋求職業發展，而非固守土地靠租金生活。他從上海英華書館（Anglo-Chinese School）畢業後，由於英文成績突出，便被推薦進入了當時的滬寧鐵路局工作。國民政府時期，英資撤走，滬寧鐵路收歸國有，1937 年抗戰爆發時夏福田隨國民政府撤往了西南大後方，一直到 1945 年抗戰勝利後才返回上海與家人團聚。

抗戰勝利後，1945 年 11 月國民政府行政院善後救濟總署上海儲運局成立，在上海中山東一路 31 號（今上海外灘半島酒店）對外辦公，夏福田便一直在這個單位擔任要職。聯合國善後救濟總署（United Nations Relief and Rehabilitation Administration）是一個美國倡導的二戰後的臨時救助機構，該機構到 1947 年底停止了為期三年的戰後救濟工作。

1948 年 1 月國民政府成立交通部上海材料儲運總處，依然在中山東一路 31 號辦公，夏福田便在那裏一直工作到上海解放，解放時任該機構的人事處長，年 45 歲。由於負責關鍵的人事工作，大部分在他的安排下進入上海材料儲運總處的人員在建國後的各種運動中多多少少都受到了牽連。

上海解放前夕，由於對家庭的不捨，他放棄了隨國民政府遷往台灣。當然，願意放棄上海的生活、背井離鄉遠走台灣的其實只有極小部分人，這些人可能與勝利在望的新政權有著某些無法調和的矛盾與仇恨，而對於絕大多數人來說並不存在這樣的深仇大恨。這些常年生活在上海的市井之人，壓根沒見過解放區跟共產黨，一切都是聽聞。特別是對經歷過八年抗戰、有過淪陷區生活經驗的人來說，既然來上海的是中國人，又不是日本人，當時恐怕誰也想不到這種選擇會是致命的。

上海解放後，原國民政府交通部上海材料儲運總處被上海軍事管制委員會接管，由於是運輸與物資的關鍵機構，夏福田作為人事處長當即被免職監管。夏福田的兒媳婦石秀湄，正是由夏福田介紹，也在此單位的張華浜碼頭倉庫工作，由於年輕且為基層職員，她未被免職，得以留用。

就這樣到了土改開始之時，1950 年土改，夏家被劃為地主，夏福田被定為地主分子，就地管制三年。夏福田由於長期在上海工作，在土改之前也經歷過單位接管與免職監管，所以他更清楚這種不可抗拒的形勢，他積極主動、萬分配合地交出了夏家幾代積攢的全部的地契、房產，與妻子陳琳貞一同租住在自家祖宅邊的一間 20 平方的小屋中。雖然無限感慨，但好歹他成了個“開明地主”，而不是所謂的“惡霸地主”躲過一劫，保住一命。

據餘姚韓夏村村民回憶[11]，夏家幾代地主鄉紳，待村裏人都很友善，沒做過什麼欺窮凌弱的事，村裏人也沒誰說夏家人壞的。夏家有一千多畝田地，雇了不少的種田人和傭人，都按額分給他們糧食和工錢的。其實，夏家到夏福田這一代已經完全城市化了，大部分依靠單位工資生活，土地收入並非不可或缺的經濟來源。夏福田

11 韓夏村村民回憶源自公眾號 魯旭安：〈中國巨星夏穗生出生在餘姚一個怎樣的殷實之家？獨家發布！〉2019-05-08

常年在上海學習工作，抗日戰爭中又整整內遷了八年，他實際上與鄉村接觸有限，接觸有限當然結仇、矛盾也都十分有限。

圖為 2019 年夏福田的兒媳石秀湄返回餘姚韓夏村，
鄉親們對她和她對鄉親們說的最多的一句話便是：“夏福田是個好人啊！”

在餘姚韓夏村監管期滿後，夏福田夫婦二人回到上海與夏穗生同住。不久之後，55 年時，夏穗生夫妻二人隨上海同濟醫院內遷武漢。夏福田與妻子又在上海住了一段時間，但由於他是地主分子，上海已經住不下去了，他們只能搬去武漢醫學院與夏穗生同住。

五十年代末到六十年代初時，夏福田曾在武漢醫學院居委會位於 607 棟的洗衣店工作過一段時間，至今還有醫生記得他的行事作風。據知情人回憶[12]，夏福田和顏悅色，話不多，待人好，在洗衣店管收衣、發衣。收衣時寫好號碼固定在衣領部位，發衣時則把洗好燙平整的衣物疊得整齊劃一，發出的衣服上的標籤從上到下在一條直線上，每一檔均是如此。

要是能這樣一直在武漢住下去也好，但“三年困難時期”後，到了 61、62 年左右，由於大躍進與人民公社引發的巨大經濟困難，中央已經出現了路線的分歧，就這樣，重提、不斷強調階級鬥爭便開始了。一旦放棄以經濟建設為中心，轉而以階級鬥爭為綱，夏福田這種被打為地主的人，日子便不好過了。這種情勢下，醫院當時的領導便找到夏穗生談話，當時的政策已經不允許地主分子住在醫院了，就像地主分子不允許住在上海一樣。

對於這個新社會來說，他們這種人是另冊上的人，儘管他們並沒有做過什麼傷天害理的事情，針對他們的“階級仇恨”被有目的地煽動起來，說白了，地主就是這種目的的炮灰罷了。

這就是殘酷的“階級鬥爭”，當兒子都不被允許收留父母時，當兒子被迫跟父母劃清界限時，你就知道，這是繼鴉片戰爭之後中國又一個千年未有之變局。千年來以“孝”為核心的儒家倫理已經被階級鬥爭理論徹底顛覆了。夏穗生在 1959 年時，已經加入了中國共產黨，作為一個先進的黨員，一個又紅又專的醫學精英，怎麼能違反黨的政策收留地主分子在家呢？

在人間，人性輸給了黨性，而且輸得一敗塗地。

---

12 回憶源自同濟醫院辜祖謙教授。

就這樣，夏福田與妻子陳琳貞在六十年代初被迫離開武漢返回餘姚韓夏村，而這一別就成了夏穗生與母親的永別。

回餘姚韓夏村居住後，由於祖宅早已被迫充公，夏福田夫婦只得租住在離故居不遠的一間 20 平米左右的小屋中。夏福田因不會幹重體力的農活，只能在生產隊裏管管曬場、看看倉庫。唯一欣慰的是此時他們的三個子女都已經參加工作，每月都寄來生活費供養他們。文化大革命開始後，他們的日子就更不好過了，夏福田被扣上了兩頂帽子，一個就是“地主”，這是他的出身問題，另一個就是“軍統特務”，這是他的工作問題。

夏福田被打成為“軍統特務”的主要原因還是曾長期在國民政府的機關裏工作。抗戰勝利後，國民政府接受了大量美國援助，而夏福田由於其出色的英文水平，在上海儲運局長期負責跟美國人打交道，運輸救濟物資，而後來又負責上海儲運局關鍵的人事工作。正是這樣的工作原因，夏福田曾經被蔣介石接見過，並有合影，顯然這就是禍根。

文革開始後，夏福田夫婦便遭到了殘酷的迫害，審查、關押、批鬥，受盡了屈辱和折磨。據當地村民回憶[13]，夏福田當初是關押在黃家埠棉站的，多次被拉出去批鬥，而批鬥他的曬場原本就是夏福田家的，想不到此地竟成了他的批鬥場。

每次批鬥大會都擠滿了人，在一片“打倒地主、打倒軍統特務夏福田”的呼喊聲中，夏福田戴著高帽子，綁著繩子揪到台上，被

13 韓夏村村民回憶源自公眾號 魯旭安：〈中國巨星夏穗生出生在餘姚一個怎樣的殷實之家？獨家發布！〉2019-05-08

按住頭進行批鬥。這樣的場面記不清有多少次，反正公社、大隊想鬥了就把夏福田拉出來，批好了就把他關起來再進行審查。

1967年初，夏福田由於軍統特務問題被帶到上海原單位去審查。陳琳貞一個人留在了韓夏村。據韓夏村當地村民回憶，夏福田的妻子陳琳貞是上虞嫁過來的，她是思想很新派的女性，她那個年代的婦女都是裹腳的，但她不但沒有裹腳，還很有個性與思想，對村裏人都很客氣。她身體並不大好，患口眼乾燥綜合症，臉部常有浮腫。夏福田被隔離審查後，杳無音信，而她在當地除了要被批鬥外，還要日夜擔心她丈夫在上海的安全。

當時，她作為一個地主婆、軍統特務的妻子，肯定是沒有什麼人敢幫助她的，說白了她就像個瘟神一樣，旁人靠近她一點都有可能被牽連。陳琳貞就是在這樣的境況下獨自一人死在了租住的小屋裏。她死後幾位好心的村民弄了一口棺材，在離村不遠，與上虞交界的海塘裏挖了一個坑埋了，上面既沒有土堡也沒有墓碑。

等到夏福田從上海被放回來，他的妻子已經是活不見人、死不見屍了。屋裏既沒有人也沒有遺像，有的只是荒野海塘傳來的哭聲。那片荒野海塘後來幾經填高、削平，埋葬的位置更是永遠也找不到了。夏穗生在有生之年曾兩次（2004，2011）返回故鄉尋找打聽母親的屍骨，可憐他只找到了傷心和絕望而已，最後帶著塊祖宅殘牆的磚頭回了武漢，算是他對故鄉的最後一絲念想。

就像沒有人知道他母親到底葬在哪裏一樣，也沒有人知道他母親到底是餓死的還是病死的。

陳琳貞離世後，夏福田因為悲痛與無法承受持續不斷的審查、關押、批鬥，選擇了割脈自殺。據當地村民回憶[14]，夏福田文革時自殺的事全韓夏村的人都知道，那天，村裏有人高喊："夏福田自殺了，夏福田自殺了。"村裏人抬著門板送夏福田去醫院，幸虧搶救及時，才撿回了一條性命。

到了70年的時候，由於妻子已逝，夏福田自己缺乏生活自理能力，在加上反復審查、批鬥也沒有什麼結果，他得以投親到了位於餘姚上塘村他表兄弟的家裏監視居住。這一住就將近十年，到1979年，他終於被摘掉了地主的帽子，他的女兒夏美君與女婿吳桂生將他接走，此後，他便一直與女兒女婿生活在北京，直到1989年離世。他離世後，他的孫輩小心翼翼地將他的骨灰護送至成都他的小兒子夏健生處，葬於成都味江陵園。

14 韓夏村村民回憶源自公眾號 魯旭安：〈中國巨星夏穗生出生在餘姚一個怎樣的股實之家？獨家發布！〉2019-05-08

餘姚上塘村，夏福田的表兄弟家，1970-1979 年他在此地監視居住

據上塘村親戚回憶[15]，夏福田在上塘村監視居住的那十年裏，話很少，很少提及自己的三個孩子，主要可能還是擔心地主身份對孩子們事業前程的拖累，他的生活費用則是由三個孩子與兩個弟弟供給的。他每天常做的事情也就是讀書看報，還曾經去海塘一帶找過他妻子的屍骨，最讓旁人印象深刻的是他還保留著訂閱英文雜誌的習慣。79 年搬去北京後，他的女婿吳桂生回憶到，老人精通英語，在北京給親朋好友翻譯過東西，常看古典詩詞，對格律也有研究。

15 王平松口述，王平松的父親與夏福田是表兄弟，夏福田在上塘村的十年便是住在他的家裏。

夏福田晚年照片

確實，夏福田在他生命的最後時光裏，留下了詩一首，作者並不懂詩詞格律，看不出詩的好壞，只看到了痛徹心扉：

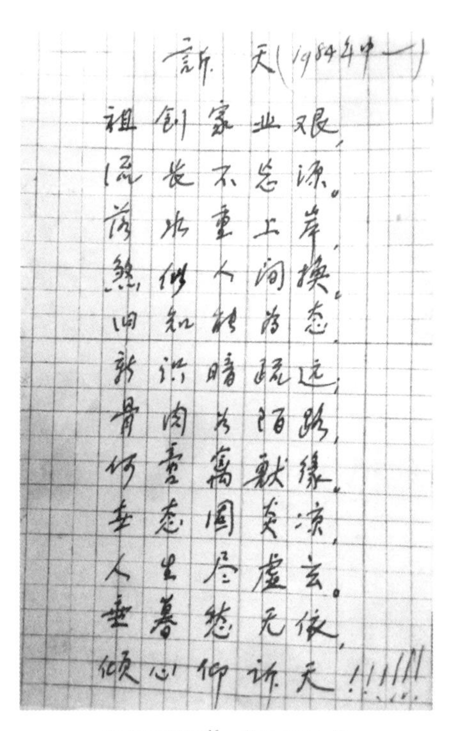

夏福田親筆[16]，寫於 1984 年

訴天

祖創家業難，流長不忘源。

落水重上岸，煞似人間換。

舊知能為態，新識暗疏遠。

骨肉為陌路，何啻禽獸緣。

世態固炎涼，人生盡虛玄。

垂暮愁無依，傾心仰訴天！！！！！！

16 夏福田親筆詩由他的女婿吳桂生提供。

27. 雙料特務與知識青年

“有人說，知青的父母都要因兒女而減壽，我家的情況就是如此。做父母的總想庇護未成年的兒女，在特殊年代裏，無力庇護，就代之以憂慮。”

——王小波〈我看“老三屆”〉

雙料特務

“軍統特務”夏福田牽連甚廣。連他遠在武漢的兒媳石秀湄也沒能逃過一劫，不僅沒有逃過一劫，反而罪加一等，水平超過了她的公公，成了“雙料特務”，這在同濟醫院當時是個石破天驚的消息。廣大的人民群眾終於抓到了潛伏在他們中間的“敵人”。

1948 年，石秀湄從上海新陸師範學校畢業後，就由夏福田介紹，進入了交通部上海材料儲運總處工作（該單位在建國後屬鐵道部）。這時離解放已經不久了。剛解放時，石秀湄由於是基層員工，得以留用。再過了幾年，55 年時，石秀湄就已經放棄了這份工作，隨夏穗生內遷武漢了，作為上海來的隨遷家屬，她在醫院的安排下，學習培訓後進入了武醫二院放射科工作。就在這樣的情況下，在 68 年時，石秀湄還是受到了牽連。

石秀湄第一次看到打倒自己的大字報貼滿醫院的時候一定是嚇傻了。她又不是什麼學術權威，也不關心政治，所有人都知道她是個一心一意照顧丈夫、培養子女的傳統家庭婦女。說她是個“雙料特務”，講真，她連什麼是“雙料”都搞不清楚。再講真一點，也沒有幾個人明白什麼是“雙料特務”，不過是些欲加之罪罷了。光是長得漂亮、嫁得好就已經有無數雙眼睛盯著你了，而整人成風的社會環境下，這種嫉妒與惡意被無限制的釋放了出來。

由於石秀湄文革期間被打成了“中統”、“軍統”雙料特務，作者在這裏還是有必要解釋一下，什麼是“軍統”，什麼是“中統”。國民黨主要有兩大情報特務機關，“軍統”全名即為國民政府軍事委員會調查統計局，“中統”即為中國國民黨中央執行委員會調查統計局。著名的特務頭子戴笠便是軍統一系的。

1968 年，武漢的冬天特別冷，一天深夜一點多鐘，所有人都睡下了。外面突然傳來大叫的聲音，喊著“石秀湄！石秀湄！”，之後便是猛烈的敲門聲。一隊正氣凜然的人民群眾便不容分說地就這樣把石秀湄從家裏帶走審查了。一家人當即被嚇得目瞪口呆。夏穗生只是對孩子們說了句：“你們媽媽這種人怎麼可能是特務？！”第二天，醫院就貼滿了關於揪出“雙料特務石秀湄”的驚天喜訊。

石秀湄被關押的地方就在醫學院大門口的宿舍樓，一關就是整整一百天。有專人負責看管審問，讓她交待“反革命罪行”，當時的話叫作“不投降就滅亡”。她沒有被移送公安機關，而是由工宣隊處理，可見當時工宣隊權力之大，已經完全可以代替公安機關來審問普通公民了。

工宣隊最早是在 1968 年 7 月開始入駐全國各大高校的，工宣隊進入接管的第一個高校是清華大學，毛澤東向他們贈送了一籃芒果以示支持，後來的工宣隊就沒有真芒果了，用的都是塑料芒果模型，但塑料芒果模型並不影響他們在高校無上的權力，這種情形就跟古代的太監只有在手上捧著聖旨時才能找到男人的感覺差不多。

工宣隊是領導一切的工人階級，顯然是信奉“話糙理不糙”的革命真理的，什麼難聽的話都罵了，當然也包括任何侮辱女性人格與尊嚴的不堪言語。石秀湄一個連中統和軍統都沒概念的人就是想編一點特務罪行都不知道該怎麼編。她反反復復地說，她一個連三青團都沒有參加過的人，怎麼會是特務？三青團全名三民主義青年團，是國民黨的青年團體組織，相當於共產黨的共青團，都是培養青年接班人的。按照今天的經驗來看，到了一定年紀還沒有入團的人，都是思想政治上極其不追求進步的人，不僅石秀湄沒入過三青團，夏穗生也沒入團。

把一個家庭主婦當特務來審，很難有什麼進展。但這種罪名對家庭的影響是極大的。石秀湄的丈夫反正已經是“反動學術權威”也就沒什麼好說了，她的兩個孩子成了特務子女，在人前抬不起頭來，受到歧視與羞辱，見人都是繞道走。她的一眾弟弟妹妹有的在軍隊工作，有的從事保密工作，也鼓勵她一定堅持住，絕對不能認罪或自殺。在此，讀者們千萬不要以為連坐這個詞屬於古代。由於審不出什麼東西，石秀湄在被關押一百天後釋放，1978 年文革結束後，在全院公開平反。

據她自己後來回憶，關押期間，有兩件令她刻骨銘心的事情。一次，是她在看押人員的監視下去食堂打飯，途中遇到了自己的兒女，她連頭都沒敢抬起來看他們一眼，回去後大哭了一場。另一次，則是她的丈夫夏穗生提著蘋果到關押處看她，鼓勵她讓她堅持住，告訴她：這種荒謬過了頭的事情總會過去的。

要知道，文革時期，因為組織要求離婚的比比皆是。66 年紅衛兵開始抄家時，石秀湄就被要求跟“反動學術權威夏穗生”離婚，但她沒有。而現如今，她的丈夫也沒有選擇跟她這個“雙料特務”劃清界限。一個“反動學術權威”、一個“雙料特務”也算是人間絕配了。

都說“一日夫妻百日恩”，可那種人性盡失的年代，“人性”的標準已經跌至無底線，不互相揭發、不劃清界限，這就是夫妻間最大的海誓山盟了。

知識青年

“我相信這不是我一個人的經歷：傍晚時分，你坐在屋檐下，看著天慢慢地黑下去，心裏寂寞而淒涼，感到自己的生命被剝奪了。當時我是個年輕人，但我害怕這樣生活下去，衰老下去。在我看來，這是比死亡更可怕的事。”

——王小波〈思維的樂趣〉

夏穗生與石秀湄育有兩個孩子，分別於 1953 和 1954 年底出生於上海，稍大一點時才被父母接往武漢。文革開始時，姐姐 12 歲，弟弟 11 歲，剛剛完成了小學教育。

他們出生不好，在強調階級鬥爭的社會裏，他們是“反動學術權威”和“雙料特務”的孩子，歧視是少不了的，弟弟在學校還因為出身問題被同學打過。當時有專門辱罵知識分子臭老九子女的詞語，極其不堪，作者在此不予重複，因為這種污言穢語不僅羞辱了人作為人的人格，更毀了“禮儀之邦”千年來的修養。

姐姐夏麗天這個名字最開始是爺爺夏福田給取的，本來取的是夏理天，意為天理何在或天理顛倒，但夏穗生認為這個名字像個男人，所以改成了女性化一些的字：夏麗天。綜合來看，名字意為“天理顛倒的美麗天使”。而夏雲這個名字就是夏穗生取的，最開始取的是夏贏，這個名字一目了然、毫無掩飾地反映了夏穗生敢為人先的志向，後來因為“贏”字複雜難寫，改為“雲”代替。

顯然，這兩個名字都沒有革命氣息，看上去都是天上的東西，不長在人間的樣子。到了文革的時候，這些帶有修正主義色彩的名字就變得“天理”不容了。紅衛兵們除了抄家之外，還刮起了一陣改名風，凡是帶有“封資修”色彩的名字都必須革命化，街道、商店都革命化後，自然，人的名字也必須革命。

夏穗生雖然是地主階級的孝子賢孫，但思想上也是要求進步的，一家便坐下來商量改名，什麼麗天啊，雲啊，反正都是天上的東西，脫離地面就是脫離群眾，得改。商量來商量去，他們為了表忠心，跟上形勢，姐姐決定改叫“夏愛國”，弟弟改叫“夏愛黨”。但後來考慮到夏家的爺爺夏福田是個國民黨，他們又害怕革命群眾說他們姐弟愛的是國民黨，所以改名之事只能作罷。

姐姐剛一上中學文化大革命就開始了，她當時上的是武漢市六十九中，但是上課斷斷續續，經常參加批鬥老師的批鬥會，她記得教室的座椅被造反派拆得七零八落，窗戶玻璃沒有一扇好的。她參加過的遊行肯定超過她上過的課，因為她幾乎沒有上過什麼課。1968 年時，她就被宣布初中畢業了。

命運這種東西真是不講道理，姐弟倆出生在和平年代新中國的紅旗下，卻沒辦法好好接受中學教育，就要下鄉去住牛棚、插秧、種地幹農活，連好點的衣服都不能穿，衣服不打補丁就是封資修的苗子，更別談什麼梳妝打扮了。這代人的審美在人類千年的歷史上總是有些不可思議與一言難盡的反動，這跟他們年少成長期的革命化教育有很大的關係。

而他們的父親出生在苦難的舊中國，年少求學時經歷了八年抗日戰爭、四年內戰，戰火紛飛中完成了當時最頂級的教育，熟練掌握兩門外語與醫學專業，出道即獨當一面。這個世界怎麼會是這樣？孩子們下鄉還美其名曰"知識青年"，跟他們的父親相比，他們算哪門子的"知識"青年？"知識"的標準太低本身就是一種"反智"。

上山下鄉的高潮就發生在文革期間。文化大革命現如今被籠統地稱為文革十年 1966-1976，但文革明顯地分為兩個時期。從 1966 年 5 月開始到 1969 年 4 月，這頭三年是真正文革時期，這一時期，一系列被組織發動起來的暴力行動推翻了本有的黨政體系，重建了一套新的！ 1969 年 4 月的中共九大就是一個全新的黨政系統，而九大也確立了林彪為毛澤東的繼承人，更在會上宣布了文化大革命的勝利！後一時期則是九大之後到 1976 年 10 月，這一時期，新系統內部鬥爭激烈兩大集團林彪與四人幫相繼倒台，而最終的勝利者則是 1969 年倒台者。

如果將文革分成這兩期來看的話，上山下鄉運動就容易理解了。文革最開始，紅衛兵小將們被發動起來衝擊黨和政府。但群眾運動並不像發動者想的那樣容易控制，激情一旦散布開來很快形勢便失控了，魅力領袖可以讓他們瘋狂卻不能讓他們恢復正常。當舊的權威體系被推翻，紅衛兵小將們的派性鬥爭愈演愈烈，他們的胡鬧已經不適應恢復秩序的需求了。毛澤東在 1968 年 7 月時，便批評了他早前支持的紅衛兵領袖們，說他們“持極左傾向，搞派性，瘋狂地自相殘殺”。這預示著小將們離被拋棄已經不遠了。

他們在摧毀了舊秩序後，現在成了城市裏不安分的因素，他們成了新秩序建立的障礙。在這樣的不安定因素下，把他們趕去農村就再自然不過了。中國自古以來就有“發配邊疆”的傳統，上山下鄉運動彷彿一種變相勞改。但，口號當然不會說什麼勞改，口號一般都是“滾一身泥巴，煉一顆紅心”這樣的。

除了發配紅衛兵之外，掩蓋城市裏驚人的失業狀況也是上山下鄉的原因之一。文革時期，高考廢除（1966-1976），工廠也大多停頓沒有招工。百萬老三屆和中學生都沒有去向，滯留在城裏，造成龐大的失業大軍。這些都是極其不穩定的因素。還好總有宣傳機器給出希望與動員的口號，稱：“我們也有兩雙手，不在城裏吃閑飯！”

這一點，若從革命意識形態來看，中國的共產革命源自農村，農村總被看成是最初的淳樸，而城市則是封資修的典型。所以才有“送城市青年去農村接受再教育”、“農村是培養青年的理想天地”這樣的傳統，才有關掉城市“資產階級”大學，因為“農村也是大學！”這樣的邏輯。

就是在這樣的情勢下，1969 年，姐姐 15 歲時剛好趕上了上山下鄉的高潮。由於她父親是反動學術權威，她是臭老九子女，不允許讀高中，因而只能上山下鄉。當時她被分配到血吸蟲重點疫區，湖北省嘉魚縣牌洲鎮的先進大隊三小隊。他們小隊五女二男，下鄉期間和農民同吃同住同勞動，學會插秧、割麥、收穀子、挑擔走 17 里路、挑 120 斤泥巴上堤修壩。

由於不放心年僅 15 歲的女兒下鄉，期間，夏穗生曾去嘉魚縣牌洲鎮看過一次他的女兒。他從武漢乘船到嘉魚縣，再從嘉魚縣轉到牌洲鎮。到達牌洲鎮時已是深夜，沒有地方可去，只能在公共廁所裏呆了一夜。直到第二天早上，他才走到女兒下放幹農活的地方。據夏麗天後來回憶，當時他戴著草帽，穿著雨鞋，十分狼狽，正在田裏幹農活的知青們一眼就認出了他。

晚上回家後，五個女知青燒了幾個菜，辣椒炒肉絲、番茄炒雞蛋，還有鍋巴稀飯算是款待夏爸爸。其實知青們住的算不上家，她們住在牛棚裏，人的隔壁就是牛，同一屋檐下還堆了一堆可以用作燃料的牛糞。夏穗生來看她們的那天正好下雨，牛棚本來是漏水的，知青們用塑料布鋪在棚頂，才能勉強避雨住人。夏穗生在那裏住了一個晚上，睡覺時，有老鼠在他身上爬過。第二天，他離開時去找了當地大隊，警告了他們可能的瘟疫。那之後，知青們才從牛棚搬進了倉庫。

這次經歷令夏穗生父女終身難忘，他給包括他女兒在內的五名女知青取名“五朵金花”，並牢記她們的名字直到他生命最後的清醒時刻。

因常年介紹當地幹部和農民上武醫二院看病，大隊領導照顧夏麗天做了幾個月廣播員，參加過公社文藝宣傳隊，1972 年被推薦成為了工農兵學員，回了城，進入了當時的湖北醫學院醫療系學習，畢業後成了一名放射科醫生。

比她小一歲的弟弟夏雲則是由於嚴重的肝功能疾病得以留在武漢上了高中，這種疾病在文革時代被稱為“救人的疾病”，那時的高中實際是斷斷續續的，主要也是搞革命，學工學農的。高中畢業前夕，部隊來校召新兵，他因政審不合格未能參軍，之後還是作為知青上山下鄉去了。

知青下鄉是有組織的政治運動，除了少數參軍和病殘者外，不管你自願不自願一律是必須要去的。他至今還記得他們下鄉那天，武漢市是統一行動的，幾百輛大卡車鑼鼓喧天的把他們這屆畢業生送往湖北各地農村。對於年輕人來說，下鄉時的心情是既嚮往也害怕的，嚮往的是“廣闊天地，大有作為”，害怕的則是“理想與現實之間可能的差距”。

夏雲最先和一組同學下放到了湖北安陸務農，也是插秧、割稻、挑稻捆。一年多後轉到姐姐曾經的下放地湖北嘉魚，期間做過赤腳醫生。1976 年被推薦進入了武漢醫學院醫療系，畢業後成了一名內科醫生。姐弟兩前後都有三年左右的下鄉時間，正是由於父親夏穗生常年在醫院幫人看病的原因，他們算是知青中得以順利回城上大學的極其幸運的案例了。

說到知青的不幸，就不得不說知青回城的名額，那又是一部血淚史中的血淚史。其中動用一切可用的關係行賄走後門，動用一切道德淪喪的手段與方法都不出奇。各種超越底線的事情，誹謗、告密、要挾、拋家棄子、肉體消滅對手搶佔回城名額的事情更是刷新人類的認知，堪稱“社會達爾文主義”。雖然今日已經回城的知青都無比懷念自己的知青歲月，但到底是青春無悔還是青春無奈很難講，因為當時回城確實是他們唯一的信念。只能這樣說，最徹底的道德淪落、功利主義與最深刻的反省認識都出在這些人身上。

九十年代時，講述上海知青的電視劇《孽債》風靡全國，其主題曲只用唱一句“美麗的西雙版納，留不住我的爸爸”，便能讓一代人頃刻間淚如雨下。廣東知青由於地近香港，上山下鄉時逃港成風，留下的詩句更是令人心如刀割：

〈夜奔〉

在這漆黑的夜晚，我乘著小舟，

靜靜滑動雙槳奔向遠方。

大海洶湧在怒吼，

四處一片白茫茫。

啊，洶湧的浪潮滾滾把我拋向遠方；

啊，洶湧的浪潮滾滾向自由的海岸。

再見，親愛的朋友，親愛的故鄉，

為了自由，我只能和你分離。

不管漂泊在何方，

往日情懷永遠不忘。

“廣闊天地，大有作為”是那麼偉大，那麼高尚，但在一代人的眼淚面前，又是那麼無力，那麼虛偽，又或者，那根本是個笑話。反而，只有那些淚水與心痛才是人性一絲尚存的證據。

父親

如果說夏穗生是個無比關愛、照顧孩子的父親，這顯然是不實的。道理很簡單，一天只有 24 個小時，沒有人是超人，除了吃飯睡覺，時間給了工作就不能給孩子，給了孩子就不能給工作。那些號稱事業與家庭兼顧的人實際是不存在的，都是人類美好而淳樸的願望罷了。

夏穗生對女兒相對來說更親近一些，對兒子較為嚴厲。相對於日常生活的親情而言，他更看重的是他們的學業與事業。在女兒的學習與專業選擇上，他都給予過極其明確的意見與指導。對於兒子，他更加重視學術，他書櫃裏的顯眼處，一直保存著夏雲的博士畢業論文。

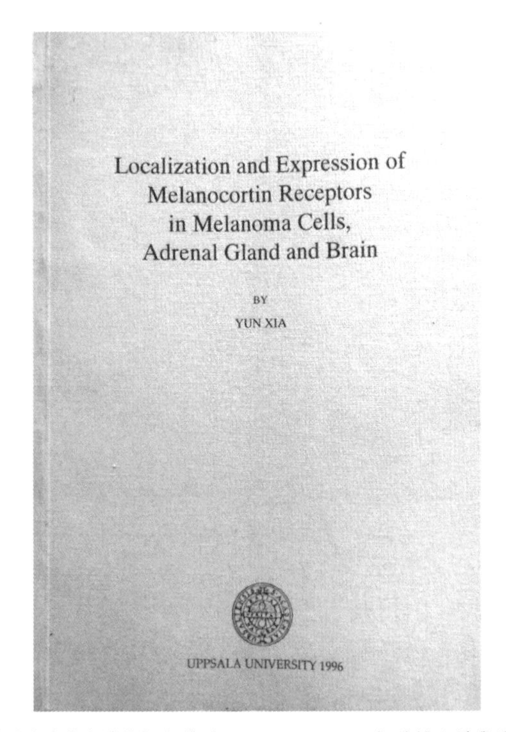
Localization and Expression of
Melanocortin Receptors
in Melanoma Cells,
Adrenal Gland and Brain

BY
YUN XIA

UPPSALA UNIVERSITY 1996

夏雲在瑞典烏普薩拉大學（Uppsala University）的博士畢業論文

文革大概就是這樣反人倫的。夏穗生作為人子，母親死得屍骨不尋，父親被打成軍統特務試圖自殺，他做不了什麼。作為人夫，妻子被打成雙料特務。作為人父，兩個未成年的孩子下鄉住牛棚，他也庇護不了。他自己還是個反動學術權威，他若沒點殘存的科學理想在心中，他可能也熬不過文革。

他這輩子也不會哭，從來沒流過眼淚。他要是會哭，估計這時候早就淚流成河了。

28. 天天讀

“毛主席的話，句句是真理，一句超過我們一萬句。”

早在 1966 年文革開始之前，毛主席便開始批評中國的官僚體制，為後來發動群眾推翻舊權威“奪權”做準備。要知道批評官僚體制在中國是一種行為藝術。何時批評、由誰來批評都比批評內容本身重要得多。任何體制，更何況一個如此龐大的官僚體系，一定是有問題的，有好有壞也是顯而易見、人人都能理解。但批評者不對，又或者批評的時機不對往往不是成了右派就是反革命。

但毛主席顯然不受這些因素的影響，凡是他的表揚肯定不是刻意捧殺，凡是他的批評當然也絕不是反革命。他在 1964 年左右，炮轟官僚體系，言辭風趣幽默，重點點名批評了文化部和衛生部。他稱文化部是帝王將相部、死人洋人古人部、才子佳人部。而衛生部則是城市老爺衛生部。

中國的醫院集中在大城市，廣大農村缺醫少藥是一個長期以來的事實，而醫院的主要服務對象也並非市民，其中最主要的還是在服務住在城市裏的幹部，特別是極賦特權的幹部保健制度，這才是毛主席說的“城市老爺衛生部”。1965 年時，毛主席要求“把醫療衛生工作的重點放到農村去”，這便是著名的“六 · 二六指示”。

在這份文革前夕重要的指示中，毛主席說[17]：“醫學教育根本用不著讀那麼多書。華佗讀的是幾年制？明朝李時珍讀的是幾年制？醫學教育用不著收什麼高中生、初中生，高小畢業生學三年就

17 引自《對衛生工作的指示》1965.06.26

夠了。主要在實踐中學習提高，這樣的醫生放到農村去，就算本事不大，總比騙人的醫生與巫醫要好，而且農村也養得起。書讀得越多越蠢。現在那套檢查治療方法根本不符合農村，培養醫生的方法，也是為了城市，可是中國有五億多農民。脫離群眾，工作把大量人力、物力放在研究高、深、難的疾病上，所謂尖端，對於一些常見病，多發病，普通存在的病，怎樣預防，怎樣改進治療，不管或放的力量很少。尖端的問題不是不要，只是應該放少量的人力、物力，大量的人力、物力應該放在群眾最需要解決的問題上去。”

為了響應毛主席的號召，避免淪為城市老爺的衛生部，人民的衛生部便開始大規模組織城市醫療隊前往廣大農村地區巡迴醫療。這便是文革期間，夏穗生除了被批鬥、勞動改造、政治學習之外最常做的事情了。

武醫二院共派出農村巡迴醫療隊 41 批，共計 1442 人，各批人數時間不等，知名的教授幾乎沒有人沒有下鄉巡迴醫療的經驗，而下鄉巡迴醫療的地點主要是武漢周邊的縣市，如江陵、陽新、新洲、麻城、黃陂、孝感、鐘祥、洪湖、神農架等等。巡迴醫療隊的工作內容主要是為廣大農民診治，送藥上門，培訓基層衛生人員和組織，進行“兩管、五改”（管水、管糞，改水井、改廁所、改畜圈、改爐灶、改造環境）為中心的愛國衛生運動。當時農村地區的兩大衛生問題，一是血吸蟲病的防治，二是計劃生育相關手術，也都是巡迴醫療隊的工作重心。[18]

18 參見《同濟醫院志 1900-1990》頁 197。

按照文革中下鄉的理論來看，巡迴醫療隊下鄉不僅對農村和農民有利，對城市裏的這些醫生更是有教育意義。他們可以與貧下中農接觸，培養與勞動人民而不是城市老爺的感情，進一步樹立全心全意為人民服務的思想。

無論何時，“全心全意為人民服務”都是對的。

但文革依然被廣泛視為“失去的十年”，主要還是因為成千上萬已經訓練有素的人才、許許多多中老年的學者失去了十年做研究和教學的時光。人生有幾個十年？除去年幼無知、年少求學與年老體弱，又還剩幾個十年？研究的暫停剝奪了許多知識分子的學術生命，而教學的暫停剝奪了一代年輕人受教育的權利，這種反智主義摧殘了知識分子，造成了知識的斷層，是一場徹頭徹尾的災難。

以夏穗生為例，1966 年文革開始時，他 42 歲，已經評上副教授，而文革結束時，他已經 52 歲。可以毫無疑問地說，一個知識分子學術生命的黃金時期，最好的年華被耽誤了。這就像一個本來可以在 42 歲時攀登珠穆朗瑪峰的人，被迫留在了山腳的大本營打掃衛生，不僅如此，他的技能也不能傳授給更年輕的人，而在他 52 歲時，才等到了整裝出發的機會。

华中科技大学同济医学院附属同济医院

夏穗生

附表二、学术论文：在期刊上发表的第一作者（亲自撰写的）学术文章

按期刊出版序排列

1、	痔的治疗三〇七例报告	中华外科杂志	1956，4：291
2、	肝部分切除手术	武汉医学院学报	1958，1：31
3、	肾部分切除手术	武汉医学院学报	1958，1：41
4、	老年人的外科手术治疗	武汉医学院学报	1958，3：277
5、	末端大肠癌临床治疗中的几个问题	武汉医学院学报	1958，3：385
6、	分流手术治疗门静脉高压症46例远期疗效观察	武汉医学院学报	1960，4：179
7.	胃大部切除后吻合口溃疡	中华外科杂志	1962，10：(1)，213～215
8.	肝切除术	武汉医学卫生	1962，1.1
9.	肝切除术治疗急性肝内胆道大出血	中华外科杂志	1962，10：66
10.	肝切除手术操作的若干改进	中华外科杂志	1964，12：717
11.	肝切除术治疗原发性肝癌的评价	中华外科杂志增刊	1964，51
12.	肝门外科解剖	武汉医学杂志	1964，1：81
13.	肝切除术治疗胆管性肝脓肿所致的急性肝内胆道出血的探讨	武汉医学杂志	1964，1：18
14.	关于脾切除手术操作的几点意见	武汉医学杂志	1964，1：266～268
15.	肝外科进展	国外医学动态	1964，10；604
16.	肝切除对原发性肝癌治疗的评价（英文）	中华医学杂志	1965，84：298
17.	外科治疗过程中门静脉高压症死亡病人原因探讨	武汉医学杂志	1965，2：174
18.	供移植用脏器的保存	国外医学外科学分册	1977，5：231～239
19.	130次狗原位肝移植手术的分析	中华外科杂志	1978，5，269～272
20.	130例狗原位肝移植动物实验与临床应用	武汉医学院学报	1978，4；1～6

地址：汉口解放大道1095号　　电话：83662688

1

按夏穗生為第一作者發表的學術文章來看，他文革前最後一篇論文發表於 1965 年，而文革後第一篇論文發表於 1977 年，前後間隔十二年

除了時光如金的緊迫感之外，他後來在科研中的全心投入與不顧一切，大概也都源於這“失去的十年”。

當然，廣義的文化大革命長達十年之久，但其驚心動魄的群眾運動高潮還是在最開頭的三年。1969 年 4 月的中共九大可以看成是一個重要節點，九大的召開宣布了文化大革命的輝煌勝利，在軍隊的介入下，一套新的黨政系統建立了起來。從某種意義上說，九大的勝利是屬林彪和軍隊的，林副統帥的繼承人地位被史無前例地寫進了黨章，從前只能聽指揮的軍隊成了一股左右時局的政治力量。既然已經勝利了，也就沒有必要再發動大規模群眾造反了，就這樣，後來的爭鬥逐漸遠離了公眾，這就是所謂的高潮已過。

可能正是由於革命群眾造反高潮已過，抄家的風險降低，夏穗生 1971 年之後的部分日記得以保存了下來。但從內容來看，他的日記相當乏味，除了流水帳式的記錄外，沒有絲毫流露出他對任何事情的感受、看法與觀點。他作為一個運動中滾過來的人，這種保守與謹慎是完全可以理解的，但不管怎樣，這些記錄還是多多少少能讓讀者們有機會一窺一個知識分子在文革中的日常生活。

1971 年的日記中，他每天上午必不可少的內容便是“天天讀”，這種活動頗有宗教氛圍，類似教堂裏的禮拜與讀經，但不同的是，天天就是天天，而不是七天一次或頻率高的意思。文革中的“天天讀”是一種雷打不動的制度，情況再特殊也不可取消，而且是否堅持“天天讀”本身，就被視作對毛主席是否忠誠的標準。當然，天天讀在當時也被認為是大有益處的，因為：“毛主席著作，一天不讀問題多，兩天不讀走下坡，三天不讀沒法活。”

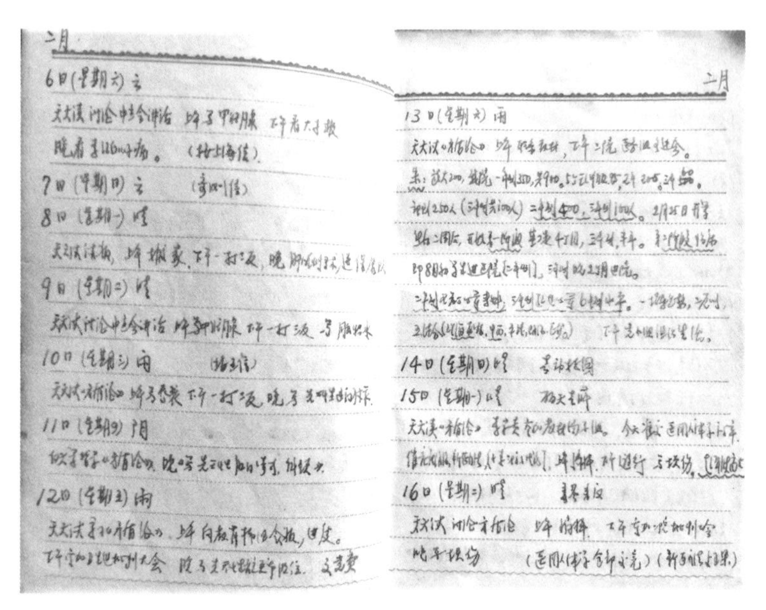
二月
6日(星期六)云
7日(星期日)云
8日(星期一)晴
9日(星期二)晴
10日(星期三)雨
11日(星期四)阴
12日(星期五)雨
二月
13日(星期六)雨
14日(星期日)晴
15日(星期一)晴
16日(星期二)晴

夏穗生 1971 年 2 月間的日記

“天天讀”是林彪在 1968 年提出的，首先在部隊推行，在毛主席提出全國向解放軍學習後，天天讀便風行全國，醫院也不例外。從夏穗生日記來看，“天天讀”在夏穗生這裏並不像走過場，他連讀了什麼內容都認真記錄了下來。

71 年間他讀過：《矛盾論》、《關於正確處理人民內部矛盾的問題》、《實踐論》、《五七指示》、《工業學大慶》、《六二六指示》、《老三篇》、《井岡山的鬥爭》、《星星之火，可以燎原》、《關於重慶談判》、《敢於鬥爭、敢於勝利》、《人的正確思想是從哪裏來的？》、《總結加強黨的領導的經驗》。除了這些天天讀之外，上午還有各種各樣的政治學習、座談會、總結會，要談體會、談思想。那時候，大專院校停止了教學，醫療業務也斷斷續續，所以一有空的時候，夏穗生多半在編寫教材。武醫二院的外科自六十年代起就參加編寫或主編了醫學院全國教材《外科學總論》、《外科學各論》。而下午通常是各種勞動改造、批鬥大會、鬥批改運動、一打三反運動。晚上，夏穗生才有點時間能靜下心來繼續編寫教材，當然有時候連晚上也不行，因為晚上常常需要去學習觀看《列寧在十月》這種電影。

“天天讀”這三個天天在的字眼在夏穗生的日記中最後一次出現是在 1971 年 10 月 30 日，後來代之以政治學習或學習討論毛主席著作。原因大概是天天讀的倡導者林彪副統帥在一個多月前出事了。

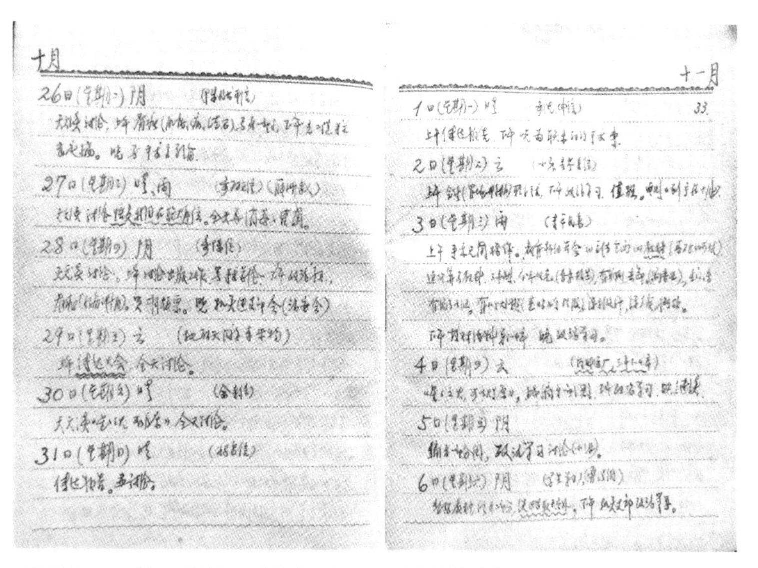
十月

26日(星期二) 阴

27日(星期三) 晴、雨

28日(星期四) 阴

29日(星期五)

30日(星期六) 晴

31日(星期日) 晴

十一月

1日(星期一) 晴　33.

2日(星期二)

3日(星期三) 雨

4日(星期四)

5日(星期五) 阴

6日(星期六) 阴

夏穗生 1971 年 10 月與 11 月間的日記，可以清晰地看出天天讀截止於 10 月 30 日林彪是個戰功赫赫的軍人，新中國的締造者之一。凡是對軍隊略有瞭解的人都知道，軍隊強調忠誠於黨，像機器一樣聽指揮、執行命令，並以此為軍人的無上光榮，而最最忌諱的就是獨立思考。軍隊的核心問題不是戰鬥力強不強的問題而是忠於誰的問題，這是古往今來的定理。軍隊一旦要開動腦筋思考是非黑白，思考槍對準誰了，那就是智能機器人要變成人了，那就是黨指揮槍還是槍指揮黨的問題了。顯然，槍指揮黨是絕不允許的。

當時有一句盡人皆知的口號：“毛主席萬壽無疆，林副統帥永遠健康。”萬壽無疆是一個帶有中國封建傳統色彩的口號，林副統帥之所以被喊“永遠健康”其實是因為他身體不大好，虛弱得很。一個體弱的人被給予繼承人地位是不符合人類或動物界正常邏輯的，此事必有蹊蹺。果然 1971 年 9 月 13 日，林彪外逃墜機。

林彪事件是文革的一個巨大的拐點。事件發生時，文革中一代人所感受到的衝擊、震驚是難以形容的。而林彪事件對文化大革命的狂熱有著極大的冷卻與顛覆作用，像一個冷冰冰的巴掌狠狠地打在了所有人的臉上，讓一切逐漸清醒過來。到了 1972 年之時，主持日常工作的周恩來備受癌症困擾，鄧小平出山的風聲已經傳了出來。

整個國家似乎都在狂熱褪去後逐漸恢復，當然這也包括了 1965 年就已經組建的武漢醫學院腹部外科研究室，在時隔七年後，終於恢復了建制，一切終於要回來了。

武漢醫學院腹部外科研究室

夏穗生賦詩感嘆：“人面不知何處去，桃花依舊笑春風。”

29. 在阿爾及利亞的 508 天

1975 年夏穗生於阿爾及利亞梅迪亞醫院

文革中夏穗生的阿爾及利亞之行是一項頗具中國特色的政治任務。眾所周知，派遣援外醫療隊是我國同第三世界國家友誼與合作的重要渠道。

醫療隊由於其救死扶傷的性質與功效，總是能與當地人民建立起一種極其真摯的、同生共死的感情，這是一種體育外交所達不到的親善與慈悲的境界。其實，從某種意義上來說，以醫療隊開路並不算是一種中國特色。基督教最初在全球宣教時，也都是靠先進的醫術打開局面，這是一種心照不宣的國際慣例。若忽略醫療隊背後的深層次意義，任何醫療隊本身所帶往全世界的那種人道主義精神都是不容否定的。

中國的醫療外交事業便始於阿爾及利亞。阿爾及利亞是地中海南岸的北非阿拉伯國家，十九世紀三十年代時成為了法屬殖民地，直到 1962 年贏得獨立。在獨立當年，阿爾及利亞便通過國際紅十字會向國際社會請求醫療援助。1963 年，中國向阿爾及利亞派出了三支醫療隊，這便是中國最早的援外醫療隊，儘管那個時候中國國內剛剛經歷了“三年困難時期”。從這之後，中國便依靠舉國體制向亞非拉國家派遣醫療隊，其中對阿爾及利亞的醫療由湖北省對口支援。

1971 年 7 月 15 日由以阿爾巴尼亞、阿爾及利亞為首的 23 個共同提案國在聯合國發起了“兩阿提案”，旨在“恢復中華人民共和國在聯合國組織中的合法權利”。該議案在當年 10 月 25 日獲得了通過，中華人民共和國自此獲得了聯合國的合法席位。在這份關係重大的“兩阿提案”上，23 個提案國與中國醫療隊的駐地其實是高度重合的。由此可見，中國援外醫療隊是中國外交的重要組成部分。歷史也直接證明了，中國援外醫療隊是一種花錢少、見效快、影響大的對外援助方式。

援阿爾及利亞醫療隊派出情況一覽表			
隊別	批數	人數	在國外工作時間
第一隊	一批	24	1963.4-1965.11
第二隊	一批	34	1965.11-1968.9
第三隊	一批	62	1968.8-1971.4
第四隊	一批	90	1971.4-1973.6
第五隊	四批	164	1972.5-1976.5
第六隊	三批	161	1974.7-1977.12
第七隊	四批	172	1976.4-1979.12
第八隊	四批	173	1978.5-1981.12
第九隊	四批	210	1980.4-1983.12
第十隊	四批	222	1982.6-1985.12
第十一隊	四批	181	1984.7-1987.9
第十二隊	五批	223	1986.3-1989.7
第十三隊	五批	183	1988.1-1991.6
第十四隊	五批	181	1989.11-1993.6
第十五隊	三批	127	1991.12-1994.6
第十六隊	一批	114	1993.11-1995.2
第十七隊	一批	51	1997.8-1999.10
第十八隊	三批	99	1999.12-2002.3
第十九隊	七批	96	2001.8-2004.5
第二十隊	二批	28	2003.9-2005.9

整個七十年代是中國外交打開局面的時期，也是對外醫療援助的高速增長期，夏穗生便是在這一時期被派往阿爾及利亞的。由於湖北對口支援阿爾及利亞，作為湖北省最大的醫院，武醫二院自然是不能缺席的。從 1963 年開始，武醫二院便陸續派遣醫療隊支援阿爾及利亞。夏穗生是第六隊第二批，於 1975 年出發的。夏穗生的批次較後，主要是因為援外醫療隊是有嚴格政審的，出身不好或有海外關係的要往後排。

夏穗生有著記日記的習慣。但科學家的日記不同於文人的日記。如果說文人的日記主要用來記錄心事與情感，那麼夏穗生的日記更像是一種實驗數據記錄。他每天拿著日記本，不厭其煩地記錄著時間和他所做的具體事項，從某種程度上可以這樣說，他幾乎把自己的人生過成了一組枯燥的實驗數據。

按照日記的記錄，夏穗生是在 1975 年 1 月 4 日晚上 8:45 乘坐 38 次列車離漢赴京的。為了更好地完成任務，從 74 年底，他就已經開始學法語了。到達北京後，他住在衛生部的招待所。在北京的這二十多天裏，多是一些援外醫療隊出行前的培訓，例如日常法語、疫苗注射、製作服裝、政治學習、座談會、遊覽北京、集體照之類的，當然，也有一些私人時間他可以去拜訪他在北京的親戚們。

1975 年的援阿醫療隊於 1 月 29 日啟程離開北京，經停卡拉奇和巴黎，在 1 月 30 日抵達阿爾及利亞的首都阿爾及爾。在那裏，中國大使館熱情地歡迎了他們，當然免不了要勉勵醫療隊發揚白求恩精神，視阿國人民為祖國人民，視阿國人民的健康為祖國人民的健康，為兩國的友誼添磚加瓦之類。

JANUAR 29

75.1.29 (3) 北京(10:30)→卡拉奇→巴黎(9:40 =北京4:40)(机场[illegible])

76.1.29 (4) 10°, 39°, 梅迪亚, 肝[illegible](基础), [illegible], ([illegible]), [illegible], [illegible]查房。[illegible]

77.1.29 (6) 雪, 看文献, [illegible], [illegible]

78.1.29 (日) 云, [illegible], [illegible], [illegible]784 [illegible]计划([illegible]), [illegible]报告,

79.1.29 (1) 云, 初二, [illegible] 113, 7. [illegible], [illegible]《[illegible]》

80.1.29 (2) 雪, [illegible] 5, [illegible]。

JANUAR 30

75.1.30 (4) 阿尔及尔 ([illegible]) [illegible]。([illegible])

76.1.30 (5) 10°, 39°, 梅迪亚, [illegible], [illegible], [illegible], [illegible]

77.1.30 (日) 阴, 看文献, [illegible], [illegible]

78.1.30 (1) 阴, [illegible], 试出78-4[illegible]报告, [illegible]

79.1.30 (2) 云, 初三, [illegible] 114, 8. [illegible], [illegible],

80.1.30 (3) 阴, [illegible] 6. [illegible]《[illegible]》

夏穗生日記顯示，他於 1 月 29 日離開北京並於 1 月 30 日到達阿爾及爾

2 月 4 日，援阿醫療隊到達了工作地點：阿爾及利亞的一個北部城市梅迪亞，並在 2 月 5 日進駐梅迪亞醫院，2 月 7 日進駐病房。而三天之後，2 月 10 日，便是除夕。每逢佳節倍思親，但醫療隊的海外除夕來得太快，可能他們還忙著適應新環境來不及思親。

夏穗生於 2 月 17 日正式在梅迪亞醫院接班，任外科主管醫師，主要有些醫療常規工作值班、門診、急診、病房、術前後處理，還有就是普外、骨科、血管外科和兒科的手術，手術種類繁多，包括：肝破裂縫合、膽囊切除術、膽總管引流術、胃大部切除、闌尾切除、胃穿孔縫合、腸梗阻解除、腸造口術、肝囊腫切除、甲狀腺部分切除、全胃切除、骨折復位、腫塊切除、腦外傷搶救，其中以膽囊切除最多。

除此之外，夏穗生在 1975 年 2 月 21 日還曾作過一次轟動性的左下肢斷肢再植術，這是阿爾及利亞第一例該類型的手術，手術成功，病友在術後恢復了行走能力。作為兩國友誼的象徵，這次斷肢再植術在當時影響很大，兩國的衛生部長（於 3 月 10 日與 11 月 12 日）都曾看望過這位病友。斷肢再植討論會也在梅迪亞醫院和杜也哈醫院多次舉行。

(101) 庫301

20 FEBRUAR

75.2.20(4) [illegible]。
[illegible]，[illegible]。

76.2.20(5) 阴，[illegible]，[illegible]，[illegible]，
[illegible] 老革來訪。

77.2.20(日) 雨，[illegible]，[illegible] 胡[illegible]，[illegible]，
[illegible]《[illegible]》

78.2.20(1) [illegible] [illegible] 天，[illegible]，[illegible]，[illegible]，[illegible]

79.2.20(2) [illegible] 135 天，[illegible]，[illegible] 8 年 [illegible]，[illegible]

80.2.20(3) [illegible]（[illegible]），[illegible]，[illegible]《[illegible]》。

21 FEBRUAR

75.2.21(5) [illegible]（[illegible]），
[illegible] 再植术 （[illegible]）

76.2.21(6) [illegible]，413，[illegible]，[illegible]，[illegible]（[illegible]）[illegible]

77.2.21(1) [illegible]，[illegible]，[illegible]，[illegible]

78.2.21(2) [illegible]，[illegible] 20 天，[illegible]，[illegible]（[illegible]），[illegible]，
[illegible]。[illegible] 430 元，[illegible]，[illegible]《[illegible]》

79.2.21(3) [illegible] 136 天，[illegible]（[illegible]）[illegible]，[illegible]
[illegible]，[illegible]，[illegible]，

80.2.21(4) [illegible]，[illegible]，[illegible]，[illegible]，

夏穗生日記顯示他於 75 年 2 月 21 日進行了一次斷肢再植術

援阿的醫療隊生活並沒有那麼好，但當時絕對聽不到什麼公開的抱怨。事實上，援外期間最難過的是對家人的思念，沒有休假，不能打電話，寫信是先寫好回信，再看來信。每次都是外交部信使送信，一月一次，常常是答非所問。

醫生們需要做手術，看門診，還要值夜班，看急診，做急診手術，而且是和不熟悉的外國醫生和護士合作，都很困難。每個組有個翻譯，主要配合組長工作，看病用簡單的法語問病史，很多病友不會講法語，只會說阿拉伯語，常常一言難盡。看得都是些常見病，就像巡迴醫療下鄉一樣，孤獨，貧乏，單調，度日如年。

援外醫生的待遇則是國內工資照發，國外每月發生活費相當於人民幣 40 元。有師傅做飯，一日三餐集體吃飯，伙食很好，但沒有豬肉，蛋白質來源靠牛奶、雞蛋、雞、牛羊肉等。

平時也沒有什麼業餘生活，也不能獨自外出，至少兩人同行，擔心逃崗。穆斯林國家電視節目少，圖書館只有法語資料，而且很少。每天晚上翻譯把收音機拿出來聽新聞聯播，學習和討論。

就這樣，非常不幸，夏穗生在阿爾及利亞期間肺結核復發。抗戰時期，由於營養不良，當時許多人都患有肺結核，夏穗生便是在那時落下的病根。據日記所載，75 年 8 月 24 日，他第一次發病，症狀有腹瀉、全身酸痛，伴有發燒 37.8 度，數日便診斷為肺結核復發。

AUGUST 24

AUGUST 25

夏穗生日記顯示他從 75 年 8 月 24 日開始有持續性的發燒症狀，並有每日體溫記錄

自發病後，夏穗生一直堅持在異國他鄉邊治療邊上班，在阿爾及利亞的梅迪亞醫院、馬斯卡醫院、杜也哈醫院都留下了他的工作

記錄。直到 1976 年 5 月 13 日，援阿醫療隊隊長宣布夏穗生回國治療。他才於 19 日登上了返程的飛機，並在北京逗留數日後，於 27 日到達武漢。

異國他鄉舊病復發，夏穗生當然是歸心似箭的。他家有賢妻，他的手上除了刀和筆，是十指不沾陽春水和人民幣的，而遠離家庭的照顧他生活上難免不習慣。早在 75 年 9 月 12 日的時候，也就是舊病復發約 20 天後，夏穗生開始在他的日記上一天天來數日子，

以示他的思鄉心切。也許是臥床養病之時，他才有空數了數，這已經是他離開武漢的第 251 天了。之後，這種數字化記錄生活一日不差，一直數到了第 508 天，也就是到家的前一天。

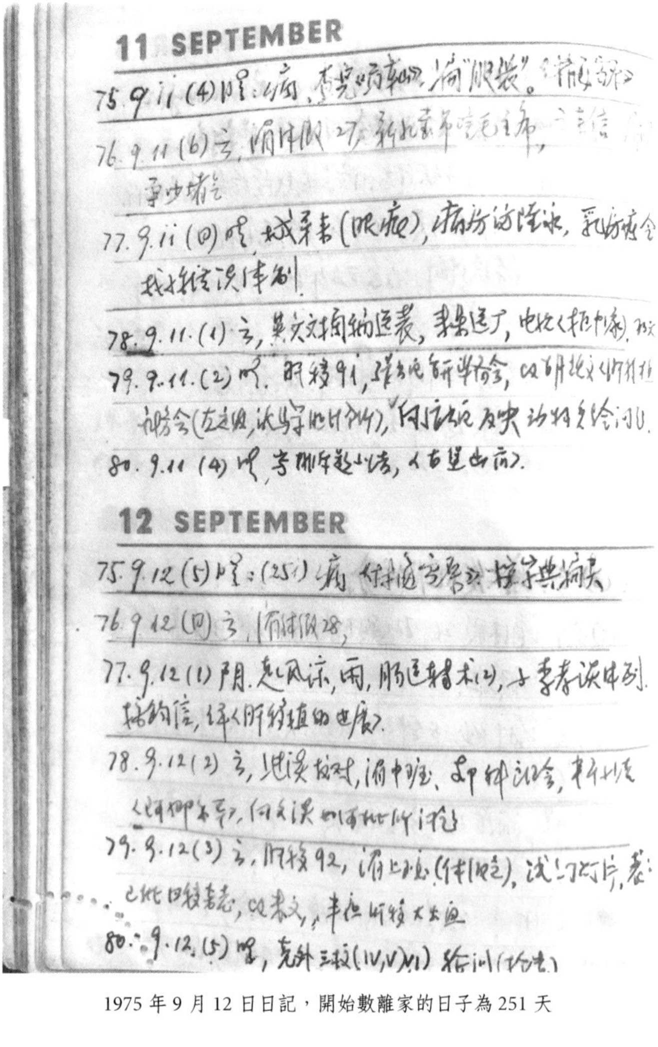

1975 年 9 月 12 日日記，開始數離家的日子為 251 天

31 JANUAR

75. 1. 31 (5) 阿尔及尔 [illegible]

76. 1. 31 (6) 晴，372，[illegible] 第二个春节 [illegible]

77. 1. 31 (1) 阴，[illegible]

78. 1. 31 (2) 晴，[illegible] 春节 [illegible]

79. 1. 31 (3) [illegible]

80. 1. 31 (4) 阴，[illegible]

1 FEBRUAR

75. 2. 1 (6) [illegible]

76. 2. 1 (7) 雪，373，[illegible]

77. 2. 1 (2) 阴，[illegible]

78. 2. 1 (3) 晴，[illegible]

79. 2. 1 (4) 晴，[illegible] 116，10，[illegible]

80. 2. 1 (5) 阴，[illegible]

FEBRUAR 2

75. 2. 2 (日) 阿尔及尔，[illegible]

76. 2. 2 (1) 阴，374，[illegible]

77. 2. 2 (3) [illegible]

78. 2. 2 (4) 晴，[illegible]

79. 2. 2 (5) 晴，[illegible]

80. 2. 2 (6) 晴，[illegible] 9，[illegible]

FEBRUAR 3

75. 2. 3 (1) 阿尔及尔，[illegible]

76. 2. 3 (2) 雨，375，[illegible]

77. 2. 3 (4) 阴，[illegible]

78. 2. 3 (5) 晴，[illegible]

79. 2. 3 (6) 晴，[illegible] 118，12，[illegible]

80. 2. 3 (日) 阴 [illegible] 10，[illegible]

1976 年 1 月 31 日日記，離家的日子為 372 天，為離家後的第二個春節

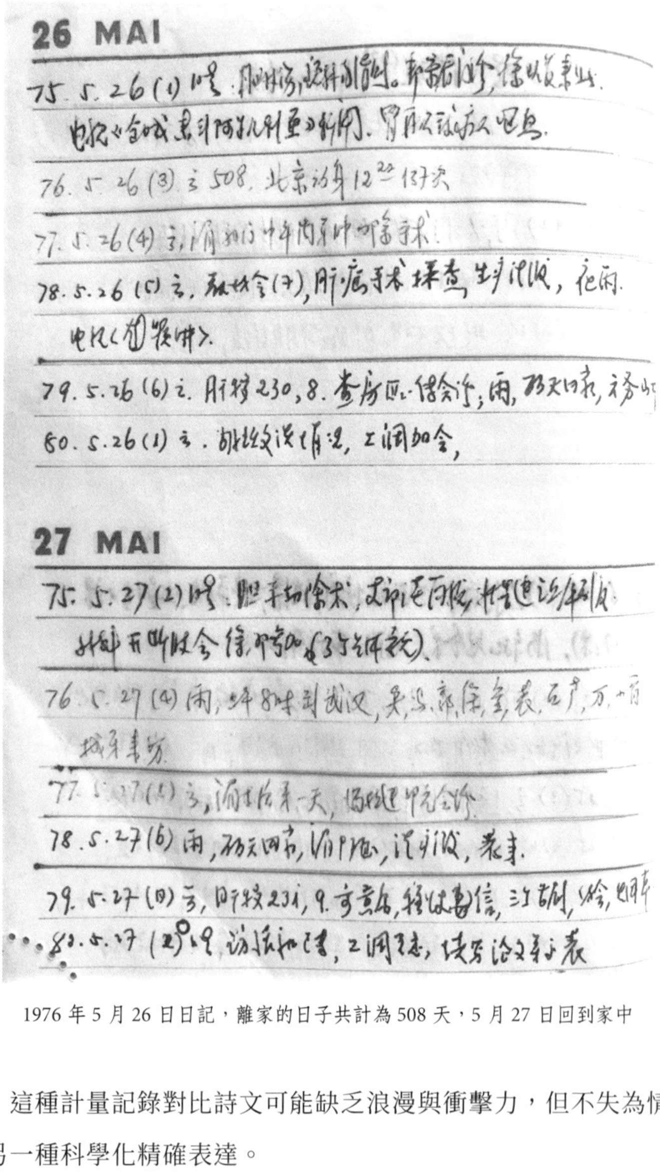

1976 年 5 月 26 日日記，離家的日子共計為 508 天，5 月 27 日回到家中

這種計量記錄對比詩文可能缺乏浪漫與衝擊力，但不失為情感的另一種科學化精確表達。

30. 從 130 隻狗開始的中國肝移植之路

為實驗狗造像

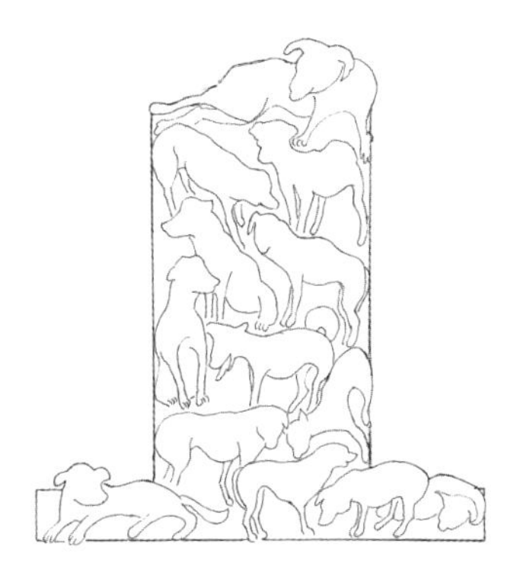

實驗狗

困惑與懷疑是思考與智慧的開端，不斷的困惑與不斷的懷疑則是智慧的成長，獨立思考的體現。那些不容置疑的真理，哪怕天天讀天天背，也是心智未開的表現。

林彪事件讓全國人民都陷入了“十萬個為什麼”的困惑之中。最大的疑問恐怕還是為什麼一個由高瞻遠矚、洞察一切的毛主席一手培養提拔的繼承人，會在一夜之間成了一個罪大惡極的反革命分子，難道他不應該是忠於毛主席的第一人嗎？為了給全國人民一個靠譜的解釋，有關林彪反革命罪行的文件相繼被公開披露。這些文件也許有一些安定人心的作用，但人民對文化大革命的抵觸與懷疑已經被徹底引發了，對不斷革命喪失了興趣。

但此時畢竟還處於文革之中，革命的氣氛還是在的。按夏穗生 1972 年的日記來看，他上午有一些醫療業務的時間，但每周政治學習的頻率依然很高。夏穗生的日記也清楚地記錄了武醫二院在 72 年 4 月 20 日，舉辦過一次頗有文革特色的憶苦思甜大會，被請來憶苦的是六廠和 3506 廠的工人師傅。七十年代風行一陣的憶苦思甜大會，極有意思。這些城市裏的老工人被請來聲淚俱下地控訴舊社會的黑暗，以突出新社會的幸福，通常的程序還有憶苦飯和憶苦歌之類的。

一旦革命的狂熱稍微降溫，務實的事業便可以逐漸恢復。由武漢醫學院腹部外科研究室撰寫的，落款於 1972 年 9 月 20 日的《關於開展腹部外科研究室工作的建議報告》[19]（下文簡稱《報告》）中明確寫到了開展肝外科研究的計劃。主要原因是由於當時肝病是我國的高發疾病，已經和腫瘤、心血管疾病並列為威脅國人健康的三大疾病之一。該報告還寫有明確的肝移植課題，分兩個階段動物實驗與臨床實施，預期進度是 72 年 -76 年為動物實驗階段，77 年 -82 年為臨床階段。

19 該報告由劉敦貴抄寫，他進入腹部外科研究室的第一天，夏穗生布置給他的任務就是抄寫這份報告。

关于开展腹部外科研究室工作的延议报告

腹外 72(4)号

一九七二年九月二十日

第 1 頁

关于开展腹部外科研究室工作的建议报告　腹外(72)4号

一、设想

二、课题

(一) 动物实验　选题

情况

条件

任务

具体题目

回答几个问题

(二) 临床

三　人員编制与分工

四　基地

五　基本建设

六　实验动物

七　经费

八　进度与预期结果

九　协作单位

十　组织领导

装

订

线

年　月　日

第 4 页

二、课题

腹部外科范围很广，研究室既有动物实验，也有临床科研；既有当前的短期课题，也有远期的较大的课题。

主要课题是肝移植。（已经省科委批准）

（一）动物实验

选题

肝移植

因为：1. 如前所述，到目前为止，晚期肝硬化（大出血）肝功能衰竭，肝癌尚没有较好的治疗方法。

2. 而从世界最近趋势看来，应用肝移植治疗上述疾病是一个有希望的方法。

情况

1. 国外

① 器官移植在国外已日益成为一门新兴的医学科学，且具有广阔的前途。以前器官仅限于肾与皮肤，仅限于动物实验，仅限于临床试用。目前器官移植已突破上述"三限于"，而发展到各种器官移植，如肝、心、肺、脾、胰腺，不仅系统地应用动物，而且成功地应用到临床。

② 肝移植也发展迅速。六十年代以来，肝移植在动物实验（狗、猪）取得良好成就，可以说基本过关，动物能长期存活，已有存活达7年以上的肝移植的狗，而且继续活着。由于肝移植已基本解决受体"排异"（即排斥）现象，控制了抗宿抗体反应，因此肝移植比肾移植还取得较好的远期疗效。

③ 自63年以来，肝移植开始应用于临床，疗效日益令人鼓舞。目前，美、英、德、日、法等国都有临床报告，肝移植临床上总数已超过百例，最好一组报告为33例，最长一例存活达3年，并且尚继续活着（71年报告），33例

年 月 日

装
订
线

1972 年 9 月 20 日的《關於開展腹部外科研究室工作的建議報告》

夏穗生的日記也多次記錄下了這份腹外研究計劃的成型過程。在介紹肝移植課題情況時，這份 72 年的《報告》十分詳盡地綜合描述了西方國家肝移植的進展。在這份《報告》之前，夏穗生參考了大量國外文獻，他的日記亦清晰地記錄了這一點。自 1972 年 4 月起，他的日記中便持續出現“看譯文”或“譯文”的字樣。從 5 月開始，他的日記中便開始反復提到“訂腹外計劃”。

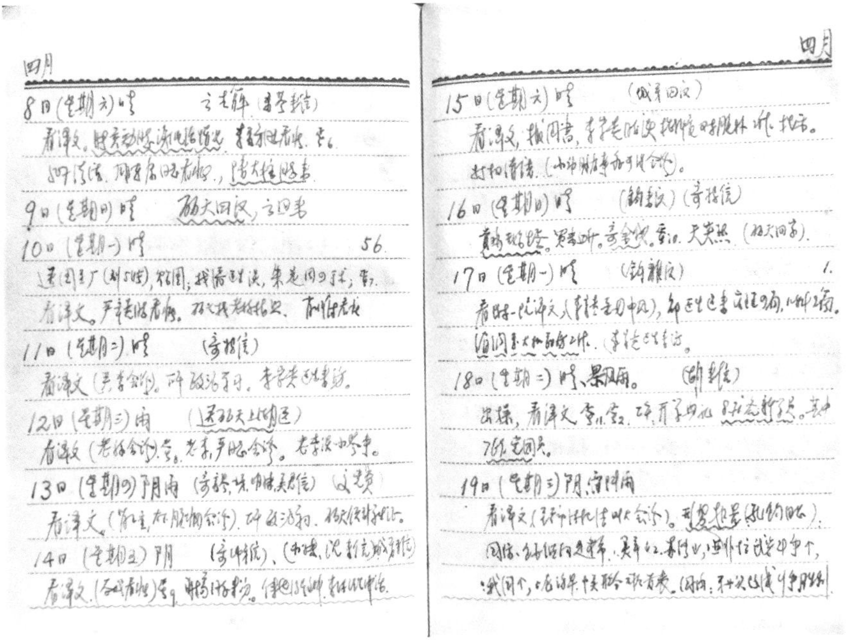

1972 年 4 月間日記，其中反復提及看譯文

1972 年 5 月間日記，其中反復提及看譯文、訂腹外計劃

夏穗生自己在 1958 年大躍進的時候，就曾蹭著狂想激進的氣氛做過狗的異位肝移植實驗，從那之後，他早已經明白肝移植是肝外科的未來，並在 1964 年的《國外醫學動態》第 10 期上發表了〈肝外科近展〉一文，清晰地闡明了這一大趨勢。就在中國把自己完全與世界潮流隔絕開來的時候，他也沒有放棄關注著西方國家器官移植的前沿動態。遺憾的是大躍進之後，一波高過一波的革命浪潮，耽誤了科學的進程。直到林彪事件後，革命形勢有所降溫的 1972 年，肝移植的想法才得以付諸實踐。

而這一晃十四年已經過去了，他 48 了。

國外的肝移植動物實驗也是在二十世紀五十年代才剛剛起步，但就在中國革命運動高潮迭起的六十年代，國外的肝移植正在曲折中進步。到了 72 年時，肝移植動物實驗終於有機會在中國提上日程之時，國外已經有了存活時間長達七年的肝移植狗，而且繼續活著。

世界肝移植先驅 Thomas Earl Starzl 在 1963 年 3 月 1 日時施行了全球第一例臨床人體肝移植，接受肝移植的是一個被診斷為膽道閉鎖的年僅 3 歲的小男孩，在肝移植走上臨床之前 Thomas Starzl 已經在狗身上做了 200 次肝移植了。但即便有著這樣的經驗，這個年僅 3 歲的小男孩還是在手術尚未完成時，便因為失血過多死在了手術台上。他的命運已經預示了肝移植注定是一條血淚鋪就的道路，那些勇敢而堅定的先驅們都是從失敗的血泊中走過來的，他們在面對世人最嚴厲的指責時也未曾動搖信念。

直到 1967 年，Thomas Starzl 才獲得了第一個長期存活的病例。她是個名叫 Julie Cherie Rodriguez（1966-1968）的年僅 19 個月的小女孩。她被診斷為肝癌，接受了肝移植手術。手術非常成功，不幸的是癌症在其他器官不斷復發也包括了她的新肝臟。她在肝移植 400 天後離世。她死後，Dr. Starzl 一直把她的畫像掛在自己的辦公室裏，並稱她為人類勇氣和進步的隱喻。

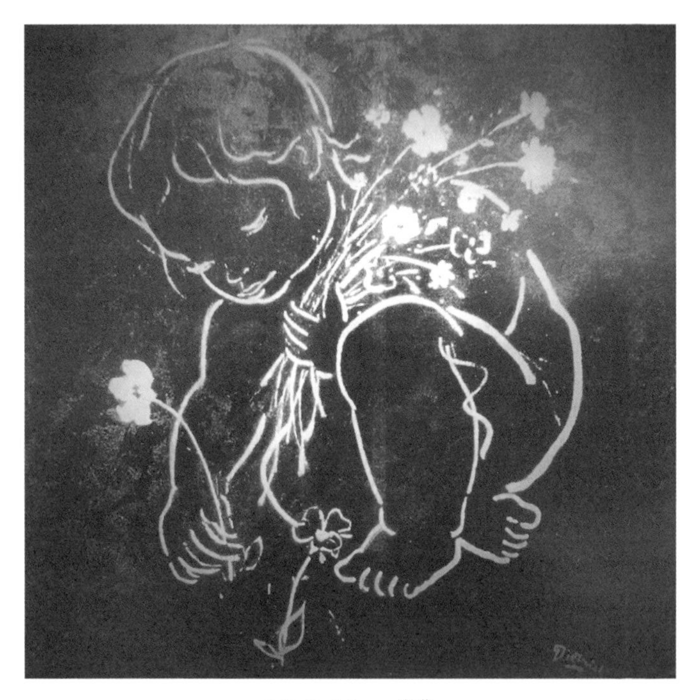

Julie Rodriguez 畫像

她僅 400 天的新生確實鼓舞了世界外科學界，當然也包括革命浪潮中的中國。到 72 年時，世界範圍內的肝移植臨床報告已經超過百例，存活時間最長一例至 72 年時達到三年。

《報告》隨即寫道：器官移植在我國尚是缺門，包括肝移植是一個空白點。

第 5 頁

中存活一年以上有12例，100天以上有13例。肝移植一年存活率约为33%。世界最长存活一年以上的病例已恢复作轻微劳动或家务工作。

2 国内

器官移植在我国实际上尚是缺门，包括肝移植是一个空白点。

我们应该根据伟大领袖毛主席关于"中国人民有志气、有能力，一定要在不远的将来，赶上和超过世界先进水平"和"洋为中用"的教导，在短期内赶上和超过国际水平不仅是需要的，而且是可能的。

条件（我们的）

1 我们以前在肝外科方面已做了一些工作（包括肝的外科解剖、肝切除手术技术的改进，分流手术，血管吻合，肝内结石与肝内大出血，肝癌诊断等）对肝外科有一定的基础。

2 有一个较为专业队伍（包括医生、护士、技术员）有固定的编制。

3 有一定的物资设备。

4 对世界肝外科和器官移植发展趋势，有一定的了解。

5 历史条件，我院自60年以来，外科一直以腹部外科为重点，63年全国腹部外科学会在武汉召开，我院是主要发表单位。国家科研题有关肝外科，我院也是重点单位。

6 领导重视。由于我省我院领导重视，因此设有腹部外科研究室。在全国也是少有的研究室。

任务

肝移植是一个较长期的任务。

年　月　日

装

订

线

改革開放之後，與世界接軌成了社會的共識，向世界學習並沒有什麼疑問，但讀者們應該明白的是，中國肝移植事業開始的時候，還處在文化大革命的環境之中，另一個反革命集團“四人幫”還如日中天，成天在打倒美帝國主義這樣的口號之下，走資本主義道路這個壓死人的罪名讓科研寸步難行。

在震天的口號與大字報之下，就是有一種人，他們總能夠遠離人群，克制頭腦發熱，他們知道踏踏實實地學習研究西方國家的科學成果，吸取經驗，然後自己動手做出來。這種人是為腳踏實地的愛國者，這種理性的愛國是為真愛國。國家的每一點實質的進步都是這樣的人做出來的。

當然，這份 1972 年的《報告》也處處充滿了那個時代的求生欲。例如，《報告》分析了當時肝病嚴重危害勞動人民的健康，幽默地稱腹部外科研究工作是一個"突出而迫切的政治任務"。還稱，"高大精尖的科學研究和勞動人民的需要不是對立的，在一定條件下也是可以為人民服務的，肝移植也是為了醫治勞動人民的常見病"。在分析了國內外器官移植的差距後，《報告》稱：我們應該根據偉大領袖毛主席關於"中國人民有志氣、有能力，一定要在不遠的將來，趕上和超過世界先進水平"和"洋為中用"的教導，在短期內趕上和超過國際水平不僅是需要的，而且是可能的……

這些求生欲不僅呼應時代，而且還有用，反正，在此之後，如火如荼的動物實驗便開始了。

按照後來一篇總結性論文〈130 次狗原位肝移植手術的分析〉的說法來看，肝移植動物實驗的時間長達四年零三個月，自 1973 年 9 月至 1977 年 12 月。[20] 長期而艱苦的動物實驗正說明了，中國的肝移植是接受了世界肝移植先例的啟發，跟隨了醫學發展的潮流，在具體操作上，靠著自力更生的精神，一步一步從動物實驗中摸索出來的。

20 第一例狗實驗開始於 1973 年 9 月 5 日。

中华外科杂志1978年第5期　　　　· 269 ·

130次狗原位肝移植手术的分析

武汉医学院腹部外科研究室

夏穗生　杨冠群　朱文慧　刘敦贵　汪素兰　裘法祖

自1973年9月到1977年12月，我们施行了狗的原位肝移植手术共130次*。术式几经改进，使其定型。定型手术98次。术后，狗清醒，在短期存活期间能咬物、饮水，其中也有能站立、行走和奔跑者21条，为临床开展肝移植提供了一些有益的经验。兹报道如下：

材料和手术方法

采用本地产杂交狗，体重自12～18公斤不等，不限性别。供肝狗一般体重略轻于受体狗。手术分二组同时进行，供肝狗手术组施行供肝切取与低温灌洗术，受体狗手术组施行全肝切除与肝移植术。供肝狗采用戊巴比妥钠或乙醚麻醉；受体狗先作硫喷妥钠静脉注射，然后作气管内乙醚麻醉。受体狗前肢作静脉切开输液，术中监测血压、体温。

一、供肝切取与低温灌洗术：

腹部正中切口。自肝门游离肝下下腔静脉至肾静脉处，结扎、切断右肾上腺静脉；游离肝动脉、门脉，结扎脾静脉于注入门脉处。靠近十二指肠处，依次结扎、切断胆总管、胃十二指肠动脉、肝十二指肠韧带和肝胃韧带(图1)。结扎门脉远端，切开门脉近肝段，插入细塑料管，以1～4℃冷灌洗液(Hartmann液1,000毫升，

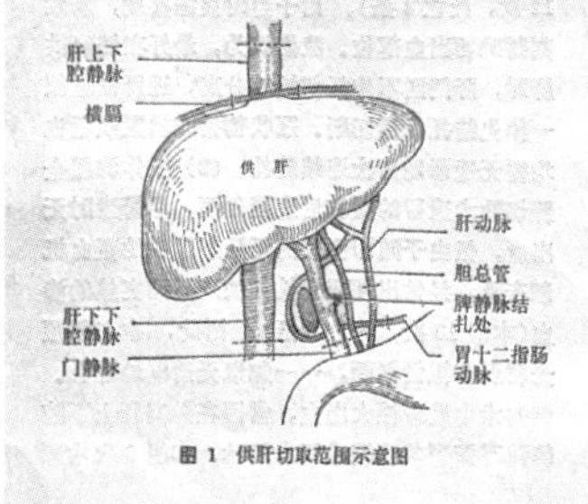

图1　供肝切取范围示意图

内加5%碳酸氢钠10毫升，异丙肾上腺素0.2毫克，50%葡萄糖10毫升)，作重力灌洗(图2)。灌洗开始，

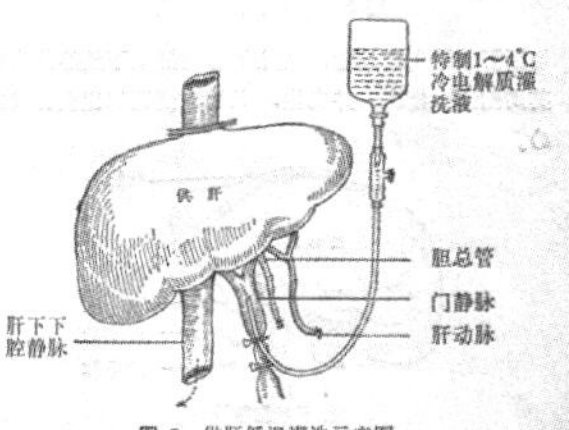

图2　供肝低温灌洗示意图
冷灌洗液，从插入门脉近肝段的塑料管流入供肝，从肝下下腔静脉流出

立即结扎，切断肝动脉，并切开肝下下腔静脉，以便灌洗液流出。随后切开左股动脉放血，收集以作受体狗输血用。迅速剪开横膈，靠近心脏处切断下腔静脉，并绕其一周切断膈肌。切断门脉远端，取出全肝，置于盛冰的金属筛盘上，继续降温灌洗，约10～15分，自下腔静脉流出液呈完全清晰。同时，抽空胆囊内胆汁，洗净胆囊腔。修剪缝扎冠状韧带，三角韧带残端，以及残留膈肌，特别注意结扎膈静脉，以防移植后出血。供肝经此灌洗后，中心温度可下降到10～15℃，即移送受体狗手术台。

二、受体全肝切除与肝移植术：

全腹正中切口，游离肝下下腔静脉，门脉、胆总管、肝动脉一如供肝切取术。然后切断镰状韧带、双侧三角韧带、冠状韧带。游离膈下肝后下腔静脉，用手指通过其后壁间隙，作钝性分离。游离全肝完毕后，分别作门脉左颈静脉，下腔静脉右颈静脉转流(用薄壁硅化管，内径约0.5厘米)(图3)。在靠近肝门处结扎、

* 1977年最后5例，有武汉医学院附属第二医院外科、麻醉科参加

論文開篇即提到肝移植動物實驗長達四年零三個月，

自 1973 年 9 月到 1977 年 12 月。由此可見肝移植操作的複雜性極大，超過其他器官

當年的武漢醫學院腹部外科研究室是一棟三層的小樓，用的都是今日看起來極其簡陋的設備，在長達四年多的時間裏，在上千個絞盡腦汁的日日夜夜裏，武漢醫學院腹部外科研究室的肝移植組共做了 130 次狗的原位肝移植手術，而這正是中國系統性器官移植研究的開端。

武漢醫學院腹部外科研究室

武漢醫學院腹部外科研究室肝移植組當年的成員講述了那些創造歷史的狗實驗。肝移植手術前的準備工作就十分挑戰，每次肝移植實驗需要四隻狗，一隻作為供體，一隻作為受體，另兩隻負責獻血。當年的肝移植小組成員不僅得會飼養狗，還得會抓狗，所以他們常常以全副武裝的動物園飼養員的形象出現。在實驗前一天下午，他們需要像照顧病人一樣地照顧狗，幫牠們淋浴，禁食，還要保證睡眠。

第 11 页

装 订 线

抑制免疫用药 AzaThiopine（外汇）
紫铜管 [illegible]根
心电图机 1
小儿麻醉机 1
[illegible]帽布、纱布
盖玻片；
麻醉药品（如乙醚）
以后根据设计进度，再作计划
拟请院党委：自行车 1；
动物用房；
图书与技术情报交流（图书订阅另送计划）
冲水管.

六、实验动物
（一）基本动物
狗　成狗，最好纯种，性别不查，
　　体重基本一致，72年度20只，73年度120只。
猪　如需时再考虑采用
（二）用房、饲料、及特殊要求.
动物房　急需建筑，另见计划报告，
饲料　统一配.
特殊要求　术前、后用.
七　经费
（一）72–73年度　见本度计划（已批准7000元）
（二）以后另送计划
八　进度与预期结果
（一）长远进度　分二步走
72–76年　动物实验阶段

年　月　日

72 年的《報告》中顯示，申請的實驗用狗 72 年為 20 隻，73 年為 120 隻他們的實驗手術設備也是一言難盡，其中最為“高端”的設備算是一個直徑約 70 厘米的小型消毒鍋，所有器械均靠它高壓消毒處理。這個原始的小型消毒鍋靠一盞煤油汽燈加熱，其效率簡直不敢想像。每到實驗前一天，所有的手術器械都必須放入鍋中，再通過打氣口往裏面打氣，點燃煤油汽燈，鍋中產生蒸汽升溫升壓，達到消毒滅菌的目的。那時都忙著搞革命，不抓產品質量，他們經常會買到劣質煤油，煤油汽燈經常會被煤油中的渣滓堵塞，繼而熄火。所以大家時刻保持警惕，一旦熄火，馬上排除障礙，重新點燃加溫消毒。原本只需要一個小時的消毒程序，由於一而再再而三的熄火，往往要延遲兩到三個小時，因為器械多而容器小，每次需要消毒三鍋，所以手術前的消毒幾乎就需要一天的時間。

第 10 页

（二）手术间房　设于附二院腹外大楼一楼。整个手术室目前为二院外科中第六组占用急需收回。

（三）饲养房　急需于72年新建，计划另见报告。

（四）烧伤病房　见以后计划（烧伤病房收回）

五、基本建设

（一）科研充实　(1) 暂设在附二院腹外大楼（已见四、基地）其不动资本，暂不增添

(2) 请设二院至腹外大楼蒸气管，以便科研用蒸气（于73年度）

（二）设备、仪器

1. 已有，但需加检查、维修或添购：手术间基本器械
血管用特殊器械，骨科用器械
高压消毒锅（需维修）
消毒锅，手术用照灯
肠道生化用基本试剂，基本用品
冰箱1，保温箱1，分光光度计1
显微镜2，普通照相设备

2. 急需要购置：照相机（由院中心摄影室协商）

3. 72—73年增购

报请省科委：分析天平（万分之一，自动化）1架；
[illegible]机（[illegible]）1
氧气筒2个（附氧压表）高压氧气管
三脚架 1
硅胶管
高压蒸气锅 1
火焰光度计 1
电泳仪
16　年　月　日

72 年的《報告》中申請的手術實驗設備儀器

第 11 页

抑制免疫用药 Azathiopine (外汇)

紫铜管 4根

心电图机 1

小儿麻醉机 1

计长间布、纱布

显微片 3

麻醉药品（如乙醚）

以后根据科研进度，再作计划

[illegible]：自引车 1 辆

动物用房 3

图书与技术情报交流（图书订购另造计划）

冲水管.

六 实验动物

(一) 基本动物

狗 成狗，最好纯种，性别不论，

体重基本一致，72年度20只，73年度120只，

猫 必要时考虑选用

(二) 用房、饲料及特殊管养

动物房 急需建筑，另见计划报告，

饲料 统一化.

特殊管养 术后、应用.

七 经费

(一) 72–73年度 见本度计划（已批准7000元）

(二) 以后另造计划

八 进度与预期结果

(一) 长远进度 分二步走

72–76年 动物实验阶段

年 月 日

装 订 线

72 年的《報告》中申請的手術實驗設備儀器

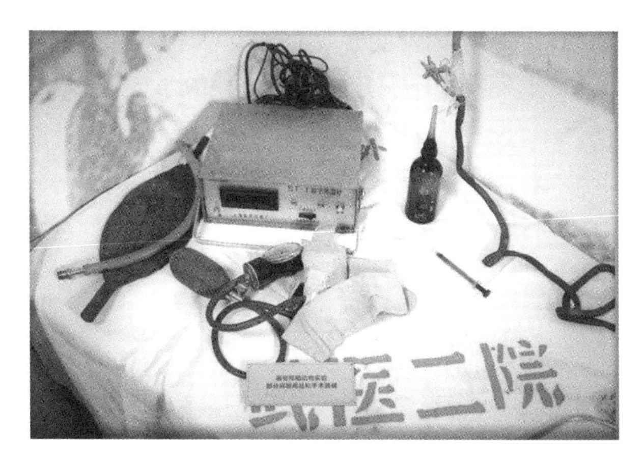

手術實驗所使用的設備儀器

手術分兩組進行，一組為供肝狗手術組，負責施行供肝切除與低溫灌洗術，另一組為受體狗手術組，負責施行全肝切除與肝移植術。這個看似簡單的程序耗時約四個小時，供肝組取肝，受體組切肝並實施肝移植。

手術中血管吻合的順序與要點、術中術後生化、水電解質改變的規律與治療、凝血機制紊亂的預防、術後免疫機制與免疫抑制劑的研究這一系列問題都是未知，而這未知中包含了重重危機與突發狀況。為了解決手術過程中出現的各式各樣的問題，夏穗生和移植組進行了分解實驗研究，如下：

一，狗肝的解剖，他們需要弄清楚狗肝動脈、靜脈、膽道的特徵。

二，供肝的切取、灌注、保存。

三，受體肝的切除方法和注意點，主要是控制出血。

四，門靜脈體外轉流的研究。

五，血管吻合的順序與要點。

六，血管放開後心臟猝死的預防。

七，凝血機制紊亂的預防。

八，術中術後生化、水電解質改變的規律與治療。

九，術後免疫機制與免疫抑制劑的研究。

在手術中，第一大問題便是出血。當時沒有任何高科技的設備，不僅沒有電刀、凝血刀、氬氣刀、等離子刀，甚至連止血紗布和止血凝膠都沒有。把實驗狗的肝臟切下來後，創面出血常常止不住，最開始時的失敗大多由此引起。而在科技不到位的情況下，這種問題解決不了，只能耐著性子仔細用細絲線一個一個點去結紮。絲線容易斷，因而必須反復打結。每次手術，從開腹到手術結束，結紮打結約 300-400 個，才能將出血點止住。這是對耐心、體力、技術與專注力的巨大考驗，如果是依靠現代的止血工具，80% 的結紮是可以完全避免的。

經過一段時間的實驗研究，夏穗生發現出血的原因有兩個，一是供肝失活或功能極度不良；二是受體肝被切除後，無肝期凝血機制紊亂。為此，他們與醫學院組織胚胎教研組和病理教研組合作發現，在常溫下肝耐受缺血時間極短，僅 20-30 分鐘就會發生不可逆的損害而失活。但如果將缺血的肝迅速以 4°C的保存液灌洗降溫，就可以延長存活時間，一般可達到 4 小時左右。肝移植小組的經費顯然不夠購買進口的 4°C的保存液，因此只能參照國外的保存液的成分，與免疫教研組、同位素教研組協作，自行仿製。

受體肝的切除與移植是手術成功的關鍵，這也是肝移植的核心技術，肝移植小組幾乎花了兩年的時間來探討這一問題。例如，是先縫合門靜脈還是肝臟下腔靜脈？他們發現先縫合門靜脈，可以儘快恢復門靜脈循環，解決腸道淤血的問題，並縮短無肝期，有利於肝功能的恢復。

面對手術中沒有心電監護裝置的問題，他們就將中心靜脈壓力錶固定在輸液架上，然後接上試管，進行人工監測。手術結束時，開放門靜脈之後，狗卻出現了心臟猝死意外，這又是怎麼回事？研究後才發現原來是保存液中高鉀的關係。當鉀離子高於 7mmol/L 時，就會引起嚴重的惡性心律失常，會導致死亡的發生。於是他們在開放門靜脈之前，先控制肝臟靠近心臟的血管，然後從下腔靜脈放血 100 到 200ml，這樣就可以讓受體狗免受高鉀的刺激。

手術後還有一系列的問題，首先，狗肝功能在術後並不能馬上恢復，不儘快回到正常體溫，容易產生併發症。他們又發現，氣溫在 18 到 25℃時，有利於狗快速清醒。那時，手術室沒有空調，武漢冬天冷，常常在 0℃徘徊。他們於是又開始用煤炭生爐子給狗取暖。這時，夏穗生又拿出了他勞改時的拿手絕活：生爐子！夏穗生連生爐子都有一套完整的流程記錄在案，此種方法，絕對一次生好爐子，但手術室也難免煙霧彌漫，今天看來啼笑皆非的事情卻是當年的真事。

再來，術後免疫抑制是一個關鍵的問題，人或動物的免疫功能會自然而然地排斥掉本不屬受體的器官，因而不解決免疫抑制的問題，器官移植很難達到理想的效果。

事實上，一直到八十年代免疫抑制劑環孢素 A（CsA）的發現與應用後，器官移植才得到了飛躍式的進步。而在環孢素 A（CsA）尚未問世之前，移植組與武漢生物製品研究所合作，用猴子開始了植皮實驗，發現從馬身上所提取的抗淋巴細胞球蛋白（ALG）可以在一定程度上控制排斥反應。

由於特殊的革命時期，條件十分有限，手術後的紗布、手術巾、手術衣都是不能丟棄的，需要洗滌後重複使用。夏天，就直接用手搓洗，冬天則是放進冷水中，穿上膠靴踩著洗，就在腹部外科研究室的小院子裏晾曬。滿院子總是掛滿了白色的紗布、手術衣、口罩、帽子，而這反而成了文化大革命中醫院裏的一股清流。

因為運動多是整人，他們做的這些則是為了救人。

在 98 次定型術後，大量實戰經驗得以累積，肝移植手術核心模式終於被確定下來。

這 98 次肝移植定型手術中，總的即期手術死亡 77 隻，存活 21 隻，在短期存活期間能咬物、飲水，其中也有的能站立、行走和奔跑，其中存活超過 60 小時的狗有 2 隻，最長存活 65 小時。

這些狗實驗是夏穗生生活中的頭等大事，他的日記也詳細地記錄了每隻狗的情況，可見他的用心程度。在此，作者僅以 1974 年的狗實驗為例，說明肝移植狗實驗的頻率與效果。

夏穗生日記 1974 年（1 月 -4 月）所記錄的移植狗實驗		
時間 1974 年	狗編號	手術結果（未注明均為肝移植，腎移植另行注明）
1 月 16 日	74-1	術後 1 小時死亡
1 月 18 日	74-2	術後死亡
2 月 18 日	7403	2pm 手術結束，晚間死亡
2 月 22 日	7404	術後 1 小時死亡
2 月 26 日	7405	大出血死亡
3 月 1 日	7406	術後 1 小時死亡
3 月 4 日	7407	術後 4.5 小時死亡
3 月 11 日	7408	術後 0.5 小時死亡
3 月 15 日	7409	滲血死亡
3 月 26 日	74-10	大出血死亡
3 月 29 日	74-11	術後 8 小時死亡
4 月 1 日	74-12	異體腎移植，無尿液，術後死亡
4 月 5 日	74-13	異體腎移植
4 月 8 日	74-14	滲血，術後 3 小時死亡
4 月 12 日	74-15	手術耗時 3 小時 15 分，4 月 13 日凌晨，繼續守護 74-15 號狗，6 點 30 時排便，10 點死亡，共計存活 22 小時
4 月 18 日	74-16	術後存活 7.5 小時
4 月 23 日	74-17	術後 5.5 小時死亡
4 月 25 日	74-18	手術未完而死亡

二月

[illegible]

16日（星期六）雨 [illegible]

[illegible]

[illegible] 74-11号 [illegible]

17日（星期日）阴 [illegible]

[illegible]

18日（星期一）雨 [illegible]

狗7403号 [illegible]

[illegible] 2pm [illegible]

[illegible]

19日（星期二）[illegible]

[illegible]

二月

20日（星期三）晴 [illegible]

[illegible]

21日（星期四）晴

[illegible]

22日（星期五）雨，大风 [illegible]

狗7404号 [illegible]

[illegible]

23日（星期六）雪 [illegible]

[illegible]

24日（星期日）雪 [illegible]

[illegible]

1974 年 2 月 18、22 日的狗實驗（7403 號與 7404 號）

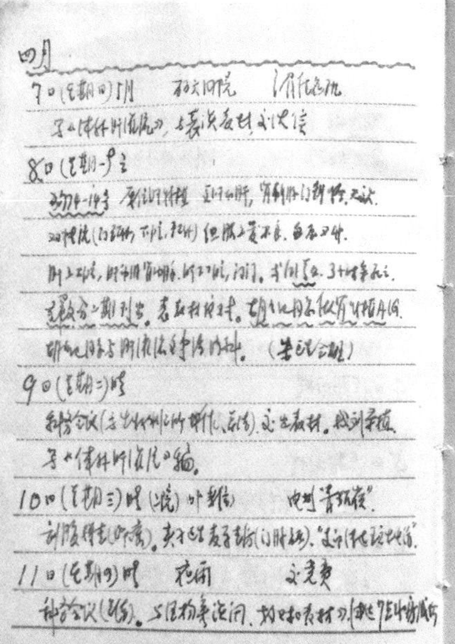

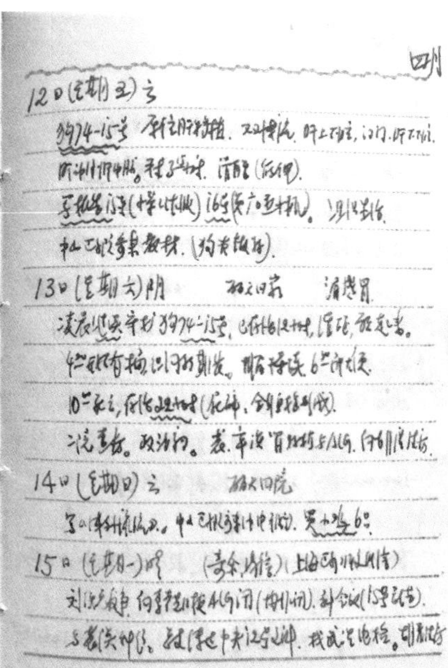

1974 年 4 月 8、12 日的狗實驗（74-14 號與 74-15 號）

雖然狗的存活時間不長，但還是獲得了一些寶貴的經驗：

一，已經摸索出一套切實可行的手術順序和操作方法。

二，基本保證了血管吻合的成功率。

三，摸索出了一套切取供肝、低溫灌洗方法，能在 10-15 分鐘以內，使供肝中心降溫到 10-15 度。

四，摸索出了供肝組和受體組在時間上的配合，使無肝期不超過 2.5 小時。

五，提供了肝移植手術中特別需要注意的地方，以避免大出血。

六，對選擇灌洗液提供了肝的電子顯微鏡下的科學資料。

器官移植區別於傳統醫學，在最開始時，幻想與神話的成分較多。世界肝移植的先驅美國人 Thomas Starzl 在開始肝移植事業時，一樣飽受非議與攻擊。許多人都一度認為他是個瘋子，他最初的病例有很多都死在了手術台上，讓人更難以接受的是，這其中有許多是兒童。最初的手術失敗多是由於凝血問題導致的大出血，在這種時候，他要面對的不僅僅是手術失敗，而是一個個死在血泊之中的人。“殺人犯”的指控、醫生同行的聯名驅逐與肝移植的禁令接踵而至。

這是一條殘酷至極的道路，因為先驅們之前本沒有路，路是他們扛著壓力走出來的路，所以殘酷。

中國的器官移植先驅們雖然有國外先例與經驗參考，但國情不同、中西文化不同，他們也一樣受到了各種攻擊。只是他們所受到的攻擊都是頗具中國特色與文革時代特色的，Thomas Starzl 可能理解不了，也想不到。

在狗實驗開始的前幾年，1973-1975 年間政治運動不斷。林彪集團覆滅後，四人幫為了進一步奪權，又搞了反右傾回潮運動和批林批孔運動。文革中的運動基本都是左，不讓人搞正經事業，要搞革命整人。於是有人開始質疑夏穗生和腹部外科研究室，公開貼出大字報：“肝移植的肝臟從哪裏來？”、“停止肝移植實驗、廢除肝移植計劃”。器官移植臟器來源這個極其複雜的法律倫理問題早在狗實驗階段就已經被提出來了。

最開始時，武漢醫學院腹部外科研究室只有木排式大門，後來修起了院牆和大門，裏面成天都是各種狗叫，這成了有些人眼中的

“獨立王國”。於是大字報又來了，貼在了當時住院部一樓的走廊上：

“夏穗生的尾巴又翹到天上去了。”

“夏穗生又要走他那條只專不紅的老路了。”

面對種種非議，夏穗生能做的只是對移植組的成員們說，團結起來，站高點，看遠些，排除干擾，踏實研究，一步一個腳印往前走。並賦詩一首，以示勉勵：

咬定青山不放鬆，立根原在破岩中。

千磨萬擊還堅勁，任爾東西南北風。

1976年，天有異象。

長達十年的文化大革命鬧劇終於落下了帷幕。當興奮的人群衝上街頭慶祝“四人幫”倒台時，那個解放思想的新時代終於要來了。

1976年也是肝移植狗實驗的最後階段了。正是在武漢腹部外科研究室一步一個腳印、扎實的動物實驗的基礎上，肝移植最終在1977年得以走進臨床。可以這樣說，中國的肝移植事業是伴隨著新中國一起走進新時代的。

如果說這種科學探索是為了超英趕美、為了勞動人民的健康與祖國的衛生事業，恐怕格局是不夠的。

這分明是為了拯救人類。

器官移植與一般外科手術不同的是，許多時候它必須同時面對兩個生命，同時面對死的無奈與生的渴望，安頓亡靈的同時挽回生命。眼裏不能有一絲淚水，心裏不能有一毫慌張，手上更不能有一分差錯。但在最初科學技術水平達不到時，失敗與效果不佳是必然的。有目共睹的是，隨著科學技術的進步，器官移植術已經越來越成熟，無數絕症患者因此受益。

在器官移植術裏，人類對科學無止境的探索與人類對同類無私捨己的救助使得醫學的精神與人道主義的力量熠熠生輝。這也是為什麼器官移植被稱為醫學皇冠上的明珠，從其一出世便站在了人類醫學的巔峰之上，但它又帶著某些與傳統醫學的區別，也因此飽受非議，特別是在它誕生之初，尚未完善之時。傳統的醫學無論是內科或是外科都是在祛除疾病，使病友重新獲得健康與生命。

而器官移植術非也，它所做的是將死亡化作生命。

第五章
器官移植：魔幻現實主義下的科學

31. 一個幻想與理性交織的故事

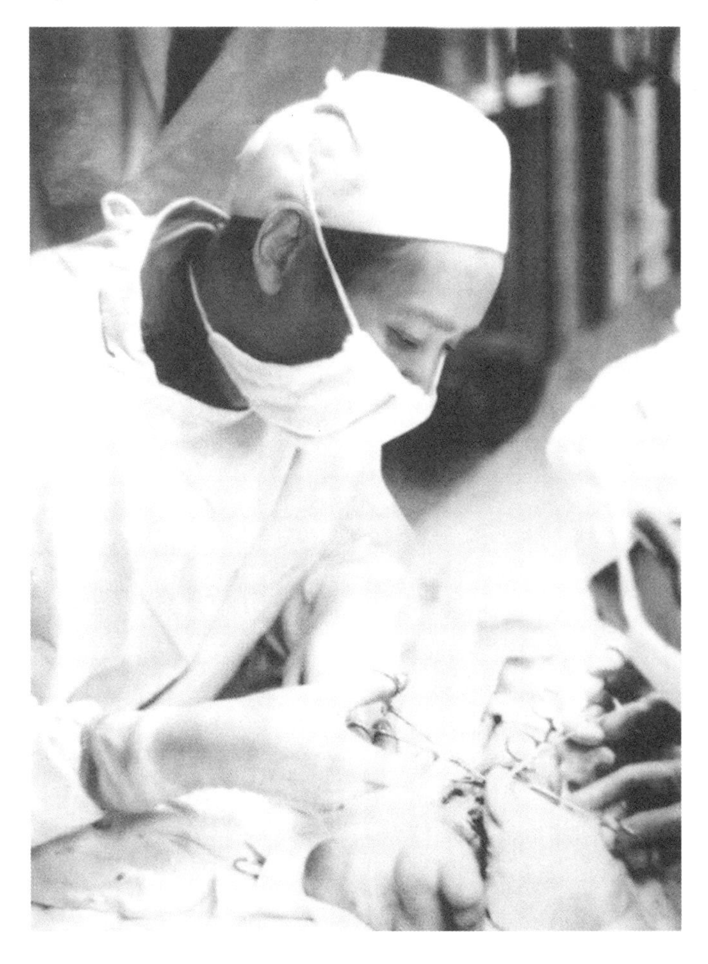

溫情與敬意

器官移植屬現代醫學，源自國外，但中國本土並非沒有器官移植的魔幻傳說。就像中國那些奔流的思想一樣，本土醫學的狂想也可以追述到那個政治上四分五裂，道德上禮崩樂壞的時代。

回憶最初的美好總是美好的。戰國時，天下尚未定於一統，思想尚未定於一尊。那個時候，《黃帝內經》還沒有成為經典，本土醫學可以開顱動刀。兵荒馬亂之中，特別容易激發出某些奇思異想。名醫扁鵲（約公元前407–約公元前310）便是這亂世中的一員，他擁有著傳奇般的醫術：換心術，用今天的學術語言來說，就是心臟移植。

《列子．湯問》裏就講述了一個扁鵲換心的故事。

The Second International Congress on Cyclosporine

PRESIDENT

B.D. Kahan Ph.D., M.D.
The University of Texas
Houston, Texas, USA

VICE-PRESIDENT

J.F. Bach, Ph.D.
Hopital Necker
Paris, FR

INTERNATIONAL ORGANIZING COMMITTEE

Roger Assan, M.D.
C.H.U. Bichat
75018 Paris, FR

Robert Corry, M.D.
University Hospitals
Iowa City, Iowa, USA

Raffaelo Cortesini, M.D.
Universita Di Roma
Roma, IT

J. Max Dubernard, M.D.
Hopital E. Herriot
Lyon, FR

Carl G. Groth, M.D.
Huddinge Hospital
Huddinge, SE

Allan D. Hess, M.D.
Johns Hopkins University
Baltimore, Maryland, USA

Kevin J. Lafferty, Ph.D.
Barbara Davis Center
Denver, Colorado, USA

Anthony P. Monaco, M.D.
New England Deaconess
Hospital
Boston, Massachusetts, USA

John Najarian, M.D.
University of Minnesota
Minneapolis, Minnesota, USA

Bjorn Nerup, M.D.
Steno Memorial Hospital
Gentofte, DK

Takahiro Oka, M.D., Ph.D.
Kyoto Prefectural University
of Medicine
Kyoto 602, JP

F. Rapaport, M.D.
State University of New York
Department of Surgery
Stony Brook, New York, USA

Noel Rose, M.D., Ph.D.
Johns Hopkins University
Baltimore, Maryland, USA

A.G. Ross Sheil, M.D.
University of Sydney
Sydney, AUS

T.E. Starzl, M.D., Ph.D.
University of Pittsburgh
Pittsburgh, Pennsylvania,
USA

Cal R. Stiller, M.D.
University Hospital
London, Ontario, CAN

Rainer Storb, M.D.
Fred Hutchinson Cancer
Research Center
Seattle, Washington, USA

Norman Talal, M.D.
The University of Texas
San Antonio, Texas, USA

Gil Thiel, M.D.
Kantonsspital Basel
Basel, SWIT

D.W. van Bekkum, M.D.
Organization for Health
Research, TNO
The Netherlands

TABLE OF CONTENTS

THE THEME

M.M. Karroll

Doctor Pien Ch'iao was one of the first medical personalities to be mentioned in Chinese historical records. Although primarily an 'internist' and famous for his technique of pulse diagnosis, he performed surgery as well. Lieh Tzu, the ancient historian, reported that Pien Ch'iao had transplanted the hearts of two men.

According to Chinese medical theory, disease occurs when the state of equilibrium of the positive and negative forces, the Yang and the Yin, has been disturbed. When Yin predominates, one suffers from a Yang disease which is usually sudden and acute. When Yang is dominant, a Yin disease results, usually gradual and insidious in onset. Yang diseases enter the body from the outside whereas Yin diseases develop within it.

It so happened that Lu Kung-he and Chao Ch'i-Ying fell ill. Doctor Pien Ch'iao determined that in the one, Yang was too strong but in the other Yin was excessive. Pien Ch'iao decided that the only way to restore balance and thus cure his patients was to exchange the two men's hearts.

After obtaining the consent of his patients, he anesthetized them with drugged wine. He then cut open their chests and examined and excised their hearts. He exchanged the hearts replacing them within the thoracic cavity. The ancient report stated that after the operation, Pien Ch'iao employed "wonderful and potent drugs." When the patients awoke three days later they felt very well and returned to their respective homes bearing within them the heart of the other.

1

扁鵲的換心術

扁鵲的兩個病人是魯國的公扈和趙國的齊嬰，他倆的疾病似乎是先天性的。扁鵲認為公扈內心深沉而多謀略，但本性軟弱，欠果斷，遇事不敢表態，以致鬱鬱不樂。而齊嬰，思路簡單，但性格倔強，一言不合即發脾氣，逢人就吵。扁鵲在分析後認為如果他們倆把心互換一下，就皆大歡喜了。

在病人同意後，扁鵲使用了當時最先進的麻藥：藥酒，讓他們昏迷了整整三天。期間，扁鵲開膛，把他們的心取了出來，互換位置，然後敷上神藥。他們醒過來後，一切正常，只是，公扈回到了齊嬰的家，去找齊嬰的妻子；齊嬰也回到了公扈的家中，去找公扈的妻子。當然，他們的妻子都不認識他們了，兩家還因此吵了起來，直到扁鵲說出換心的原委後才停止了爭執。

傳奇故事荒謬而精彩，帶給後人啟發無數。仔細看來，故事裏最大的荒謬就是對人體器官功能的錯誤認識。扁鵲認為心是人思想意識的源泉，所以為了改變兩人的性格，他選擇的是換心，而不是換腦。但故事的啟發性更大，早在戰國時期，人類就已經想到了用更換器官的方式來治療疾病。

1987 年 11 月 4 日，美國華盛頓，第二屆國際環孢素學術會議將扁鵲敬為會徽高懸，並畫出了換心術的示意圖。夏穗生參加了這次國際性會議，一進場便被這跨越國界的一幕深深感動，他在他的文章中記錄下了這一幕。

扁鵲會徽

誰都知道交換心臟，並不能治好兩個病人性情上的問題，扁鵲的做法是行不通的。但失敗是成功之母，按照這種思路，世上本沒有失敗，失敗只是成功地找出了許多種不能成功的方法而已，千年之後，總有一天，失敗會將後人送上一條成功之路。

大概這就是人類現代醫學對於傳統最大的溫情與敬意了。

異種移植

相較於換心術這樣人類間的同種移植，異種移植則更富有魔幻傳奇色彩。世界各個文明都不乏異種生物結合的傳說，華夏始祖女媧伏羲就被描繪成人身蛇尾的形象，還有其他各種文明世界的人頭馬、人頭牛、象頭人、獅身人，林林總總。

中國也有各種詞語表達出了異種移植的意思，最常用的恐怕就是狼心狗肺或狗腿子了，雖然傳統對人使用動物器官總是有些不懷好意，但救人急需時，傳統也是可以變的。事實上，異種間的器官

移植一貫被認為是移植這種替代醫學的最終出路。儘管夏穗生的一生都在做著更為現實的同種器官移植，但他對異種移植是有深刻認知的。早在 1972 年的《關於開展腹部外科研究室工作的建議報告》中就有這麼一段意味深長的話語：

“移植的最終目的還是異種移植，今天是設想，未知明天不是事實。主要靠人去實踐。已有人想到利用猿肝，也有人預測 25 年以後有可能。”

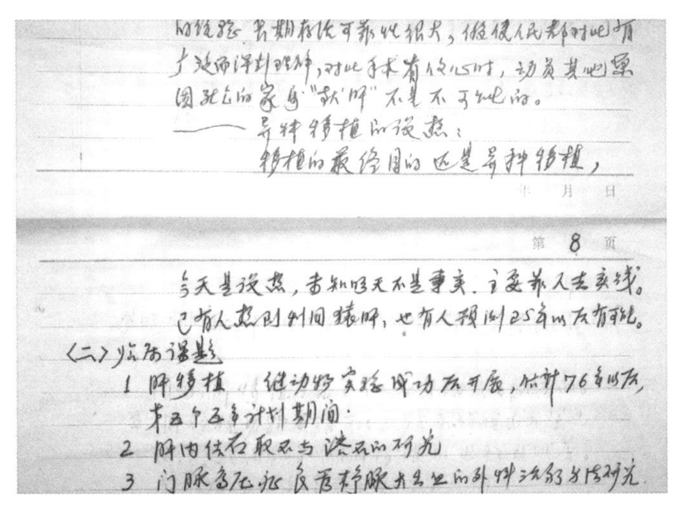

的途径。存期存活可能性很大，假使人民都对此有
广泛而深刻理解，对此手术有信心时，动员其他原
因死亡的家属“献肝”不是不可能的。
—— 异种移植的设想：
移植的最终目的还是异种移植，
年　月　日
第 8 页
今天是设想，未知明天不是事实。主要靠人去实践。
已有人想到利用猿肝，也有人预测25年以后有可能。
〈二〉临床课题
1 肝移植　继动物实验成功后开展，估计76年以后，
第五个五年计划期间：
2 肝内结石取石与溶石的研究
3 门脉高压症 食管静脉曲张出血的外科治疗与手术研究

1972 年的《關於開展腹部外科研究室工作的建議報告》

現如今距這份報告起草之時，已經整整四十九年過去了。二十五年實現的預測現在看來還是過於樂觀了。當然，這份報告旨在說明肝來源供應是有長期解決方案的。異種移植便被認為是供肝來源的可靠保證。

在供體器官來源上，人類醫學受到了倫理的極大挑戰。最符合倫理道德的器官來源是器官捐獻，但這有賴極度成熟的法律體系，包括腦死亡法與捐獻法等等一系列法律。但即便是這樣，同類器官依然有著供不應求的問題，只要供需不對等，其中的交易便難以杜絕。而任何涉及到人體器官的交易，都會極大程度上挑戰人類的倫理底線，徹底毀掉醫學的初衷。

即便是使用與人類最為接近的靈長類動物的器官，除了異種排斥這一大問題外，依然會面臨各種動物保護組織的不斷抗議。類人動物較為珍貴且繁殖能力有限，高昂的價格也是問題，而且，圈養類人動物來獲取器官聽上去依然會有“人類不應該這樣做”的想法。

各種因素權衡之下，豬的器官成了異種移植的首選，因為對豬的繁殖性消費已經成為習慣，阻力與倫理障礙小得多。但異種移植依然面臨著動物病毒向人類傳播的風險。在異種移植之外，人工培育或製造器官則是一條更有前途與希望的道路，幹細胞的再生功能正在被應用到人體組織或器官的培育中，只是這兩者離臨床都尚有一段距離。今日，真正已經走上臨床的只有同種器官移植。

同種器官移植

器官移植有狹義與廣義之分，移植物分為三類：細胞移植、組織移植和臟器移植。廣義上的器官移植包括全部三類：細胞移植、組織移植和臟器移植。狹義上的器官移植只包括臟器移植。

最常見的輸血從理論上來說就是細胞移植。捐血者其實就是捐獻自己身體的一部分細胞給有需要的人。

組織移植則有無活性組織移植，例如黏膜、脂肪、肌肉、血管等移植（按照嚴格的說法，無活性組織不算作器官移植）；也有活性組織的移植，例如角膜、腦組織、胸腺組織和皮膚組織等移植。大眾最熟悉的恐怕就是眼角膜移植了。

夏穗生視器官移植事業為他生命的全部意義，他生前參與了中國器官移植發展的全過程。2013 年，在他 89 歲時，他正式登記成了一名器官捐獻者，對於他來說，這是一件再自然不過的事情了，根本不用考慮，他樂意至極。

六年後，他離開人世，他留下的眼角膜依然完好，跟隨他 95 年的角膜依舊清澈透亮，移植後在兩位病友的眼中得到了重生。

89 歲的夏穗生在器官捐獻登記上簽字，2013

狹義上的器官移植就是臟器移植，例如：心、肝、肺、腎等臟器的移植。夏穗生擅長腹部外科，因此，他的主要醫學成就集中於腹部器官的移植，例如肝、胰、脾的移植，但亦包括一些其他器官。

人類器官移植早期在一些組織移植成功的鼓舞下，漸漸走向了大臟器移植。而最早實現移植的人體大器官，則是腎臟。許多人可能會有疑問為什麼是腎移植開路，而不是其他器官呢？因為器官移植最終目的是治病，特別是救治重要生命器官如心、肺、肝、腎的無藥可治的終末期疾病。相比之下，首選腎移植做研究，優點很多，如腎臟位置淺顯，鄰近無重要器官，血管分布相對簡單，手術操作方便，不會損傷周圍臟器，而且觀察移植腎的功能有明顯客觀標誌，即是小便，每日排尿次數、每次尿量、尿色、有無出血、感染化膿，一看便知，取標本也容易，結果可靠。所以，器官移植以腎移植鳴鑼開道，是完全可以理解的，歷史的沿革也證實了這一科學的預見。

器官移植的三關

夏穗生在一篇科普文章中寫道，器官移植手術三關是：手術技巧、臟器保存和防治排斥。

（一）

手術技巧是第一關。器官移植是高難精尖的特大手術，沒有高超的手術技巧，就完全動不了手。所以，第一道難關就是手術關。手術中別的困難且不談，首先要把主要供血血管都接通，這就是對外科醫生手術技巧的嚴重考驗。如果血管吻合技術不過關，手術後血管不通或堵塞，移植上去的器官就沒有血液供應，自然不能存活，勢必前功盡棄。正是有了血管吻合技術，移植器官才有了血供，一切才有了可能。

世界器官移植的先驅法國人 Alexis Carrel（1873-1944）就是因為他開拓性的血管縫合技術與器官移植方面的工作而於 1912 年獲得了諾貝爾生理學或醫學獎，雖然此人後來由於和納粹的關係而備受爭議，但這些都不影響他是一個天才的外科學家。他最為著名的血管縫合三點吻合法據說是從刺繡女工那裏獲得的啟發。後來，他對血管縫合技術已經達到了痴迷的地步，沒日沒夜的練習，直到肌肉的感覺與記憶完全形成，外科手術就這樣成了藝術。

夏穗生極為重視外科手術技巧，千錘百煉。他剛開始進入外科的時候，什麼手術都做，完全沉醉於此。無論是他的同事還是他的學生，在回憶他的手術時都極為驚嘆。

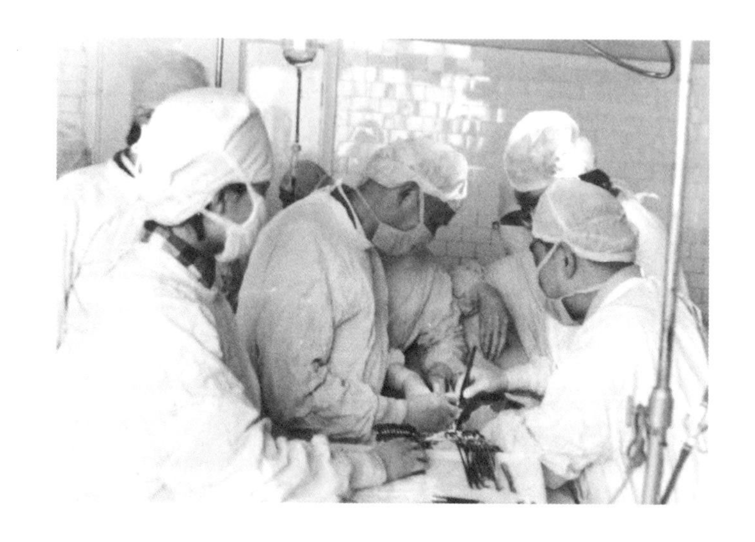

有人說，他動刀乾淨利落，他的手術台絕對看不到一片狼藉的場景。

也有人說只記得他的一雙巧手，輕柔一掂，肝臟便出來了。

還有人說，他手持柳葉刀時的蘭花指，真是美極了！

在為人師後，他亦特別強調勤奮練習對於外科醫生的重要性。他在一篇文章中寫到：

“要勤奮、上進、刻苦，不怕困難和暫時挫折。充分認識自己，發揚自己所長，人無完人，世無奇才，任何時候特別是年青時要扎扎實實下功夫，如經歷過多少年的無數次連續幾個白天晚上做手術，根本顧不上吃好飯，睡好覺，才能慢慢地鍛煉出運用自如的手術技術來。”

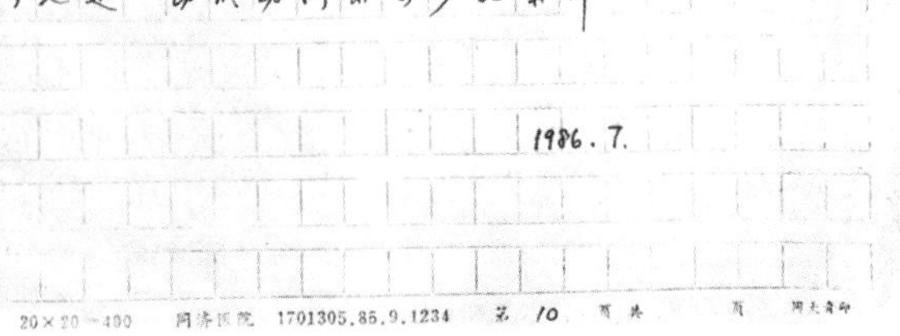

务要考虑其客观条件，提出符合科学规定性的想法，不可代之以想入非非的幻想。在这些实验条件下，要有从实际出发的务实精神，不可追求一时办不到的全新现代化设备，应当善于利用最低限度的设施，发挥其最大效果。如在开始做肝移植动物实验时，当时没有一件上乘之的设备，也无一件进口仪器，也成功地完成了预期实验。(4)要勤奋、上进、刻苦向困难和挫折挑战。充分认识自己，发扬自己所长，人无完人，世无奇才，任何时候特别是年青时要扎扎实实地下功夫，如经历过多少年的无数次连续几个白天晚上做手术，根本顾不上吃好饭，睡好觉，才能慢慢地锻炼出运用自如地手术技术来。吃得起苦，虚心钻研和总结经验，改善方法，继续前进，这是做一切学问的起点，也是一切成功所不可少的条件。

1986.7.

20×20=400　同济医院　1701305.85.9.1234　第 10 页 共 页　同大印刷

夏穗生手稿

同濟醫院
TONGJI HOSPITAL

10，我带了很多学生，~~绝大~~很多学生已经用他们的智慧和勤奋在事业上取得了极大成绩，成为各个领域专业的顶尖人才。我感到极大的欣慰。

~~我送给~~我送给青年医生六个字，天才，勤奋+机遇。

天才是父母给的，勤奋掌握在自己手里，机遇要抓住不放

由石秀湄代寫，夏穗生送給青年醫生六個字：天才，勤奮，機遇。
天才是父母給的，勤奮掌握在自己手裏，機遇要抓住不放

（二）

臟器保存則是器官移植手術的第二關。

任何內臟，不論是腎、心、肝等，一旦沒有血液供應，在一段不長的時間內，就會逐漸喪失活力而死亡。有的稍長一些，有的很短很短。如在一般溫度下（35~37℃）肝臟缺血（即所謂熱缺血時間），只要超過 10 分鐘，最多 15 分鐘，就失去活力。腎臟耐受熱缺血時間雖較長，但如果超過半小時，也難指望它還能從損害中再活過來。從臨床經驗來看，要保證術後腎功能良好，熱缺血時間越短越好，最好不要超過 15 分鐘。可是，要求在這樣短的時間內完成相對來說較為簡潔的腎移植手術（必須做腎動脈、腎靜脈和輸尿管三個吻合）也是十分困難的，或者是不可能的。

經過長期研究發現，要延長缺血器官活力時間，最好的辦法是“低溫灌洗”。在 35℃時，缺血 90 分鐘的狗肝，移植後全部死亡，但如果降溫到 4~16℃，缺血時間則可以延長。隨著技術的不斷發展，器官保存液不斷更新換代，保存的時間也不斷延長。

（三）

器官移植手術的第三關則是最困難的排斥關。

人體的免疫系統會自然而然地排斥不屬他自己本身的器官。如何抑制人體的免疫系統？如何讓人體免疫系統接受移植的器官停止排斥？而又如何解決抑制了人體免疫系統後帶來的一系列問題，這是一個真正的難題，也是器官移植中真正最科學的地方。這個問題不解決，器官移植很難達到理想的醫療效果。

人有一種微妙的本領，不允許另外一個人的器官在他體內生存，動物也一樣。這是通過很多手段來實現的。最重要的主角是由一種經過胸腺處理的淋巴細胞群，叫做 T 淋巴細胞來扮演的。這種 T 淋巴細胞隨著血液流到移植器官內，與移植器官的細胞一接觸，便能認出這是“異物”。

T 淋巴細胞是如何認出“異物”的呢？原來，人體細胞表面都有一種標誌著個體特異性的物質，叫做組織相容性抗原。這種抗原的結構是如此複雜，以致除了同卵雙胞胎以外，世界上沒有兩個人是完全相同的。就憑這一點，T 淋巴細胞便能很快地認出“不速之客”。如果不解決器官排斥問題，器官移植的長期存活似乎就只能存在於同卵雙胞胎之間，連異卵雙胞胎都不行，更不要說其他人了。

夏穗生在一篇未曾發表過的器官移植科普文章中試圖用通俗的比喻向大眾描述人體對移植器官的猛烈攻擊，他寫道：

“人體發現異物後的情形，就猶如國境線上發現了敵軍，軍隊迅速動員起來，配好武裝，大量徵集後備兵的情況一樣，此時，T 淋巴細胞也要經過激化、增殖而形成大量的致敏淋巴細胞。一場向移植器官這個異物發動的摧毀性攻勢開始了，這樣就導致了急性排斥反應的發作。由於上述徵兵備戰的過程需要一些日子，因此急性排斥反應最早在移植手術五至六天後開始，但可以在幾個星期、幾個月，半年內多次重複發生。這場排斥戰一旦打響，病人會突然感覺陣陣寒戰，繼之高燒，從良好的情況中，瞬時間感到難以訴說的不舒服、煩躁、疲倦、移植部位脹痛，移植器官功能突然停止。例如，移植的腎不再排尿，移植的肝則黃疸直線上升，如果沒有及時有力的抗排斥反應治療，病人就會很快死去。”

只有找到有效的免疫抑制劑來控制排斥反應才能真正將器官移植帶出黑暗時代。所幸的是，英國的器官移植先驅 Sir Roy Calne 在挪威找到了環孢素，在環孢素的應用後器官移植真正的春天到來了。

夏穗生第一次聽到器官移植受者的長期生活情況是在 1980 年，就是來自 Sir Roy Calne 的介紹，他是歐洲第一個施行臨床肝移植的先驅，亦是引用環孢素 A 於器官移植的先驅。Sir Roy Calne 在他做完第一百例肝移植後，立即率領一個肝移植手術組，包括麻醉師、手術室護士長和助理一行人，於 1980 年來華進行學術交流。

夏穗生與 Sir Roy Calne

那時的中國才剛剛改革開放不久，一切都百廢待興，處於長期封閉中的國人，對國際學術交流是一種渴求的心態。Sir Roy Calne 於 1980 年 11 月 1 日到達北京，在當地接觸到的都是腎移植專家，但他更想看的是難度最大的肝移植，於是轉站武漢醫學院。知道 Sir Roy Calne 要來看肝移植時，夏穗生在一篇他未曾發表的文章中寫出了他的激動：

“我接到北京的電話通知，當時的確亂了手腳，忙著布置實驗動物手術室，徹底做好清潔。康教授在我施行 130 隻狗肝移植的原手術室，表演了一次狗肝移植，他親自主刀，我任第一助手，麻醉師、手術護士和巡迴護士都是康教授帶來的，我實驗室的一班人馬，都做第二把手，好在手術用的器械，都是康教授帶來的，所以移植手術很順利，雙方配合默契，術中每一步驟都得心應手，我在術前非常擔心的斷電沒有發生，手術在大家的微笑中結束。”

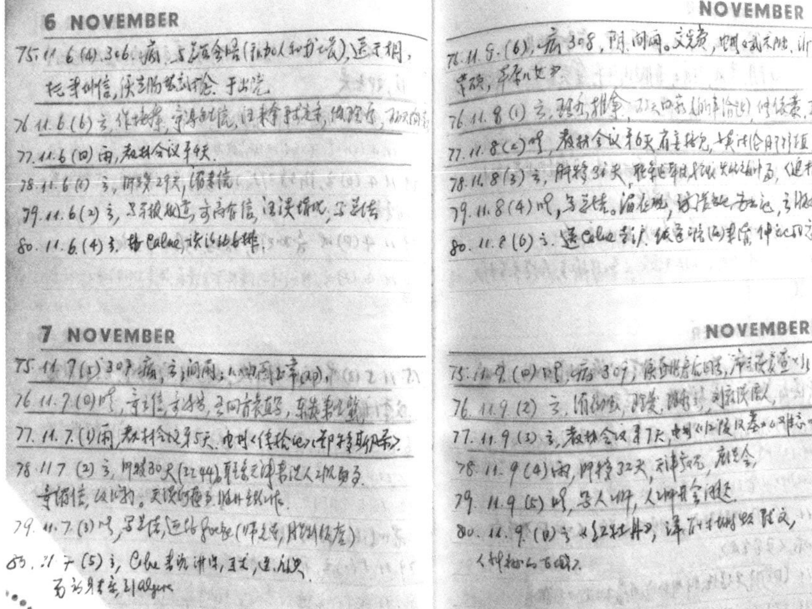

6 NOVEMBER

7 NOVEMBER

NOVEMBER 8

NOVEMBER 9

夏穗生日記顯示了 Sir Roy Calne 的武漢之行，1980

在離開中國之前，Sir Roy Calne 於 11 月 7 日在武漢醫學院學術報告廳做了一次臨床器官移植的學術報告，題為《環孢黴素 A 在腎胰肝移植中的應用和 100 例原位肝移植的經驗》，並在最後綜合總結了他的醫院肝移植病友的長期生活狀況。原文譯如下：“長期存活者情況良好，例如存活 4 年以上的 1 例，最近來信說能背負 5 斤重物，行走 7 天，行程 73 英里，情況良好，另有一例能飛跑，做各種體操，包括全身支撐升降動作”，並放映了長期存活病友的記錄影片。

夏穗生激動地寫下了當天的情況：在場同仁聽完、看完後，掌聲經久不息，如雷動震天，眾人萬分雀躍。這無疑是一劑強心劑，對我國肝移植起了一個啟發和鼓舞的作用。

器官移植病人是可以長期存活的，前途是光明的。

畢竟，就在 Sir Roy Calne 來華訪問的前一年，1979 年 6 月 29 日，由夏穗生主刀的肝移植病友去世。這位病友在接受肝移植後存活了 264 天，這個不到一年的肝移植存活記錄，竟然在中國保持了十六年之久。

可見道路是曲折的，由於療效不佳，沒有人對前途有十足的把握。

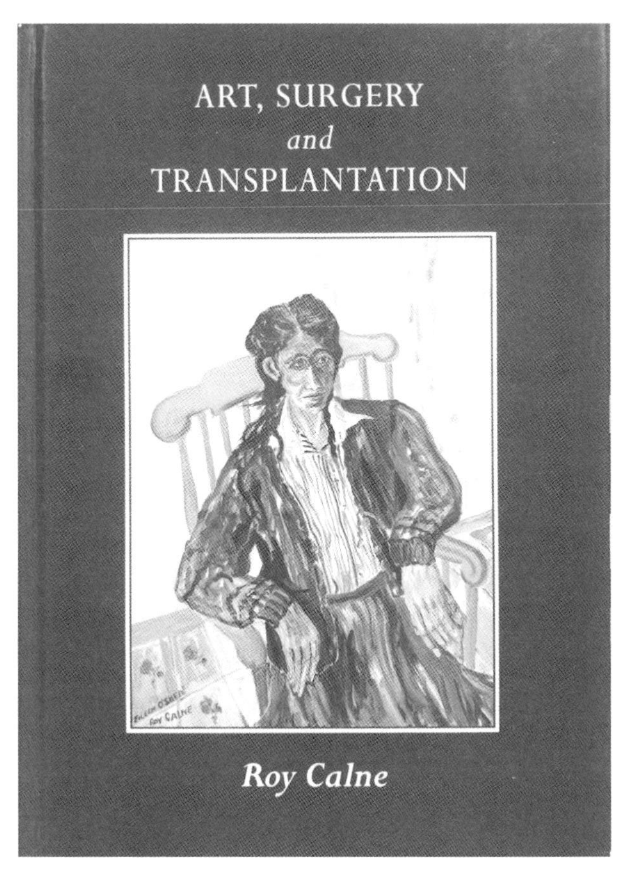

夏穗生的書櫃中一直珍藏著 Roy Calne 的油畫集，油畫的主角常常是他的病友

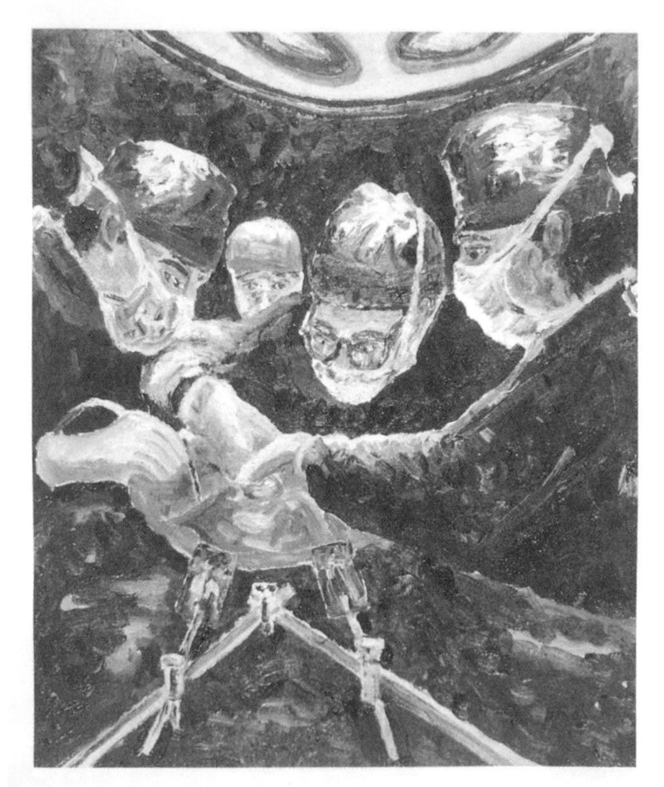

The Moment of Truth

夏穗生的書籤停留在 Sir Roy Calne 的畫作"尋求真理"上

32. 先驅

普羅米修斯

世界肝移植先驅 Dr. Thomas Starzl 被稱為普羅米修斯再世，那個希臘神話裏的英雄，為了拯救人類，可以讓被老鷹吃掉的肝臟一次次生長出來，無論承受多大的攻擊與痛苦。說來也巧，現代醫學證實肝臟確實有著其他大器官所不具備的再生功能。

可中國沒有什麼普羅米修斯這樣的神話，普羅米修斯在中國的知名度還不及白求恩，在我們極為固定的話語與思想體系中，只有為了祖國科學事業和人民健康的好醫生，但這並不妨礙 Dr. Thomas Starzl 與夏穗生成為知己。當然，他們有所同也有所不同，他們早年都犧牲了很多狗，而到了晚年，Dr. Thomas Starzl 成了個愛狗人士，養了好多狗，而夏穗生怕狗，從不讓狗靠近他。Dr. Thomas Starzl 比夏穗生要小兩歲，但在早期，夏穗生的肝移植之路都有他的影子。不過，要做到肝移植，得先是個出色的外科醫生才行。

夏穗生與 Thomas Starzl

神刀初現

夏穗生的外科之路是從 1942 年上海德國醫學院開始的，在德國醫學院教學的都是上海寶隆醫院的德國醫生，在日佔上海，德國醫學院保持了戰爭狀態下最高的教學水準。1945 年德國戰敗，醫學院停辦時，夏穗生已經完成了德語和醫前期的課程。1946 年內遷四川李莊的同濟大學醫學院返滬，夏穗生所在的班級被接收併入。就這樣，他接著在同濟大學醫學院完成了醫後期和實習，於 1949 年畢業。

上海解放是在 1949 年 5 月，那時的夏穗生已經進入了同濟醫院的外科實習（時稱中美醫院），他的實習期極其忙碌，因為正趕上國共內戰。上海市區沒有什麼戰鬥，可以算是和平解放的，但上海周邊是有戰鬥的。他記得傷員被源源不斷送往中美醫院外科，開始送來的是國民黨，後來送來的是共產黨。戰爭狀態下，他靠著實戰經驗，搶救了大量傷員，迅速成為了一個能夠獨當一面，療效令兩黨滿意的外科醫生。

據他本人回憶，他最終選擇外科，也是因為在國共內戰實戰搶救傷員的過程中，他切身感受到了外科實實在在的療效。

柳葉刀不是槍，是救命神刀，他痛恨戰爭，儘可能彌補創傷。

只要一拿起那把柳葉刀，他就成了那個江湖中濟世救人的大俠，超脫了一切門派。成為手握神刀的大俠後，夏穗生也是從普通外科做起，最先轉向肛腸外科，後來重點轉向腹部外科。

成為肝外科醫生

也許這就是夏穗生所說的機遇，二十世紀五十年代，也就是夏穗生正式成為外科醫生不久，正好碰上了國際上一個肝外科大進展的時期。相對於其他大器官而言，肝外科的發展是滯後的，肝臟也是外科醫生最懼怕的器官之一。夏穗生在其早期重要論文〈肝部分切除手術〉（發表於 1958 年）中從理論和技術兩方面詳細分析了阻礙肝外科發展的原因。他分析道：

從理論上看，肝臟的功能甚為繁複。肝臟功能的認識對人類來說就是一條漫長的彎路。肝臟對消化、新陳代謝、淨血和血液成分調節都很重要，肝不僅是人體內部的血液過濾器，而且也是清除細菌危害的地方，這麼一個重要的器官，能否大塊的切割需要極其慎重，人們早期根本不知道維持生命最低限度需要多少正常的肝組織。

武漢醫學院學報

1958年 第 1 号
(总第五期) 1958年3月30日出版

著述:

譯文及文摘

武汉医学院学报編輯委員会編

武汉医学院学报(1：31—39,1958。)　　· 31 ·

肝部分切除手术+

夏穗生
本院系统外科学教研組

肝脏外科的发展是比較慢的。廿世紀以来，外科的各个方面如：麻醉，液体平衡的糾正，抗休克和抗感染都有了飞跃的进步；其他的外科部門如肺、肾、脑部手术也已广泛的开展，而肝脏手术却迟迟不前，技术方面改进并不显著。从近日（1950年以后）出版的一些外科書、手术学来看（Shakelford ①，Cole②，Zenker③，Bier-Braun-Kümmel ④)所介紹的肝脏手术，其重点还在于一些小范圍的，如活体組織檢查，小块的楔形或橢圓形切除，肝膿肿切开引流手术等。广泛性的大块切除肝組織手术很少或者完全沒有提及。虽然，早在1680年 Zambeccari 氏作了肝切除的动物实驗，1886年Escher 氏、1887年 Langenbach 氏相繼在臨床上試行了大块肝脏切除手术⑤，并沒有能促进肝外科的发展，肝脏依然是外科医生們所惧怕的一个器官。

阻碍肝脏外科的发展，有理論上的原因，也有技术上的原因。从理論上来說，大家都知道肝脏是人体的一个很重要的器官。上古时期已有人認为肝是一个造血器官。現在我們知道，肝脏的机能甚为繁复。根据Тареев ⑥氏的綜述，肝对消化、新陈代謝、防御、凈血和血液成份的調节都很重要。肝不仅是人体內部的血液濾过器，而且也是解毒和消除細菌危害的地方。对这样一个重要器官，能否可以任意加以大块的切割是值得考虑的，人們也不知道維持人的生命最低限度需要多少正常的肝組織。而 Cantlie 氏(1898)和 Serége 氏(1901)⑥且認为左、右两肝叶的功能是不同的，左肝叶有着营养性的功能，而右肝叶却担負了防御性的任务，两者各有专职，不能互相代替。这样，更否定了施行一个肝叶切除的可能性。

通过肝的組織学、生理学和生化学的研究，不論在机构上或者生化的过程中，是沒有理由可以認为左、右两肝功能有所不同，我們发現二者完全相同，并且可以互相代償。早在1889年Ponfick氏⑦从动物实驗中証明，大量切除肝組織是可能的。近来，又有Mann (1940)⑧、Localio (1950)⑨等氏証实了这些可能性。他們共同指出：肝組織的再生能力是非常强大的，切除的肝块很快的为新生的肝組織所代替，其結构和功能与原来的毫无不同，他們更說明，这种代償并不是由于肝切面上新产生了大量的肝組織造成的，而是留存肝脏的細胞增殖(Hyperplasie)所致。現在我們知道，只要留存的那些肝組織是正常的，可以切除正常的肝脏达70—80%，对生命还是沒有妨害的，肝功能进行的順利和正常。

但是，要开展广泛性肝脏手术，仅有理論根据还是不够的，必需解决实际上的技术困难問題。大家都知道，肝脏的血运极为丰富，同时接受着肝动脉和門靜脉两方面的血液供应，并且組織甚为脆弱，手术中极易发生剧烈的大出血，甚难控制和处理，往往立刻发生死亡。所以，止血問題不解决，肝外科手术是很难广泛开展的。

很久以来，外科医生們已經注意了肝切面的止血問題，很多作者相繼的介紹了各种方法，除了普通的鉗夹、电灼法外，并且应用了很多的特殊縫合方法：各种式样的褥式

+(一)本文曾于1957年8月間，参加中华医学会武汉分会外科学术訪問小組，在桂林、南宁、貴阳和重庆的中华医学会作专題宣讀。

(二)指导者：裘法祖教授

〈肝部分切除手術〉，《武漢醫學院學報》1958

爭議與分歧出現在十九世紀末、二十世紀初，有部分醫學家認為左右兩個肝葉的功能是不同的，不能互相代替，因而否定了肝葉切除的可能性。而另有醫學家認為左右兩肝完全相同，是可以代償的，並在 1889 年時從動物實驗中證明了大量肝切除是可行的。直到二十世紀四十、五十年代，醫學家們才逐漸形成了一致的認識：肝組織的再生功能非常強大，切除的肝塊很快就會被新增殖的肝組織替代，而且結構功能與原本並無二致。所以，只要留存的肝組織是正常的，切除 70%-80% 的肝臟，對生命還是沒有妨害，只需三個星期，便可恢復。

希臘神話一向很離譜，但從某種程度上來說，普羅米修斯的故事倒是真的。

在理論問題掃清後，技術成了另一個問題。肝臟的血運極多，是個血液集散地，同時接受著肝動脈和門靜脈兩方面的血液供應，並且組織脆弱，手術中極容易發生劇烈的大出血。因此，肝切除絕不能只根據病灶盲目切除，遵從肝局部解剖學的典型性肝切除才能真正解決大出血的問題。

在國際上，典型性肝切除技術在 1952 年前後逐漸開展，而在我國，肝大塊切除也始於五十年代。提醒外科醫生推行典型性（規劃性的、符合肝解剖的）肝切除，放棄盲目性肝切除的則是我國現代普外科先驅曾憲九教授（1914-1985），他 1957 年發表於《中華醫學雜誌》的文章〈肝臟廣泛切除的研究〉給了夏穗生極大的啟發。在熟悉了肝外科知識、肝局部解剖後，夏穗生於 1957 年施行了五次肝典型性切除手術，就這樣開啟了以肝外科治療肝疾病的道路。

到了六十年代，肝切除技術在我國進一步運用發展，我國建國初期各種政治運動不斷，人民生活水平低下，許多人營養不良，因而肝病頻發。夏穗生將肝切除技術應用到多種肝病的治療中去，根據臨床經驗，總結出了如下論文：

1962〈肝切除術〉

1962〈肝切除後治療急性肝內膽道大出血〉

1964〈肝切除手術操作的若干改進〉

1964〈肝切除術治療原發性肝癌的評價〉

1964〈肝門外科解剖〉

1964〈肝切除術治療膽管性肝膿腫所致的急性肝內膽道出血的探討〉

1964〈肝外科近展〉

1965 *Appraisal on liver resection in the treatment of primary hepatic carcinoma*

可以這樣說，熟練地掌握了肝切除術後，夏穗生的一隻腳已經邁入肝移植的領域了。

先驅

在夏穗生六十年代所發表的論文中，〈肝外科近展〉一文對他有著重大的意義。

国外医学动态 1964 10.604　　15

肝外科近展

夏穗生

(武汉医学院第二附属医院)

本文在以下各个方面，介紹了肝外科近年来的概况和新进展。(1)肝的外科解剖：有关二半間的血管和胆管在肝内的吻合，左内叶、尾叶血流归属，肝段切除和肝靜脉系統等問題；(2)典型性肝切除的类别、特点、注意点、术前后处理和适应症（討論了肝切除术在轉移性肝癌、胆囊癌和肝硬化的应用）；(3)肝切除术后肝再生（动物实驗和临床所見再生，討論影响再生的一些因素）；(4)肝外伤治疗的进展；(5)肝内胆道出血，主要是肝外伤术后胆道出血的定位診断和手术选择；(6)肝内結石的临床問題；(7)慢性传染性肝炎、不能手术切除的肝癌和肝脓肿的外科治疗；(8)肝移植手术：动物实驗和临床所取得的新进展。

近年来，随着肝切除术的广泛应用，肝外科有着較大的进展。仅就所見国外文献，对肝外科的一些常見問題，作一扼要的綜述。

肝的外科解剖

根据肝的門靜脉、肝动脉和胆管逐級分支、每一級分支管理一特定的界限分明的肝区之事实，肝分为二个独立的左、右半肝，左半肝分为内、外二叶，右半肝分为前、后二叶，肝叶又可以分为肝段。这个解剖概念[1-5]已广泛应用于临床，成为各种典型性肝切除的解剖基础。近来，很多文献对解剖上尚有爭論的問題，作了新的观察。

一、二个半肝間的胆管和血管在肝内有无吻合支

Hartmann[6,7]应用腐蝕标本和透明切片，认为二半肝的胆小管在肝内和被膜下有横的吻合支，病情需要时（如肝外胆管梗阻），吻合支还能扩大。但Dick[8]、Stucke[2]分別用各种液体（牛乳、水和稀薄的鋇剂）注入一側胆管，不能証明有吻合支通至另側半肝。Stucke[2]认为Hartmann所見的并不是吻合支，而是一种功能性終末血管現象(funktionelle Endströmgefässe)。Ellias[1]认为肝内血管之間沒有大于显微鏡下可見的吻合支，Michels[4]指出肝动脉在肝外和被膜外虽有26种側枝和付支式样，但不能相互代替，結扎某一級的血管必然引起它所营养的肝区坏死。

二、关于左内叶（方叶）、中間区（即位于方叶、尾叶、左側和右側矢状沟之間的肝区）和尾叶的血流归属及其单独切除的可能性

Stucke[2,6]的观察綜合如下：

	左内叶	中間区	尾叶
門靜脉	来自左支（臂部）、1—6支；仅門靜脉分为三支时，有1支来自右背尾支	来自左支或左内叶支	来自左支或右支，以左支为主
肝动脉	来自肝左或肝右动脉，以肝左动脉为主	来自肝左动脉或左内叶支	1—3支，来自肝左、肝右动脉或来自二者的分叉处、右背尾支或左内叶支
胆管	来自左肝管	来自左肝管	尾叶多来自左肝管，尾叶突起多来自右肝管
肝靜脉	入肝中靜脉	入肝中靜脉	单独流入下腔靜脉

由于能在肝表面定位，血管有規律性，营养左内叶的血管开始段又处于肝外，故Stucke认为左内叶和

〈肝外科近展〉，《國外醫學動態》1964

1964 年夏穗生發表在《國外醫學動態》第十期的〈肝外科近展〉一文是我國第一篇介紹肝移植的學術文章。在這篇標誌性的論文中，夏穗生介紹了國際肝移植先驅 Dr. Thomas Starzl 在美國所做的動物實驗和最早應用於臨床的三例。

當時，Dr. Thomas Starzl 還未獲得任何長期存活的病例，臨床第一例死在了手術台上，第二例和第三例分別存活 22 天和 7.5 天。面對如此糟糕的結果，不但 Dr. Thomas Starzl 沒有放棄，夏穗生也已經萬分確信肝移植就是肝外科的未來。

他決心在中國殺出一條血路來。

1965 年 9 月，武漢醫學院腹部外科研究室成立，只可惜，沒過多久文化大革命就來了。

文革中，夏穗生主要的日常是批鬥抄家、勞動改造、思想改造、下鄉巡迴醫療、政治學習，連醫療業務都暫停了，科研就更別想了。一直熬到林彪事件之後，1972 年時，腹部外科研究室才恢復了建制，這一晃就是七年。武漢醫學院腹部外科研究室恢復建制後，肝移植的研究才提上了日程。按照 1972 年的《關於開展腹部外科研究室工作的建議報告》的計劃：

关于开展腹部外科研究室工作的建议报告

腹外 72(4)号

一九七二年九月二十日

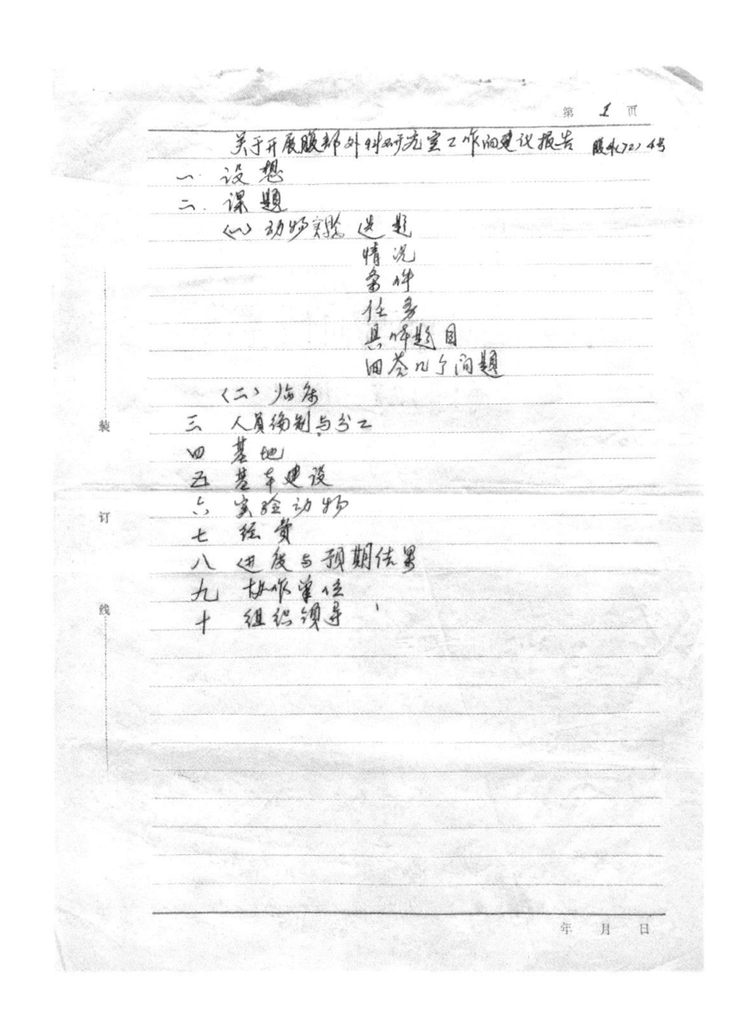
第 1 页

关于开展腹部外科研究室工作的建议报告　腹外(72)4号

一、设想

二、课题

(一)动物实验　选题

情况

条件

任务

具体题目

回答几个问题

(二)临床

三　人员编制与分工

四　基地

五　基本建设

六　实验动物

七　经费

八　进度与预期结果

九　协作单位

十　组织领导

装　订　线

年　月　日

1972-1976 年為肝移植動物實驗時期，1977-1982 年為肝移植臨床時期。

就在文化大革命的最後幾年裏，整個團隊和夏穗生在各種大字報的圍攻聲討下，躲在他們的“獨立王國”裏做了 130 例狗的肝移植實驗，摸索出了一套可以應用於臨床的肝移植手術方法。中國的肝移植事業便始於這段艱苦的時光。

到了 1977 年，衛生部正式批准成立武漢醫學院器官移植研究所，這是我國第一個器官移植研究機構，而其前身便是文革前成立的武漢醫學院腹部外科研究室。

近五年的實驗研究非常艱苦，整個工作整理後，總結成文〈130 次狗原位肝移植手術的分析〉。這篇文章由曾憲九教授推薦，刊登於 1978 年第 5 期的《中華外科雜誌》上。一經刊出便轟動了整個外科學界，系統性器官移植研究的序幕就這樣在我國拉開了。

武汉医学院第二附属医院

病史录(二)

门诊号

住院号　1.

姓名

130次狗原位肝移植手术的分析报告

武汉医学院腹部外科研究室

我们自1973年9月到1977年12月施行了狗的原位肝移植手术共130次*。术后，狗清醒，在短期存活期间能抬头、吠叫、饮水，其中也有能站立、行走和奔跑者21条，为临床开展肝移植提供了一些有益的经验教训。报道如下：

材料和原位肝移植手术方法

采用本地产杂交狗，体重自12～18公斤不等，不限性别。供肝狗一般体重略轻于受体狗。

实验分二步：即手术操作摸索阶段，使原位肝移植手术定型，共32条；然后，转入原位肝移植正式实验阶段，共98条。定型的原位肝移植手术过程是：

手术分二组同时进行：供肝狗手术（供肝切取与低温灌洗术）组与受体狗手术（全肝切除与肝移植术）组。供肝狗采用戊巴比妥钠或乙醚麻醉。受体狗则先作戊巴比妥钠静脉注射，然后作气管内乙醚麻醉。受体狗剖股作静脉切开输液，术中监测血压、体温。

供肝切取与低温灌洗术：腹部正中切口。自肝门沿肝下下腔静脉至肾静脉处，结扎、切断右肾上腺静脉；沿肝动脉、门脉，结扎脾静脉于注入门脉入口处。靠近十二指肠处，依次结扎、切断胃十二指肠动脉，肝十二指肠韧带和肝胃韧带。结扎门脉远端，切开门脉近肝段，插入细塑料管，以1～4°C冷灌洗液（Hartmann液1,000毫升，内加5%碳酸氢钠10毫升、异丙肾上腺素0.2毫克，5%葡萄糖10毫升），作重力灌洗。灌洗一开始，立即结扎切断肝动脉，并切开肝下下腔静脉，以使灌洗液流出。随后切开左股动脉放血，收集以备作受体狗输血用。迅速剪开膈肌，在靠近心脏处切断肝上下腔静脉，剪开其一周，切断膈肌。切断门脉远端，取出全肝，置于盛冰的金属器盘上，继续低温灌洗，至下腔静脉流出液白

*77年5月以后，武汉医学院附属第二医院外科参加。

〈130次狗原位肝移植手術的分析〉夏穗生手稿

武汉医学院第二附属医院

病史录(二)

姓名　　　　门诊号　　　　住院号 2.

完全灌洗(约10~15分)。在灌洗同时,抽空胆囊内胆汁,并以冷盐水洗净胆囊腔。同时,游离、显修剪镰状韧带、三角韧带残端,以1号丝线逐次结扎残面肝脏,将引流总肝静脉,以防术后出血。供肝灌洗后,中心温度可下降到10~15°C,即移送至受肝狗手术台。

受体手术(全肝切除与肝移植术)：受肝狗作全腹正中切口。游离肝下下腔静脉、门静脉、肝动脉一如供肝切取术。然后切断镰状韧带、双侧三角韧带、冠状韧带。游离膈下肝后下腔静脉,用手指作钝性分离,通过其后面间隙。游离全肝完毕后,分别作门静脉及左肾静脉、下腔静脉至右颈静脉转流(用库尔特硅化管,内径约0.5厘米)。在靠近肝门处结扎、切断肝动脉,用心耳钳将肝上下腔静脉连同其周围部分膈肌一併夹住,切断后迅速取出全肝。

将灌洗好的供肝,移入右上腹腔原位。先以5-0丝线作肝上下腔静脉端端吻合,先缝后壁,后缝前壁,均一层连续缝合。随即吻合门静脉—门静脉后壁(5-0丝线,间断),拔除转流管,缝合前壁。开放门静脉,使移植肝充血,待肝的血液从肝下下腔静脉流出约50毫升后,予以钳夹;开放肝上下腔静脉钳,以结束历时45~120分的无肝期。吻合肝下下腔静脉后壁,拔除转流管,吻合前壁。最后用7-0尼龙线作肝动脉肝动脉端端吻合。胆囊内留置塑料管作外引流,以观察术后胆汁分泌。在肝脏周围放置烟卷引流后,依次缝合腹壁,整个手术约4小时左右。

术中平均输血2000毫升,术后给青、链霉素,并滴注葡萄糖。

〈130 次狗原位肝移植手術的分析〉夏穗生手稿

武汉医学院第二附属医院

病　史　录(二)

门诊号

住院号　3.

姓名

实验结果

实验狗在术中或术后未能清醒死亡者，主要原因有手术操作失误引起的大出血、血管吻合口栓塞，供肝存活不良或不存活所致的凝血机制紊乱以广泛渗血，高血钾等。(死亡).

如无上述并发症，移植肝存活，则狗多于术后1~4小时内清醒，自行排尿，自动流出的渗血于术后1小时内自行停止。胆汁于术后2~12小时内开始排出，初多粘稠浑浊，后转清亮。狗清醒后，能昂头、挣扎欲起，不时摇动头尾，叫声大，上半身活动恢复较下半身为快。在10~24小时内站起，往往是蹒跚而行走，吃物有力，常喝水；如肝存活30小时以上，则行走有力，甚能不时奔跑。清醒后存活超过60小时者，最长存活65小时。

清醒的狗，19只死前均出现反复呕吐，继之吐血，同时从肛门多次排出大量鲜血而死亡。尸检中最突出之点是胃肠道粘膜呈广泛糜烂，遍布表浅溃疡和出血性坏死等病变。肝仍鲜红，不肿胀，有轻度局灶性坏死，或病变不明显。

〈130次狗原位肝移植手術的分析〉夏穗生手稿

武汉医学院第二附属医院

病史录(二)

姓名

门诊号

住院号 4.

讨论

(1) [illegible]，原位肝移植的死亡原因，除术中、术后大出血、血管栓塞、感染、胆道并发症和排斥。

造成的早期死亡，是开展肝移植首先必需克服的[illegible]问题。

关于术中大出血和血管栓塞，除了通过累积操作经验、充分血管外科技

术和注意肝门解剖加以防止外，就肝移植本身说，我们多次看到：① 随着移植肝

血流一旦恢复，手术野突然涌出广泛的出血，则多半来自供肝肝门区小血管、迷走胆

管和淋巴管（共12次，死亡4条）残端。由于当时血源甚剧，极难判断确切出血部位。我们认为，最好

在切取供肝时，肝门区不作任何锐性剥离，近肝侧组织一律先结扎，后切断。

迷走胆管和淋巴管残端也可再无遗漏地分次连续缝扎，以资预防。② 受体狗经全肝

切除之后留下的膈和后腹膜创面，修复当时虽无出血，但由于随即到来的无肝期造

成的凝血机制紊乱，经常出现迟发性创面广泛的突然渗血（共出现10次，死亡4次），因此，也必须将

所有粗糙创面，一一加以无遗漏地缝合。③ 术中血管撕裂引起大出血，多发生在受体狗

全肝切除中肝下下腔静脉游离时，误伤右肾上腺静脉，或游离肝上下腔静脉时，撕破其

背面，撕裂后者，往往来不及抢救。我们自采取游离肝上下腔静脉连其边缘0.2厘米处切断，并用

〈130 次狗原位肝移植手術的分析〉夏穗生手稿

武汉医学院第二附属医院

病史录(二)

门诊号

住院号　5

姓名

大心耳缝连同膈肌一併失住[illegible]，[illegible]后切除全肝的手術后，即再不发生此种併

发症。④ [illegible]狗的右侧肾上腺，位于在肾静脉上方，[illegible]紧贴至包绕下腔静脉的右侧

和后壁，加以肾上腺前静脉埋在腺体内，组织脆，全团难分成游离而又不能以结扎

下，可起误伤性出血，[illegible]一时要点，我们认为，试离肝下下腔静脉一手指，使主动游离肾上

腺出结扎，反而能够避免这种误伤性大出血。⑤ 作移植肝血管吻合时，务必先将移

植肝位置放正，血管长轴对准，以免血管吻合完毕后，发现吻合口旋转扭曲。[illegible]

([illegible])

返再作吻合口切除，二次吻合。

(2) 关于供肝保存不良或供肝不活：一般认为，在常温下，肝耐受缺血时间

极短，约在20~30分后，即发生不可逆性损害而死亡。而实验证明，如将缺血肝迅速降

温，则可延长存活时间[3]。目前，通用的供肝手法是：[illegible]切断肝的全部血

运后，立刻从门脉插管，以冷(4℃)电解质溶液灌流，在10~15分内，使肝中心温度下

降至10~15℃，并保持[illegible]直到移植。由于近年来灌流手法和灌流液的改进，肝的保存

时间不断延长，如 Lie 保存猪肝[4]，Otte 保存狗肝达24小时[5]。临床供肝移植也能

用上述两种灌流保存到4小时左右，个别达到8小时后移植成功。[6]

〈130 次狗原位肝移植手術的分析〉夏穗生手稿

武汉医学院第二附属医院

病史录(二)

姓名　　门诊号　　住院号　6.

灌洗架，有活力的供肝的指标是：①外观均匀，红黄，柔软，有光泽，体积重量不增加，边缘锐利；②血流重建后，色泽鲜红。③移植后，受狗体温迅速上升到正常。④术中和术后无明显弥漫性渗血。⑤移植后，转氨酶(GPT)不超过(1000单位以下)。⑥血钾值不高。但如门脉血流恢复后，供肝肿胀，发紫，花斑或呈花斑，色泽不能鲜红，出现充血，或呈青紫，则表明肝存活不良或不存活。此时，术中能出现广泛渗血，术后狗不能清醒，在4～8小时内死亡；严重者，在开放肝上下腔静脉时，高钾血进入血循，发生立刻死亡。我们称之为"开供死亡"者，本组有8次。

防止供肝灌洗不良，我们的体会是：①在冷灌洗液中并在灌洗过程中不断添加冰，使灌洗液从冰箱取出到开始灌洗时间不宜超过3～5分，以免升温。要保持灌洗液在冲洗时于4°C，才能使到肝中心降温10～15°C。②灌洗液不可过量，狗肝以1000毫升为宜，流速以120～150滴/分，灌洗压力为20厘米水柱。过量或过速灌洗，可使供肝肿胀。③在灌洗过程中，始终保持灌洗液流出畅通。灌洗一开始，必须立刻剪开肝下下腔静脉或剪开左股动脉放血。肝全部游离后，高放位置，保存顺利流出，也无肝内压力过高，而发生肝肿胀。

〈130次狗原位肝移植手術的分析〉夏穗生手稿

武汉医学院第二附属医院

病　史　录(二)

姓名　　　　门诊号

住院号　7.

(3) 造成本组移植术后狗不能较长存活的最主要原因，显然是门脉转

静脉转流甚不理想，[illegible]所致。受体狗全肝切除术时，势必切断门脉。

由于狗缺乏足够的门体侧支循环，耐受门脉阻断时间极短（20~30分），超过此时

限，则引起明显的胃肠道瘀血损害，主要粘膜呈广泛出血性坏死而死亡。[illegible]

[illegible] 原位狗肝移植 [illegible] Moore 创用硅化管作门脉转流成功。

但我们所应用的硅化管，质量 [illegible]，且内径不合适，以致转流未臻满意，[illegible]

转流管 [illegible] 堵塞或部分堵塞。转流不畅的表现：小肠色泽不能转红、呈暗红色，

肠系膜动脉搏动不力，肠蠕动减少，如转流完全不通，则肠呈紫红缺血，动脉无搏动，

肠系膜出现广泛微小出血点，肠蠕动全消失。[illegible] 证明 [illegible] 畅通，肝未

肿胀，或呈轻度局限性坏死，但发现胃肠道粘膜普遍瘀血，呈出血性坏死，表明

术中门脉瘀血性损害未能恢复。因此，要达到原位肝移植狗较长时间存活，[illegible]

[illegible] 看来，一种质量合格的硅化管是首先必须解决的基本条件。

[illegible] 动物 [illegible] 是为临床服务的。[illegible]

[illegible]

〈130 次狗原位肝移植手術的分析〉夏穗生手稿

武汉医学院第二附属医院

病史录(二)

门诊号

住院号 8

姓名

(4) 原位肝移植手术操作极为繁复，在临床开展以前，做一些动物实验是需要的。但是，与临床相比较，狗的原位肝移植术存在着不少不利之处，如狗的血管，特别是肝动脉较细，因此，血管吻合操作技术要求较高；狗[illegible]忍受大手术[illegible]大出血能力远较人为低，并且死亡率极高；[illegible]对狗的生理、病理以及知识也远不像对人那样了解；特别是狗易发生门脉淤滞，而在血流质量方面[illegible]。凡此种种，都有别于临床，[illegible]临床。

[illegible]，但是狗在术后存活不长，我们认为还是取得一些对开展临床有意义的经验：

①摸索出一套切实可行的手术顺序和操作方法；②提高和基本保证了血管吻合的成功率；③摸索出一套切取供肝、灌注冲洗的方法，能在10～15分钟以内，使供肝迅速中心降温到10～15℃的要求；④摸索出供肝组和受体组在时间上的配合，使无肝期不至超过[illegible]小时半；⑤提供了肝移植各个手术步骤中特别需要注意之点，使术中避免发生不可挽救的大出血；⑥对选择该供体提供了较好的[illegible]电子显微镜检的科学资料。

[illegible]在上述动物实验基础上，武汉[illegible]提出了肝移植[illegible]，于77年

〈130 次狗原位肝移植手術的分析〉夏穗生手稿

武汉医学院第二附属医院

病　史　录(二)

门诊号

住院号　9.

姓　名

在附属二院开展了[illegible]临床同种原位肝移植手术，第一例存活六天，第二例在[illegible]

[illegible]天，情况良好，将另行发表。

（夏穗生、[illegible]整理）

参考文献（略）

1) Wolff
2) Starzl
3) [illegible]
4) Lie
5) Otte
6) Calne
7) [illegible]

（夏穗生、[illegible]、[illegible]整理）

〈130 次狗原位肝移植手術的分析〉夏穗生手稿

130次　未急型　32次

急型　98次　清醒　21次　死亡　77次

		急型		非急型
手术操作失误 大出血		18		7
供肝肝门、[illegible]或接肾静脉出血	4			
受体肝[illegible]吻合口[illegible]	4			
吻合口出血	3			(4)
受体肝[illegible]扭曲	6			(2)
肝不能[illegible]	1		[illegible]	(1)
血管栓塞		5		7
肝A.	5			(3)
[illegible]			I.V.	(4)
[illegible]渗血		16		7
供肝明显损害		8		2
肝梗塞	3			(2)
青紫肝	5			
高血钾（开放死亡）		3		5
[illegible]		7		
气胸		3		1
[illegible]		1		2
呼吸[illegible]		3		
麻醉意外		3		
手术时间过长		3		
肝水肿		1		1
原因未明		6		
		77		32

〈130次狗原位肝移植手術的分析〉夏穗生手稿

中华外科杂志1978年第5期　　· 269 ·

130 次狗原位肝移植手术的分析

武汉医学院腹部外科研究室

夏穗生　杨冠群　朱文慧　刘敦贵　汪素兰　裘法祖

自 1973 年 9 月到 1977 年 12 月，我们施行了狗的原位肝移植手术共 130 次*。术式几经改进，使其定型。定型手术 98 次。术后，狗清醒，在短期存活期间能咬物、饮水，其中也有能站立、行走和奔跑者 21 条，为临床开展肝移植提供了一些有益的经验。兹报道如下：

材料和手术方法

采用本地产杂交狗，体重自 12～18 公斤不等，不限性别。供肝狗一般体重略轻于受体狗。手术分二组同时进行，供肝狗手术组施行供肝切取与低温灌洗术，受体狗手术组施行全肝切除与肝移植术。供肝狗采用戊巴比妥钠或乙醚麻醉；受体狗先作硫喷妥钠静脉注射，然后作气管内乙醚麻醉。受体狗前肢作静脉切开输液，术中监测血压、体温。

一、供肝切取与低温灌洗术：

腹部正中切口。自肝门游离肝下下腔静脉至肾静脉处，结扎、切断右肾上腺静脉；游离肝动脉、门脉，结扎脾静脉于注入门脉处。靠近十二指肠处，依次结扎、切断胆总管、胃十二指肠动脉、肝十二指肠韧带和肝胃韧带(图 1)。结扎门脉远端，切开门脉近肝段，插入细塑料管，以 1～4°C冷灌洗液(Hartmann液 1,000 毫升，

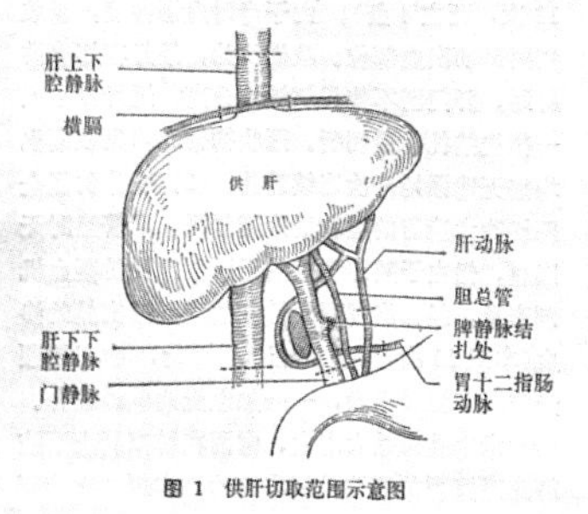

图 1　供肝切取范围示意图

内加 5%碳酸氢钠 10 毫升，异丙肾上腺素 0.2 毫克，50%葡萄糖 10 毫升)，作重力灌洗(图 2)。灌洗开始，

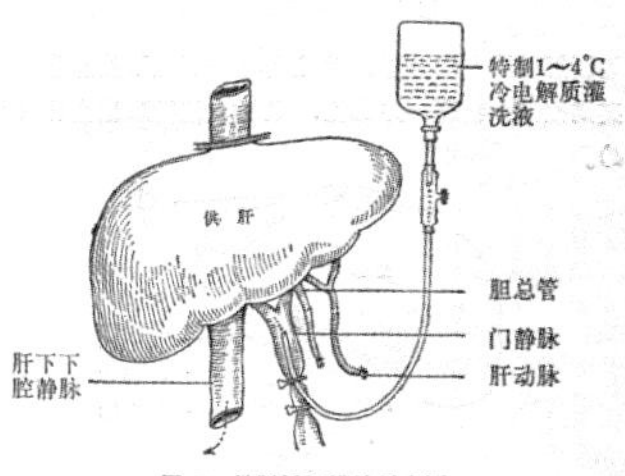

图 2　供肝低温灌洗示意图
冷灌洗液，从插入门脉近肝段的塑料管流入供肝，从肝下下腔静脉流出

立即结扎，切断肝动脉，并切开肝下下腔静脉，以便灌洗液流出。随后切开左股动脉放血，收集以作受体狗输血用。迅速剪开横膈，靠近心脏处切断下腔静脉，并绕其一周切断膈肌。切断门脉远端，取出全肝，置于盛冰的金属筛盘上，继续降温灌洗，约 10～15 分，自下腔静脉流出液呈完全清晰。同时，抽空胆囊内胆汁，洗净胆囊腔。修剪缝扎冠状韧带，三角韧带残端，以及残留膈肌，特别注意结扎膈静脉，以防移植后出血。供肝经此灌洗后，中心温度可下降到 10～15°C，即移送受体狗手术台。

二、受体全肝切除与肝移植术：

全腹正中切口，游离肝下下腔静脉，门脉、胆总管、肝动脉一如供肝切取术。然后切断镰状韧带、双侧三角韧带、冠状韧带。游离膈下肝后下腔静脉，用手指通过其后壁间隙，作钝性分离。游离全肝完毕后，分别作门脉左颈静脉，下腔静脉右颈静脉转流(用薄壁硅化管，内径约 0.5 厘米)(图 3)。在靠近肝门处结扎、

* 1977 年最后 5 例，有武汉医学院附属第二医院外科、麻醉科参加

〈130 次狗原位肝移植手術的分析〉，《中華外科雜誌》1978

武汉医学院学报1978年第4期

肝移植

130例狗原位肝移植动物实验和临床应用

武汉医学院器官移植研究所
夏穗生　吴在德　武忠弼　杨冠群　刘敦贵　裘法祖

为了开展肝移植，我院自1973年起有计划地系统地施行了狗的原位肝移植术130例。几经改进术式，定型手术98次，其中狗清醒21条，最长存活65小时，能咬物、饮水、站立、行走和奔跑。取得了较多有益的经验和有用的教训后，于1977年开始，应用于临床，共2例，受者均为原发性肝癌患者。第一例存活6天，第二例术后肝功能恢复较好，存活93天，存活期间一般情况良好，食欲、睡眠正常，术后56天开始下床活动。先后经受了6次急性排斥反应，死于曲菌性败血症。

一

原位肝移植术，不论动物实验或临床，手术分二组同时进行：供肝（供肝切取与低温灌洗术）组与受体（全肝切除与肝移植术）组。

本组实验采用本地产杂交狗，体重自12～18公斤不等，供肝狗一般体重略轻于受体狗。供肝狗采用戊巴比妥钠或乙醚麻醉；受体狗则先作硫喷妥钠静脉注射；然后作气管内乙醚麻醉。受体狗前肢作静脉切开输血，术中监测血压、体温。

供肝切取与低温灌洗术： 腹部正中切口（图1）。自肝门游离肝下下腔静脉至肾静脉处，结扎、切断右肾上腺静脉；游离肝动脉、门脉，结扎脾静脉于注入门脉处。靠近十二指肠处，依次结扎、切断胆总管、胃十二指肠动脉、肝十二指肠韧带和肝胃韧带(图1)。结扎门脉远端，切开门脉近肝段，插入细塑料管，以1～4℃冷灌洗液（Hartmann液1,000毫升，内加5%碳酸氢钠10毫升、异丙肾上腺素0.2毫克，50%葡萄糖10毫升），作重力灌洗（图2）。灌洗一开始，立即结扎、切断肝动脉，并切开肝下

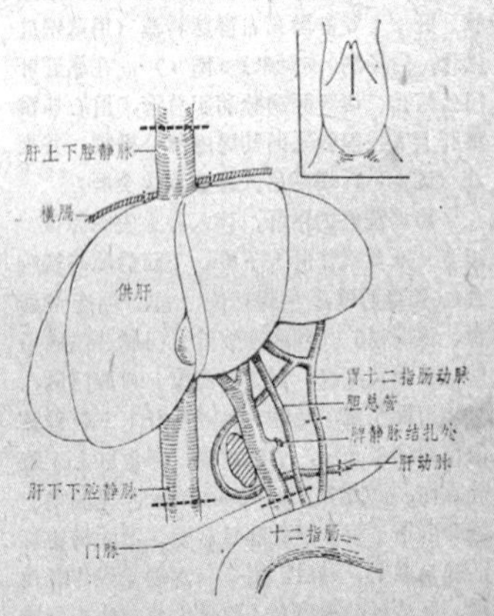

图1　供肝切取范围示意图（…结扎切断处）右上角小图为腹部切口示意

另一篇總結性論文〈130例狗原位肝移植動物實驗和臨床應用〉，《武漢醫學院學報》1978

在扎實的動物實驗基礎上，武醫二院在 1977 年 12 月 30 日實施了第一例臨床肝移植，這位病友在術後僅存活了 6.5 天。

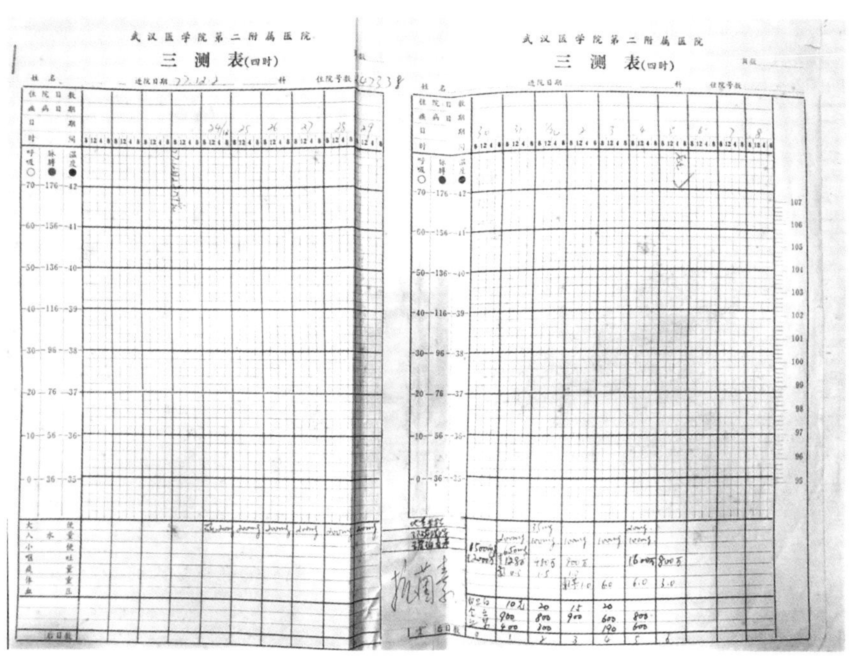

為尊重病友隱私，病友姓名被隱去。病例顯示該病友於 1977 年 12 月 2 日入院，於 12 月 30 日進行了肝移植手術，不幸於 1978 年 1 月 5 日去世

我國第一階段肝移植統計表（1977-1983）		
單位	例數	備註
同濟醫院 （武漢醫學院附二醫院）	10	其中 1 例存活 264 天，是這一階段全國最長記錄
瑞金醫院	6	
南京醫學院附院	5	
華西醫科大學附一院	5	
廣東省人民醫院	5	
北京市人民醫院	3	
第二軍醫大學附一院	3	
福州軍區總醫院	3	
天津市第一中心醫院	2	
武漢軍區總醫院	2	
白求恩醫科大學附三院	2	
白求恩國際和平醫院	2	
山東省人民醫院	2	
南京鐵道醫學院	2	
廣西醫學院附院	2	
哈爾濱醫科大學附屬二院	1	
山東醫科大學附院	1	
上海醫科大學附屬中山醫院	1	
總計	57	

事實上，自從肝移植在中國走上臨床，從 1977 年到 1983 年，這最初的七年間，全國報告的肝移植手術僅 57 例。其中武醫二院獨立進行了十例，在這最早的 57 例當中，存活超過半年的只有四例，其中存活最長的一例為夏穗生主刀的一例，存活僅 264 天。

該病友因肝癌入院，肝移植術 264 天後死於肝癌復發，面對只能以天計算的存活時間，可以說，肝移植在當時最多只能算個實驗性療法，是無路可走時的實驗性嘗試罷了。

[illegible]科异体肝[illegible]记录表（一）

姓名　　住院号 256575　　肝移植日期 78年10月8日

日期	9/10	10	11	12	13	14	15	16	17	18	19	20	21	22	23	24
手术后天数	1	2	3	4	5	6	7	8	9	10	11	12	13	14	15	16
脉搏	80	80	96	72	72	70	78	72	68	60	70	68	60	68	80	75
呼吸	16	25	20	24	20	20	28	24	25	26	20	24	25	20	20	24

日期	25	26	27	28	29	30	31	1/11	2	3	4	5	6	7	8
手术后天数	17	18	19	20	21	22	23	24	25	26	27	28	29	30	31
脉搏	70	68	70	80	80	80	72	76	72	65	76	76	96	92	80
呼吸	20	26	22	22	20	20	29	24	20	18	22	20	28	20	20

体温、血压、活动情况、出血倾向、恶心、呕吐、腹泻、食欲、肝区疼痛、黄疸、肝大（肋下、剑下）、腹水、浮肿、中心静脉压、血球压积、24 小时入水量、24 小时出水量、胆汁等栏：[illegible]

為尊重病友隱私，病友姓名被隱去。病例顯示該病友 1978 年於 10 月 8 日進行了肝移植手術，這位病友為夏穗生所做的第三例臨床肝移植夏穗生的日記也詳細記錄下了該病友的狀況，他盼著他能一直活下去，每天都在自己的日記上數著日子，直到有一天他在數字後打上了“#”號，可見他對病友的用心程度。

OKTOBER 7

OKTOBER 8

夏穗生日記顯示這位病友在 1978 年 10 月 8 日進行了肝移植手術，是他的第三例

3 JANUAR

76.1.3 (6) [illegible], 364, [illegible], [illegible]

[illegible]

77.1.3 (1) 阴, [illegible]

[illegible]

78.1.3 (2) [illegible], 肝移植病人[illegible]

79.1.3 (3) [illegible], 肝移 87, [illegible]

[illegible] 肝移植[illegible]

80.1.3 (4) 阴, [illegible], 1,25 [illegible]

4 JANUAR

[illegible] 武汉

76.1.4 (2) [illegible], 365, [illegible]

[illegible] 37.5~37.8 [illegible]

77.1.4 (3) [illegible]

78.1.4 (3) 阴, [illegible], 肝移植[illegible] 5 天,

79.1.4 (4) [illegible], 肝移 88, [illegible] 330 [illegible]

80.1.4 (5) 阴, [illegible], 肝移植[illegible]

JANUAR 5

到达北京。

76.1.5 (1) [illegible], 366, [illegible] 37.3 [illegible]

77.1.5 (3) [illegible]

78.1.5 (4) [illegible], 肝移植病人[illegible]

79.1.5 (5) [illegible], 肝移[illegible] 5 [illegible]

[illegible]

80.1.5 (6) [illegible]

JANUAR 6

北京：[illegible]

76.1.6 (2) [illegible], 367, [illegible]

77.1.6 (4) [illegible]

《[illegible]》

78.1.6 (5) [illegible], 肝移植病人[illegible]

79.1.6 (6) [illegible], 肝移 90, [illegible] 101 [illegible]

[illegible]

80.1.6 (日) [illegible], [illegible] 肝移植[illegible]

日記顯示夏穗生每天都在數著病友的生存天數，

79 年 1 月 3 日時，病友生存 87 天，4 日時 88 天，5 日時 89 天，6 日時 90 天

27 JUNI

75.6.27 (5) [illegible]
76.6.27 (日) [illegible]
77.6.27 (1) [illegible]
78.6.27 (2) [illegible]
79.6.27 (3) [illegible] 262, 15, [illegible]
80.6.27 (5) [illegible]

28 JUNI

75.6.28 (6) [illegible]
76.6.28 (1) [illegible]
77.6.28 (2) [illegible]
78.6.28 (3) [illegible]
79.6.28 (4) [illegible] 263, 16, [illegible]
80.6.28 (6) [illegible]

JUNI 29

75.6.29 (日) [illegible]
76.6.29 (2) [illegible]
77.6.29 (3) [illegible]
78.6.29 (4) [illegible]
79.6.29 (5) [illegible] 264 #, 17. [illegible]
80.6.29 (日) [illegible]
80.6.30 (1) [illegible]

JUNI 30

75.6.30 (1) [illegible]
76.6.30 (3) [illegible]
77.6.30 (4) [illegible]
78.6.30 (5) [illegible]
79.6.30 (6) [illegible]

日記顯示該病友於 79 年 6 月 29 日時去世，術後存活 264 天，至此，打上了 # 號夏穗生對這一切顯然是不滿意的。如果，264 天都能被稱為“成功”的話，器官移植是沒有意義的。因為，當病友的生命成了個人功名利祿和國家科學成就比拼的數字時，醫學的初心——人類對生命的愛與憐憫便已經失去了。如果從一切以病友為中心的角度出發，以生命至上的原則出發，移植手術這樣的療效，不過是給絕望中的病友一絲希望，而又走向另一個絕望罷了。

夏穗生無奈地總結到這一時期（1977-1983）臨床肝移植療效不佳的原因：

一，經驗分散，總共 57 例分散在全國各地，不利於總結經驗。

二，移植器官受者的原發病主要是肝癌，惡性程度高，術後復發難以避免。

三，接受移植手術太晚，一些受者手術時已有癌症轉移。

四，國內未接受腦死亡的概念，導致供肝熱缺血時間長，質量差。

五，尚沒有強而有力的免疫抑制劑，環孢素還尚未應用，長期應用皮質激素，容易導致嚴重感染而發生全身性敗血症。

由於醫療效果不佳，中國的肝移植從 1984 年開始陷入停滯。

面對這樣的失敗，為什麼還要堅持下去是一個問題。作者以為，一方面，人類探索未知的科學精神永遠不會停止。而另一方面，對於那些肝病晚期的患者來說，肝移植或許就是他們最後的一絲希望，如果放棄了，那他們真的就一絲希望都沒有了，而人類對同類的救助之心也永遠都不會停止。

媒體喜歡煽情，容易激動，擅長讚美，淚水使他們的雙眼常常漏掉了殘酷的事實。他們滿懷感動與深情地說，夏穗生是中國肝移植事業的先驅，給無數病友帶來了生機。這種說法溫暖而振奮人心，給人的感覺是夏穗生所做的是一項極其成功的事業。可事實絕不僅如此：

早期肝移植病友的生命都在以天計算，難得出現的一兩次“所謂的成功”與今天長期存活的療效簡直不可同日而語。

夏穗生面對的失敗、限制、攻擊與煎熬遠遠多於成功。可心本勇絕，又何懼人言？不入火海又如何能救人於火海？

先驅之所以被稱為先驅，不是因為成功，而是因為他們敢於在失敗的血淚中，為後來之人鋪出一條路，使後人不至於陷入無人理解、無人支持而滿是非議的境地，亦不用再體驗那種無路可走、回天乏術的絕望。

33. 引言

<u>海外存知己，天涯若比鄰</u>

如果說青黴素（Penicillin）是一種改變了世界的藥物，那麼二十世紀七八十年代在挪威橫空出世的環孢素（Ciclosporin）就可以說是一種改變了器官移植的藥物。它在副作用較小的情況下抑制了人體免疫系統，使得移植器官得以被受體接受而不致排斥，這極大提升了移植術後患者的生存時間，可以說環孢素的應用是器官移植術的飛越。

1983 年，也就是肝移植因療效不佳在中國陷入停滯的那一年，環孢素卻在美國改變了一切。正是在這一年，環孢素通過了美國食品藥品監督管理局（Food and Drug Administration，FDA）的批准，可用於腎臟、肝臟和心臟移植，而肝移植的主要適應症也在由肝癌轉向終末期肝硬化，這些都給灰暗的器官移植事業帶了翻天覆地的變化。

還是在 1983 年，美國國立衛生研究院（National Institutes of Health，NIH）正式發文，認定肝移植為終末期肝疾病的治療方法，應予以推廣。至此，肝移植告別了實驗性療法的歷史。

夏穗生便是在 1983 年到達了美國參觀學習訪問，當然，他一心要拜訪那位世界上最著名的肝移植醫生 Dr. Thomas Starzl。據夏穗生日記記錄，他在 1983 年 8 月 23 日到達舊金山，25 日便迫不及待轉戰匹茲堡。Dr. Thomas Starzl 熱情地接待了這位跨越太平洋而來的中國同行，在匹茲堡停留期間，Dr. Thomas Starzl 還專門帶著夏穗生去看過一次取肝現場。

圖為 Dr. Thomas Starzl 送給夏穗生的自傳《組裝人》

Dr. Thomas Starzl 與夏穗生曾多次在各種學術會議上交流，激動地握手

8月18日(4) [illegible]
[illegible]
[illegible]
[illegible]
8月19日(5) [illegible] 武漢→南京→
[illegible]
[illegible]
[illegible] 4089
8月20日(6) [illegible] 上海 [illegible]
[illegible]
[illegible]
[illegible]
8月21日(日) [illegible] 上海 [illegible]
[illegible]
[illegible]
8月22日(1) [illegible] 上海→舊金山
8月23日(2) 舊金山
8月24日(3) 舊金山→New York
8月25日(4) New York→Pittsburgh
8月26日(5) Pittsburgh [illegible] 通宵
8月27日(6) Pittsburgh James Chen
8月28日(日) Pittsburgh [illegible]
8月29日(1) Starzl, Starzl [illegible] 通宵
8月30日(2) [illegible], Starzl.
8月31日(3) Starzl [illegible] Johnson [illegible]
9月1日(4) Pittsburgh [illegible] → New York
9月2日(5) New York → Washington
9月3日(6) Washington [illegible] → New York
9月4日(日) New York [illegible]
[illegible] → Connecticut
9月5日(1) Connecticut [illegible]
9月6日(2) Connecticut. [illegible] → New York
[illegible]
9月7日(3) New York [illegible]
9月8日(4) New York → San Francisco
→ Shanghai

夏穗生日記記錄下了 1983 年的美國行程

這次在美國觀摩取肝的經歷令夏穗生記憶深刻，他在一篇他未曾發表的文章〈專機取肝記〉中，認真記錄下了這次觀摩取肝的全過程。

1983 年 8 月 31 日，美國東北部一個明朗的早晨，一輛飛馳的汽車將 Thomas Starzl、我、陳肇隆醫師等一行四人從匹茲堡大學醫院送到了市郊的一個小型飛機場。我們在那裏登上了一架銀白色的小型私人飛機。八時半，飛機騰空而起，我們開始了使命：取回一個死者的肝臟，移植給一個生命垂危的晚期肝癌患者。

這個肝移植手術分成了兩組進行，飛機上的是取肝組，任務是從屍體上切取肝臟帶回醫院。留在醫院的為移植組，主要負責切除病人的肝臟，然後把取回的肝臟移植到原來的部位。取肝的地點在距離匹茲堡數百公里之外的田納西州，在切取屍體上的肝臟後，斷了血供的肝臟在低溫與保存液的保護下能不受損害的時長也是有限的，所以若沒有高速的交通工具與組織安排配合，這種肝移植手術是根本不可能的。

在飛行途中，Thomas Starzl 遞給了夏穗生一塊三明治和一杯咖啡，並說到：“昨天在田納西州的一個小鎮上，一位 18 歲的少女在一場車禍中頭部受了重傷，搶救無效，大腦已經死亡，僅靠人工維持著呼吸和心跳。腦死亡在我國是可以切取任何器官的，我們就是去切取她的肝臟。”

聽到這些話後，夏穗生什麼都沒說，但作者都可以猜出他在想些什麼，腦死亡下切取的肝臟是質量最好的，移植後一定能得到最好的恢復效果。因為腦死亡後，意外死亡者的呼吸和心跳都仍在維持，肝臟的情況與正常人無異。腦死亡是不可逆的，所以通過腦死亡法，醫生便可以在宣布腦死亡後，在呼吸和心跳都尚未停止時切取器官。

這種挑戰傳統倫理習俗的腦死亡法，放棄了以心跳和呼吸停止作為死亡的標準，不要說在 1983 年的中國，直到今日的中國也沒能通過。目前，在我國只有香港和台灣通過了腦死亡法，腦死亡可以說是一個醫生解決不了的器官移植問題。

夏穗生又問：“這飛機是您的嗎？”

Thomas Starzl 答道：“不是，美國有許多熱心醫療福利事業的社會團體和巨富，他們有自備家用的飛機，當我需要時，他們就會免費借給我飛去取肝，一個電話就能聯繫好，連飛行員也是義務服務，不要報酬的。”

Thomas Starzl 當時說的這些肯定是讓夏穗生目瞪口呆的，這些在 1983 年的中國當然都是不可想像的條件，但用今天的眼光看，中國的高速交通網已經成型，但社會巨富的私人飛機無償用於醫療事業還是沒有聽說的。

飛機到達後，他們一行人坐上救護車迅速前往醫院，夏穗生換上了手術服，作為參觀學習醫師悄悄地進入手術室。他仔細描述了他看到的一切：

“手術台、無影燈、麻醉機、多導聯監測機都是我熟悉的，但為腦死亡者動手術，卻是我三十餘年外科生涯中第一次所見。”

從這裏，我們便已經能看出夏穗生內心的震動了。

他將腦死亡比喻為“整個機器死了，讓零件再活一段短時間”。

這有些殘酷，“但手術台上那個頭部受重傷的人，那個瀕於死亡的少女，實際上卻是嘴裏插著人工呼吸機的屍體。”

“她的心臟規律地跳著，被動呼吸是有節奏的，肝臟血流是正常的，多導聯監測機顯示的數據也表明一系列指標都是正常的：血壓 120/80mmHg，脈率 85 次 / 分，呼吸控制於 20 次 / 分。她手臂上輸著液體，所以血鈉、鉀、氯、鈣、血氧分壓、二氧化碳分壓、凝血指標也都處於正常範圍。手術刀切開處同正常活人手術一樣流著鮮紅的血，一樣需要止血與結紮，和正常手術步驟毫無區別。許多內臟都可以切除，用於器官移植，留下來的將是空空如也的軀殼。切開死者的腹腔，只見肝臟是鮮紅的，光滑柔軟。”

肝臟是人體腹部最大的器官，佔據了腹部大部分的空間。當取出肝臟後，人的腹部會呈現出一個巨大的空洞，這樣的景象在手術中甚為驚人，當然，外科醫生們或是見怪不怪，或是來不及感嘆，因為返程刻不容緩。

切取的肝臟被低溫灌洗後，完全呈無血狀態，顏色發白，但依然柔軟而光澤，這個無價的神造之物就這樣被冷藏在保管箱中。毫無疑問，從這種腦死亡者身上切取的肝臟，是沒有可怕的熱缺血時間的，質量是頭等的，遠遠勝過從呼吸心跳停止的死亡者身上切取的肝臟，因為後者早已有一段時間沒有血供了。但這樣的器官來源除了腦死亡法的支持，是不可能有其他辦法的。

醫生們提著人體器官保管箱以飛速返回機場，還是來時的那架小飛機再次起飛返回匹茲堡。當取回的肝臟被移植進入病人的體內，當血管接通，醫生鬆開血管鉗的一瞬，肝臟血供開始恢復，夏穗生看了看表，這一刻離在腦死亡少女身上切斷肝臟血供僅僅過去了 4 小時 56 分，一切絲絲入扣，天衣無縫。

一個人本來發白的肝臟，在另一個人的體內漸漸變成了粉紅色。醫生們抬頭會心一笑，又一段生命開始了。可是，器官移植就算再成功，也抹不掉那一層哀傷的色彩，因為許多時候，新生的背後常常都是另一個生命的死亡。一個移植醫生不可能永遠只被分配在移植組，而不分配到切取組，只迎接生的希望，而不面對死的悲哀。

如果不能讓死偉大，就不能讓生光榮。

夏穗生並不是一個基督徒，他可能不會感謝主，他有一套他自己的哲學體系支撐著他的移植人生。但基督徒此時一定會百感交集，因為，人類正在用神賜的智慧與仁心來揭示神造人的奧秘，來拯救同類。按照基督教的理論，他們不愧是最偉大的神造物，他們的智慧與仁心成就了自己，也榮耀了造物主。

再出發

從 1984 年至 1990 年，中國臨床肝移植停滯了七年。

進入九十年代之後，隨著環孢素的廣泛應用，國際上肝移植在前輩探索出的道路上迅速發展，繼而帶動了台灣、香港、日本肝移植也取得了很好的成績。此時，我國改革開放已有十年以上，我國新一代的中青年醫師，有從國外學習肝移植歸國的，也有在國內從事肝移植實驗研究的，都有了一些經驗。技術上一旦成熟，再有了政策和經費上的支持，肝移植事業很快便再度開始了。

我國大陸肝移植數發展情況（1997-2000）			
年度	施行例次	累計例次	備註
1977-1984	57	57	1977 年開始施行 2 例
1985-1990	0	57	
1991	2	59	
1992	0	59	
1993	5	64	
1994	7	71	
1995	9	80	
1996	13	93	
1997	16	109	累積數超過 100 例
1998	27	136	
1999	118	254	年度數首次突破 100 例
2000	234	488	年度數首次突破 200 例

從 1991 至 1998 年，全國共實施了 79 例肝移植，開始了重新發展，正是在此期間，夏穗生主編了我國首部器官移植學專著《器官移植學》。

《器官移植學》上海科學技術出版社，1995

《器官移植學》第二版，上海科學技術出版社，2009

《器官移植學》2009 年再版時，85 歲的夏穗生在給新版簽名

1999 年是一個中國肝移植跳躍式增長的標誌年，單年肝移植手術即超過 100 例，2000 年時再翻倍，單年肝移植手術即超過 200 例。夏穗生所在的同濟醫院（原武醫二院）亦是肝移植高速發展浪潮中的一員，在手術量、手術術式、以肝為主的腹部多器官移植、肝腎聯合移植、肝腸聯合移植、術前配型等方面均有突出表現。

武漢同濟醫院肝移植逐年數（1997-2001）		
年度	年度例次	累積例次
1977-1984	1	13
1991	1	14
1994	2	16
1995	1	17
1996	1	18
1997	7	25
1998	5	30
1999	19	49
2000	35	84
2001	57	141

針對這一時期的國內肝移植的高速發展與進步，夏穗生總結了幾點，這些與國際上肝移植發展的思路和方法都是一脈相承的：

一，肝移植中心逐漸形成、增多，便於經驗累積。

二，肝移植的適應症在起變化，終末期肝硬化取代肝癌成為主要的適應症。

三，肝移植術式的多樣化與活體供肝移植的開展

四，UW 保存液的使用

五，移植術後環孢素或普樂可復為主的聯合免疫抑制方案

引言

世紀之交器官移植大發展時期，夏穗生已經 76 歲了。回想他的第一次肝移植嘗試，那時他還是個 34 歲的年輕外科醫生：

1958 年，正是大躍進如火如荼的日子裏，那是個異想天開的離奇時代，什麼都可以想，什麼都可以做。一個年輕的外科醫生已經開了十年的刀，自以為很了不起，總覺得自己手上有把神刀，天天念著毛主席語錄，腦子裏滿是奇特的想法，一心要創造奇跡。要說他沒點個人英雄主義情結，作者都不相信。果真，他將一隻狗的肝臟移植到了另一隻狗的右下腹，受體狗存活了十個小時，他衝去黨委書記那裏報喜的時候，一定想不到四十年後，這項技術會在引來漫天非議的同時拯救無數病友的生命，而他也將為此耗盡一生。

這四十年的艱難、曲折、委屈與是非又豈是一本書或是一篇文章能夠講清楚的？

光是人世的阻力重重與器官移植的倫理泥潭已是一言難盡。好在，夏穗生是個科學主義者，紛亂不堪的人世中總有些科學的理想在心中，他始終持有一種進步的觀念，退步對於他來說是不能容忍也不能接受的，這種科學的樂觀主義也許是他一直以來持續的動力。但比科學主義更重要的是，他始終是一個人道主義者，他心裏自始至終懷揣著神刀濟世救人的英雄夢。

夏穗生大概也不會同意作者稱他為中國的普羅米修斯，他對他自己是有清晰認識的。在一篇科普文章中，他寫道：

“科學的發展是無止境的，

人總是一代比一代強，

後人如果要寫《漫談中國器官移植》這本書的話，

我只不過是一段小小的引言罷了。”

34. 科學與母愛

從血友病說起

1989 年早春的一天，自有難忘之處。已經行醫四十多年的夏穗生正準備嘗試一種他從未做過的手術。

手術室裏，無影燈下，他手捧著一個剛剛切下來的脾臟，熟悉的半月形，柔軟、鮮紅。與通常外科手術切下的脾臟不同，他特地保留了一段完整的脾動脈與脾靜脈。護士將脾臟放在圓盤裏，浸泡在冰冷的平衡液中，接著又拿來一瓶冰冷的平衡液，將輸液管插入脾動脈內，讓平衡液源源流入脾臟，不斷進行沖洗，脾臟也隨之逐漸褪色、冷卻。

與心、肝、肺、腎不同，一個人並不一定需要自己的脾臟，很多人也並不知道自己的脾臟在哪。

夏穗生不禁回頭看了一眼那個躺在手術台上的女“病友”，脾臟就取之於她的腹中，而她的眼睛也正凝視著夏穗生，目光充滿了信任。他避開了她的注視，立刻轉向鄰近的另一個手術台：一個 9 歲的胖男孩正沉睡於全身麻醉之中，他的右下腹已被切開，等待著他母親的脾臟移植進去。夏穗生小心翼翼地將這個來自母親的脾臟吻合到了孩子的右髂總動脈和靜脈上。

他寫道：“這是一個母親給孩子的第二個脾臟，但願真有回春之力。”

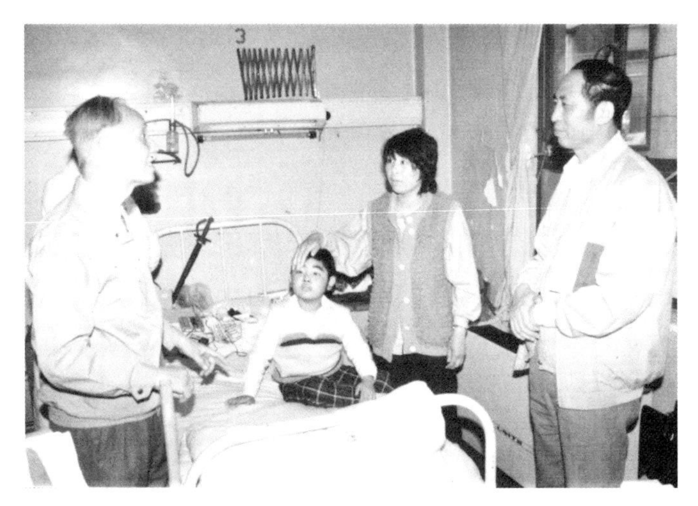

第一例親母供脾治療血友病甲，1989

“這是我的心願，我決定把脾臟給我的孩子，彌補他天生的缺陷，無論結果如何，我都不會後悔。”

當這位母親講完，夫妻二人已經是淚如雨下。夏穗生深受感動，但也只能說道：“用親屬的脾臟移植來治療血友病甲只有理論根據，但這種手術畢竟只是一次大膽的嘗試而已。”

這可憐的孩子患的就是血友病甲，病情已很嚴重了。他出世不久，就發現其皮下老是有出血斑點，毫無原因地經常流鼻血、齒齦出血，玩耍時輕微碰傷也會出血不止。特別是雙膝部反復出血、腫脹，到 6 歲時雙膝關節已變形，不能伸直，肌肉萎縮，完全不能站立，更談不上走路了。可想而知這樣的病給孩子與父母帶來的痛苦。

血友病是一種家族遺傳病，絕大多為男性發病，其基因缺陷位於 X 染色體上。這個病在歷史上可謂影響極大，歐洲王室的老祖母維多利亞女王帶有血友病基因，但此基因在女性身上極少發病。由於聯姻，使得此基因缺陷遍布歐洲王室，因而被稱為王族病，其中最有名的病例便是末代沙皇尼古拉二世與其獨子，這對可憐的父子後來並沒有死於血友病，而是在兒子 13 歲那年死於偉大的十月革命。

血友病甲是一種凝血功能障礙遺傳病，患者位於 X 染色體上的基因缺陷造成了凝血因子（或稱抗血友病球蛋白，簡稱Ⅷ因子）的缺乏，使得患者容易瘀青、關節與腦出血機率增加、身體只要稍微受傷就會血流不止，對別人來說無關痛癢的跌打損傷或是掉顆牙齒，對他們來說都是危及性命的事情。

這種病即使到了今天也談不上根治，因為根治必須修改有缺陷的基因，但基因治療仍然處在研究階段。所以，現在的治療都在治標，仍停留在補充凝血因子的階段，定期輸入凝血因子來預防或是治療血友病甲的出血症狀。

夏穗生廣泛查閱國外文獻，瞭解到人的脾臟與合成凝血因子有關，就是其產地之一，繼而想到了移植脾臟在患友體內自行提高凝血因子的方法來治療血友病甲。這種親屬活體供脾的做法，美國在 1969 年時曾有過嘗試，開始時效果極好，凝血因子立刻從零升至 20%，可手術四天後，移植脾發生破裂，被迫切除。這是國際上用脾移植治療血友病甲的唯一一份報告，以後就再無續音，不過，此案例完全證明了脾臟能促進凝血因子的合成。

這正是夏穗生把那位母親的脾臟移植給她的孩子來治療血友病甲的理論根據。

脾臟到底有用嗎？

不起眼的脾臟其實遠不止產生凝血因子這麼一個功能，脾臟有多種多樣的功效。翻看歷史，你就會理解人類的自大狂妄是毫無理由的，根本不能高估人的智商。在神造物或自然造物的面前，人類連認識其功能都走了一條滿是鮮血的彎路。

在醫學史上，脾臟一向被認為是"留之無用，去之無損"的。確實有大量切除脾臟後正常活著的病例。但在漫長的外科實踐中，以生命和血為代價，還是為人類換來了一些經驗，啟發了新的認知：小部分患者在切除脾臟後因嚴重感染死亡，這種感染被稱之為"脾切除後凶險感染（OPSI）"。

從二十世紀五十年代以後，世界上才開始了逐漸認識脾臟的抗感染免疫功能。除此之外，脾臟還具有抗腫瘤功能，但脾臟這個人體內最大的周圍淋巴器官是如此的奇特，它在抗腫瘤時具有雙相性，也就是說癌症早期在明顯抗癌，晚期則轉為副作用，原因至今並不明確。

夏穗生在 1985 年和 1988 年連續參加了兩屆全國脾外科專題討論會，正是通過這兩次會議的交流探討，我國外科界形成了較為一致的看法：脾臟有許多重要功能，特別是免疫功能，但還不是生命必須器官，比起心、肝、肺、腎來說要低了一個檔次，不是須臾不能離的，所以外科手術應在"搶救生命第一，保留脾臟第二"的原則下進行。也就是說，地位不能抬高，但也不能盲目切除，切除還是應該看病情而定。

夏穗生還在一篇論文[21]中寫下了一件令他難以忘卻的小事，以說明外科醫生對脾臟功能與脾切除後凶險感染（OPSI）認識不足。首屆脾臟外科學術會議上，在聽完一份研究脾臟功能的報告後，他向全場提問：

"誰見過脾切除後凶險感染（OPSI）？"

全場寂然無聲。

當他再次重複問題的時候，唯一一個說看到過的，竟然是一位內科教授。

他寫道："我深切渴望普外科醫師千萬要記住全脾切除後容易發生脾切除後凶險感染（OPSI）的事實，進行防治以挽救患者生命。"

夏穗生如此關注脾臟功能與脾臟移植，也是因為他與脾臟有一段不解之緣。他在一篇未完成的手稿中寫下了他自己認識脾臟的故事：

21 夏穗生：〈脾臟外科的沿革與展望〉，《中華肝膽外科雜誌》2011。

华中科技大学同济医学院附属同济医院

我之所以选择脾脏移植，因为我和脾脏有一段不解之缘，我们始终是不断的切脾。可是我内心有一种说不出的感觉，不相信脾脏真的一点有益的功能也没有，[illegible]当时，正值我已开始探索脾脏的生理功能。回忆20世纪60年代初，随着毛"把医疗卫生工作重点放到农村去"的号召，医院曾派我多次下乡巡回医疗，在听到阳新县着手造大坝水闸时，便派我去担任保健医师，同时帮助县医院开展一些手术。我到了阳新后县卫生局长到县医院院长、外科同道们，都不断地[illegible]并以同乡的关系待我，阳新是一个血吸虫病重流行区，患脾肿大病人特别多，但切脾手术风险大，希望我多加指导。我随即在县医院和附近[illegible]卫生院内陆续地施行了几例脾切除后，住院病人越来越多，每天都安排切脾手术。有一天，为一个脾肿大已20多年的病人手术，剖开腹后，发现脾与横膈、后腹膜发生异乎寻常的广泛粘连，[illegible][illegible]手术正无法插入，我十分谨慎地一步一步分离粘连，但血[illegible]出血，瞬间[illegible]而过，[illegible]已到[illegible]，[illegible]不断地[illegible]，因为[illegible]，[illegible]，

地址：汉口解放大道1095号　　电话：83662688

夏穗生的一份未寫完的手稿

早在文化大革命開始之前，毛主席便開始批評中國的官僚體制，重點點名批評了衛生部，說衛生部是城市老爺衛生部。不僅廣大農村缺醫少藥，集中在大城市的醫院也不是為市民服務的，他們的服務對象是幹部，也就是所謂的“城市老爺”。1965 年時，毛主席要求“把醫療衛生工作的重點放到農村去”，這便是著名的“六·二六指示”。各大醫院為了響應這一號召，迅速派出醫療隊下鄉巡迴醫療，夏穗生便多次下鄉。他下鄉的地點湖北陽新縣是一個血吸蟲病的重災區，脾腫大的病人到處都是，他隨即在縣醫院為病人做切除脾臟的手術。

血吸蟲病在我國農村非常流行，脾腫大是其主要症狀之一。上海、江浙地區也是疫區，所以早在 1955 年同濟醫院遷往武漢之前，夏穗生就已經積攢了大量切除脾臟的經驗。

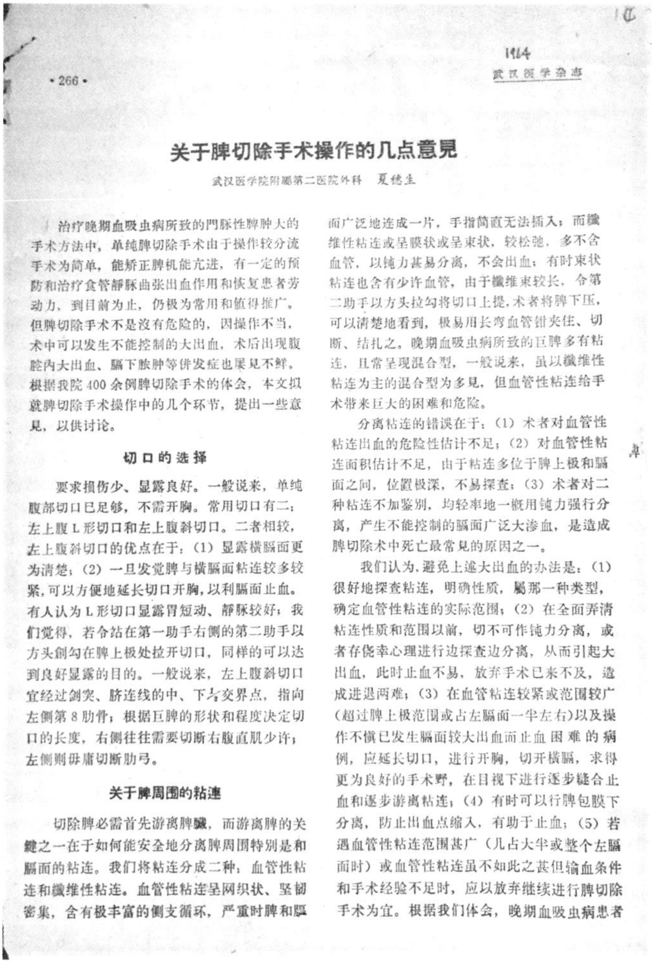

· 266 ·

1964
武汉医学杂志

关于脾切除手术操作的几点意見

武汉医学院附屬第二医院外科　夏穗生

治疗晚期血吸虫病所致的門脉性脾肿大的手术方法中，单纯脾切除手术由于操作较分流手术为简单，能矫正脾机能亢进，有一定的预防和治疗食管静脉曲张出血作用和恢复患者劳动力，到目前为止，仍极为常用和值得推广。但脾切除手术不是沒有危险的，因操作不当，术中可以发生不能控制的大出血，术后出现腹腔内大出血、膈下脓肿等併发症也屡見不鲜。根据我院400余例脾切除手术的体会，本文拟就脾切除手术操作中的几个环节，提出一些意見，以供讨论。

切口的选择

要求損伤少、显露良好。一般说来，单纯腹部切口已足够，不需开胸。常用切口有二：左上腹L形切口和左上腹斜切口。二者相较，左上腹斜切口的优点在于：(1) 显露横膈面更为清楚；(2) 一旦发觉脾与横膈面粘连较多较紧，可以方便地延长切口开胸，以利膈面止血。有人认为L形切口显露胃短动、静脉较好；我们觉得，若令站在第一助手右側的第二助手以方头創勾在脾上极处拉开切口，同样的可以达到良好显露的目的。一般说来，左上腹斜切口宜经过剑突、脐连线的中、下⅓交界点，指向左側第8肋骨；根据巨脾的形状和程度决定切口的长度，右側往往需要切断右腹直肌少许；左側则毋庸切断肋弓。

关于脾周围的粘連

切除脾必需首先游离脾臟，而游离脾的关鍵之一在于如何能安全地分离脾周围特别是和膈面的粘连。我们将粘连分成二种：血管性粘连和纖维性粘连。血管性粘连呈网织状、坚韧密集，含有极丰富的側支循环，严重时脾和膈面广泛地连成一片，手指简直无法插入；而纖维性粘连或呈膜状或呈束状，较松弛，多不含血管，以钝力甚易分离，不会出血；有时束状粘连也含有少许血管，由于纖维束较长，令第二助手以方头拉勾将切口上提，术者将脾下压，可以清楚地看到，极易用长弯血管钳夹住、切断、结扎之。晚期血吸虫病所致的巨脾多有粘连，且常呈现混合型，一般说来，虽以纖维性粘连为主的混合型为多見，但血管性粘连给手术带来巨大的困难和危险。

分离粘连的错误在于：(1) 术者对血管性粘连出血的危险性估计不足；(2) 对血管性粘连面积估计不足，由于粘连多位于脾上极和膈面之间，位置极深，不易探查；(3) 术者对二种粘连不加鑒别，均轻率地一概用钝力强行分离，产生不能控制的膈面广泛大渗血，是造成脾切除术中死亡最常見的原因之一。

我们认为，避免上述大出血的办法是：(1) 很好地探查粘连，明确性质，屬那一种类型，确定血管性粘连的实际范围；(2) 在全面弄清粘连性质和范围以前，切不可作钝力分离，或者存侥幸心理进行边探查边分离，从而引起大出血，此时止血不易，放弃手术已来不及，造成进退两难；(3) 在血管粘连较紧或范围较广(超过脾上极范围或占左膈面一半左右)以及操作不慎已发生膈面较大出血而止血困难的病例，应延长切口，进行开胸，切开横膈，求得更为良好的手术野，在目视下进行逐步縫合止血和逐步游离粘连；(4) 有时可以行脾包膜下分离，防止出血点缩入，有助于止血；(5) 若遇血管性粘连范围甚广（几占大半或整个左膈面时）或血管性粘连虽不如此之甚但输血条件和手术经验不足时，应以放弃继续进行脾切除手术为宜。根据我们体会，晚期血吸虫病患者

夏穗生早期論文〈關於脾切除手術操作的幾點意見〉《武漢醫學雜誌》1964

隨著不斷為病人切脾，他在手稿中寫道："可是我的內心中有一種說不出的靈感，不相信脾臟真的一點有益的功能都沒有，當時，正值我已開始探索脾臟的生理功能。"

由於手稿未完，並不知道其全意，但大致已經可以想到，由於我國血吸蟲病的廣泛流行，切除脾臟的病人極多，在切除的過程中，夏穗生開始了不斷懷疑，脾臟也許不那麼重要，但也許有些功能呢？只要有功能，脾臟移植就可以利用這些功能來治病。

正是有了這樣的一段經歷，他才會特別在意脾臟功能與切除脾臟可能對患者產生的傷害。

皇天不負慈母心

正因為脾臟這個免疫器官的特殊性，在其移植的時候也遇到了更多的問題。

移植異體器官進入受者體內時，必然遭到受者身體的猛烈攻擊，這種現象通俗來講就是排斥異體，是接受方在排斥移植物，這是器官移植的一般規律。通常來講，免疫抑制劑便被用來阻止排斥，使移植的器官在受者體內存活下來。

但脾臟這個免疫器官更為複雜，脾本身就擁有大量的淋巴細胞群，因而植入的脾臟也能主動攻擊受者，這個打擊過程叫做移植物抗宿主反應（簡稱 GVHR）。在移植後，除了受者身體排斥移植物外，移植的新脾臟也會排斥受者的身體，簡單來說就是一種雙向排斥。

這是一個極其危險的併發症，有時比排斥反應還厲害，病人表現為突然高熱、全身紅疹、腹瀉、貧血、植入脾腫脹，如不及時控制，病人會有生命危險。排斥反應和移植物抗宿主反應（簡稱GVHR）是導致脾移植失敗的兩大主要原因，而GVHR反應在其他常用的腎、肝、心移植中是不會發生的。所以讓移植的脾永久存活，其難度就更大了。

自1983年起，夏穗生與團隊拾起了這一艱難的課題，進行了有計劃的狗脾移植系列實驗。在動物實驗的基礎上，1985年開始應用於臨床，開始取屍體的脾臟，移植給一些患了晚期肝癌和血友病甲的病友。他們從1989年起將重點轉向親屬活體脾臟移植治療血友病甲，這便有了本文開頭母子間脾臟移植的一幕。

夏穗生在一篇科普文章中寫道：

"我們知道，遺傳基因結構是決定移植物能否在受體內長期存活的關鍵，因此像斷肢再植這樣的手術，因為斷肢本為自己的，只要手術技巧過關，根本沒有互相排斥的現象。遺傳基因結構是那樣的複雜，唯一可求的就是親生父母，因為子女的遺傳基因結構，一半來自父親，一半來自母親，所以總有50%是相同的。這是一個從根本上減輕排斥反應和GVHR反應的良機。這也是我們做這次脾臟移植的理論根據，偉大的母愛與科學的結合，能否創造一個奇跡呢？"

夏穗生與他的團隊施展了全身的本領，順利地完成了這第一次母子間的脾移植。正如所願，患兒的凝血因子很快上升到了20%，術後 25 天凝血因子達到 51%。術後三個月內，患兒在藥物的支持下成功地逆轉了五次排斥反應，凝血因子逐漸回落，維持在 10%。多次 B 超檢查證明移植脾形態正常，血管暢通，未發生過一次 GVHR 反應。

自從移植脾以後，為患兒作注射的針眼不再出血，皮膚不再出血瘀斑，換牙時不再出血。為了強化療效，半年以後，患兒又做了肌腱延長手術，手術安全，沒有止不住的出血。術後這位小病友的雙腿能夠伸直，終於站了起來。

八個月後這位母親終於帶著愛子出院了。

但將來會怎樣，脾臟功能能夠持續多久，誰也不知道，誰心裏都沒譜，因為世界上沒有前車之鑒。唯一的一次先例就是二十年前在美國的一次以四天就告終的嘗試。從這個意義上來講，這次是真的超英趕美、國際領先了，前進的路上竟然連坐標似的美國人都沒有了。後起民族的心理障礙使得中國人向來追求超英趕美，弘揚民族主義的大旗，好在夏穗生是個醫生，他對這一心理疾病也有著清醒的認識，他既沒有國際領先的欣喜若狂也沒有高處不勝寒的恐懼。

他在一篇科普文章中寫出了自己人道主義的心聲：

“這次脾臟移植能否真正為治療血友病甲開闢一條理想之路，還是僅僅留下歷史的一頁或短暫而美好的片段，現在還難以下結論，等待我們醫療界的依然是刻苦專研與不斷創新。至於這一次的脾臟移植，但願皇天不負慈母心，讓這位母親如願以償吧。”

在第一例脾臟移植的鼓舞下，夏穗生與團隊又在同濟醫院施行了五例親屬活體供脾移植治療血友病甲，其中三例為母親供脾，二例為父親供脾。以 8 歲男患兒的一例效果最好。在改進了免疫抑制劑的選用後，夏穗生及其團隊於 1990 年 10 月 27 日施行了第二例親母供脾移植，患兒之前膝蓋出血不能伸直，經親母供脾移植後，膝蓋伸曲自如，正常上學了。經回訪，術後四年，其凝血因子維持在 8%-10% 之間，可以騎自行車。術後十多年脾臟仍有功能，無自發性出血，這是脾臟移植治療血友病甲效果最好的一例。

第二例親母供脾治療血友病甲，1990

儘管有些成績，但脾臟移植治療血友病甲的遠期效果仍然難以被稱為理想。總的例數不多，排斥反應特別強烈，大多病例一年以後凝血因子水平明顯下降，脾臟逐漸萎縮喪失功能。病例少的原因可能是血友病甲的凝血因子缺乏是有替代療法的，可以外源性輸入解決，雖然昂貴而不便，畢竟還算有辦法，所以來自受體方面的渴望不是像肝移植或腎移植那樣的絕對迫切。排斥反應的強烈可能是與脾臟的雙相排斥的免疫學特點有關。

夏穗生總結道：“脾臟移植是我國脾臟外科的特色，為我國移植外科領域中的一支奇葩。”

對於遠期效果不理想，移植的脾臟失去功能，他分析了兩點可能的原因：一為，脾臟移植是異位移植[22]，因此移植後脾臟供血血流與原位脾臟的血流不一樣，移植後脾臟的供血血流沒有經過肝臟，這很可能是移植脾臟慢性失功的重要原因。二為，長期應用免疫抑制劑過量的結果。

2000 年後，同種異體脾臟移植基本處於停滯狀態。但手術的停頓並不代表著沒有意義，這是一種可行性或不可行性，這種思路與經驗說不定已經為後人鋪下了路，只待後世有心之人，要麼繼續前行，要麼改道前行。

醫學，或是整個科學都一樣，探索都是極為艱難的。有人形容科研好比是朝著大概的方向打一堆散彈，結果只有一顆僥倖命中目標。器官移植事業如今已經開枝散葉，活人無數，而其中就有很多這樣的艱難探索。

22 脾臟的原位在胃的上方，位置深，原位移植手術難度大，術後也不利於觀察。

菩薩心腸

移植醫學是應用型醫學，一切為了從死神手上救人。若沒有這種急迫於救人的菩薩心腸，可能很難做一個好醫生。

夏穗生在這一點上，顯然是急迫的。他自己最擅長的就是肝外科，他在大學的畢業論文就是關於肝癌的。在醫學界發現論證了脾臟的重要抗癌功能後，他就開始迫不及待地嘗試將脾臟製成細胞懸液作靜脈輸注來緩解晚期肝癌的痛苦。先從新鮮屍體或引產胎兒處切取正常脾臟，經灌洗、降溫、搗碎、過濾等特殊處理，製成單個細胞懸液，依照患者年齡、體重和病情，一次或多次從外周淺靜脈輸入。

但這僅僅是一種姑息性治療嘗試，一個醫生不能沒有菩薩心腸，但有時候擁有菩薩心腸對一個醫生來說，又何嘗不是極大的痛苦，他在一篇科普文章中無奈地寫出了這種痛苦：

“設想肝癌到了晚期，特別是有著黃疸、腹水和遠處轉移，現有的各種治療都已無能為力，面對病友垂危的呻吟，看著病友忍受著痛苦和折磨，在絕望的日日夜夜裏苦苦掙扎，作為一個醫生如果束手無策，愛莫能助，其內心是何等的沉痛，何等的歉疚。”

35. 一個信使的自白

胰腺移植

糖尿病是極為常見的多發病，國內外都一樣，是由於胰腺內胰島細胞發生破壞性病變，分泌胰島素不足而引起的。可以說，我國有大量的糖尿病患者，人們往往並不會將糖尿病患者跟需要器官移植的危重病友聯繫起來。但是，極少部分長期的糖尿病可能會引發腎功能不全而導致腎衰竭。在這種情況下，病患往往就需要器官移植了。

醫學界一般對糖尿病治療按輕重分成幾種意見：

一，早期糖尿病是內科病人

二，不伴有尿毒症的糖尿病患者，一般而言，應屬內科治療範圍，只有 1% 少數不穩定者，才可以考慮做單純胰腺移植

三，有尿毒症的糖尿病患者，如已做腎移植，應該加做胰腺移植，可以治愈糖尿病，以絕後患

四，糖尿病伴有腎功能衰竭尿毒症是胰腎聯合移植的適應症

上述結論是糖尿病伴發腎功能衰竭尿毒症做移植手術的現代觀，從而確定了胰腎聯合移植的地位。

在我國，胰腺移植的起步較晚，夏穗生於 1980 年時在武漢同濟醫院組織學生開始施行狗的同種異體胰腺移植，探索手術式樣共 108 例。最終在 1982 年 12 月 22 日，胰腺移植在我國首次進入臨床。1983 年夏穗生在《中華器官移植雜誌》發表的〈人異體胰節段移植 2 例報告〉是我國第一篇胰腺移植的學術論文。

12月19日(日) [illegible]

[illegible]移植教材。 [illegible]

12月20日(1) [illegible]　　结婚30周年 [illegible]

HLA [illegible]

[illegible] ([illegible]….)

[illegible]　　二次[illegible]

12月21日(2) [illegible]

Dubernard. azathioprine 1-3mg/kg/die,

prednisone (1mg/kg/die) progressively decreased to 0.25 mg/kg/die)

ALG (7mg/kg/day purified equine IgG) 2-4 weeks.

[illegible] 2-7 days. [illegible]

[illegible] 7/9. 12 [illegible]

[illegible] 3. 28, 30, 40. 44. 45. 75. 259. 345. ([illegible])

28. 345 [illegible]

[illegible]。[illegible]

[illegible]

12月22日(3) [illegible]

[illegible]. [illegible]胰[illegible]移植成功 ① [illegible]

[illegible]!

夏穗生日記，1982 年 12 月 22 日我國首次胰腺移植成功

·162·　　中华器官移植杂志 1983 年第 4 卷第 4 期

人异体胰节段移植 2 例报告

武汉医学院器官移植研究所　夏穗生　吴在德　唐锦治　陈　实

自1966年Kelly 等施行第 1 例人的同种异体胰腺移植以来，全球 29 个单位共施行 191 例，205 次各种术式的胰移植(1982 年 3 月统计)，其中移植胰仍有功能者 27 例，8 例超过 1 年，最长 1 例已 3 年以上[1]。国内尚未见人异体胰移植的报道。我所在 108 次犬胰移植实验研究的基础上，于 1982 年 12 月起为 2 例胰岛素依赖型糖尿病患者施行了同种异体腹腔内异位胰节段移植。第 1 例发生超急排斥反应，切除植入胰后，仍用胰岛素治疗，迄今存活；第 2 例术后发生急性排斥危象，存活 8 天。

病 例 报 告

例 1，女，15岁。多食、多饮、多尿，确诊为幼儿型糖尿病已 3 年，注射胰岛素每日达 60u，仍未能维持尿糖阴性，血糖高达 400mg/dl。"三多一少"症状典型，伴外阴搔痒、四肢无力，于 1982 年12 月 10 日入院。口服葡萄糖耐量试验 1 小时血糖 457mg/dl，2 小时 611mg/dl，3 小时 757mg/dl。胰岛素释放试验曲线低平，提示胰岛功能基本丧失，符合胰岛素依赖型糖尿病诊断。并测得右腓总神经传导速度减慢(45m/sec)，右侧周围性面瘫。

于 1982 年 12 月 22 日施行腹腔内胰管阻塞式同种异位胰节段移植。供受者血型均为A型。经供体腹主动脉插管以冷 Hartmann 液作原位供胰重力灌洗，热缺血 6 分 30 秒。修整供胰包括：(1)选留作吻合用的脾动、静脉，结扎其余血管支；(2) 脾动、静脉远端造瘘(Calne法)；(3) 胰管内注入α—氰基丙烯酸正辛酯(西安化工研究所研制) 以阻塞整个"胰管树"；(4)保留供胰体尾段(约占全胰2/5)；切除供胰其余部分和周围组织，缝扎其断面。受者在连续硬膜外麻醉下，经右侧"L"切口进入腹腔，游离右髂血管后，作供胰脾静脉与受者右髂外静脉端侧吻合；供胰脾动脉与受者右髂内动脉端端吻合，血管吻合后立即恢复血供，总缺血 5 小时 9 分。

恢复血供后，因植入胰残端和周围多处出血，正在缝扎时，发现植入胰很快肿胀、充血，呈异常鲜红色，脾静脉鼓胀，血回流受阻，但未见扭曲、血管吻合口狭窄，触之腔内似有硬索状块滑动，随即发现动脉吻合处远端脾动脉搏动无力，终于消失；植入胰色转暗红，当即切开静脉吻合口，见血凝块形成，血液流出不畅，经脾动脉插管加压用肝素液冲洗无效，自恢复血供到植入胰出现广泛的血管内凝血，前后不到半小时。考虑为超急性排斥反应，当即切除植入胰，结束手术。检查植入胰节段的动、静脉吻合口通畅。患者术前 3 天开始用硫唑嘌呤每天100mg；并于术前 11 天和 6 天分别输同型血 100ml，手术日输全血 700ml。术后继续用胰岛素治疗，伤口愈合后出院。病理检查证实为超急性排斥反应，镜下见小动脉内皮肿胀脱落，白细胞靠边，小血管纤维素血栓形成，间质充血、水肿和出血。

例 2，男，17岁。1 岁时曾因烦渴、多尿，突发热，昏迷住院，血糖 800mg/dl，诊断为"糖尿病并发酸中毒"，用胰岛素治疗，尿糖波动于+～+++之间。出院后一直坚持在控制饮食的基础上加用胰岛素治疗，胰岛素每日量为 20～40u，尿糖仍为 0～+++之间，每日饮水约 7～8 磅，尿每日10～20次，夜尿 4～5 次。患者软弱无力，稍活动即感心慌，怕热多汗，易感冒，有时头痛、皮肤搔痒，双下肢及多个关节隐痛，视力逐渐下降，双眼胀痛，并发糖尿病性白内障、视网膜病，于 1983 年 1 月 14 日入院。口服葡萄糖耐量试验30分钟血糖 200mg/dl，1 小时 380mg/dl，2 小时 550mg/dl，3 小时 490mg/dl。在葡萄糖负荷后胰岛素分泌未见释放，胰岛素释放曲线低平，提示胰β细胞功能丧失，胰岛素分泌绝对不足。运动神经传导速度明显减慢，肾功能减退，表明已有糖尿病性周围神经及肾脏损害。

于 1983 年 1 月 31 日施行同种异体腹腔内阻塞式胰节段移植术。供受者血型均为A型。供胰切取、低温灌洗、修整，植入术式与血管吻合均同例1，手术顺利。供胰热缺血4分30秒；总缺血4小时22分。术前4天起，每天硫唑嘌呤 100mg，因过敏未能用 ALG，改用强的松每天 40mg。手术日口服硫唑嘌呤 100mg、强的松 40mg。术中用琥珀酸钠氢化可的松

1983 年〈人異體胰節段移植 2 例報告〉是我國第一篇胰腺移植的學術論文

腎移植

相對於其他臟器移植，腎移植可謂器官移植的前鋒，不僅手術數量最多，其療效也是各種移植中最好的。腎移植作為器官移植的前鋒，優點很多，如腎臟位置淺顯，鄰近無重要器官，手術操作簡單容易，不會損傷周圍臟器，而且觀察移植腎的功能有明顯客觀標誌，即是小便，每日排尿次數、每次尿量、尿色、有無出血、感染化膿，一看便知，取標本也容易，結果可靠。所以。器官移植以腎移植鳴鑼開道，是完全可以理解的，歷史的沿革也證實了這一科學的預見。

1954 年 12 月 23 日，Joseph Murray（1919-2012）為單卵同胞親生兄弟做了一次活體腎移植，Ronald Herrick 獻出他的腎臟給 Richard Herrick。人們渴望已久的有功能的長期存活出現了，這是人類臟器移植在臨床應用史上的第一塊里程碑，使腎移植成為器官移植領域中的群龍之首，首登捷峰，也使移植學界信心大增。但這次移植也傳遞了一個清晰的信息，那便是同卵雙胞胎之間的移植和其他人群的移植是有差別的，因其無用顧及免疫反應問題。在此讀者們也可以看出，1954 年在其他移植都還沒影子的時候，腎移植已經有長期存活的案例了，可見其先鋒地位。

在我國，情況也是一樣的。腎移植遠遠走在其他器官移植的前面。早在 1960 年時，吳階平（1917-2011）就實施了國內首例屍體腎移植，因當時無有效的免疫抑制劑，移植腎存活一個月後失去功能。1972 年開展的親屬腎移植便存活超過一年，而這個時候，夏穗生的肝移植動物實驗才剛剛準備開始。到了七十年代中後期，全國各主要中心均成功開展了腎移植。武醫二院（同濟醫院）當然也不例外，1977 年 10 月 15 日，當時的武醫二院便完成了首例臨床腎移植。腎移植也是臨床最多最成功的器官移植，最開始時器官移植病房裏收治的病人也主要為腎移植病人。

武漢醫學院器官移植研究所

器官移植研究所的前身是武漢醫學院腹部外科研究室，成立於 1965 年 9 月。成立後即碰上文化大革命爆發，一直到 1972 年後，才恢復建制，最開始的工作便是夏穗生主持的 130 例肝移植動物實驗。

1977 年 3 月 17 日，衛生部批准成立了武漢醫學院器官移植研究所，這是我國最早的器官移植專業機構。1980 年 9 月，器官移植研究所正式成立。1980 年 10 月 20 日，《中華器官移植雜誌》在武漢創刊，而最早的器官移植病房也在 1984 年 2 月投入使用。夏穗生參與了移植事業創始的全程，自然是感慨萬千，他寫下："長江自古千層浪，黃鶴樓前波亦新"來鼓勵持續進步與發展。在武漢醫學院器官移植研究所內，除了肝、胰、脾這些腹部器官與腎臟之外，還包括多種多樣的臟器移植研究如胰島移植、小腸移植、腹部多器官聯合移植等等，本文不再一一詳述。

一個信使的自白

移植事業之外，夏穗生還做了一回腹腔鏡的信使。

腹腔鏡膽囊切除術（Laparoscopic Cholecystectomy，LC）目前在我國已經非常普遍了，其總數已經超過了傳統的開腹膽囊切除術。作為最新的手術技術之一，這項微創外科技術是如何傳入我國的呢？

夏穗生在一篇論文中，給我們講述了他這個信使的故事。他對任何前沿新事物極其敏感，講起這些總是津津樂道，回味無窮。1990 年 8 月下旬，夏穗生應邀參加了在香港召開的第十二屆國際肝膽胰學術年會。會上，來自美國的內窺鏡和腹腔鏡技術的先驅 Dr. George Berci 作了題為腹腔鏡膽囊切除術的專題報告，這是夏穗生第一次聽說腹腔鏡，而這引起了他極大的興趣。會議茶歇期間，他就迫不及待地走進醫療公司的展銷廳，裏面正在反復放映著腹腔鏡 LC 的操作錄像，他擠在一堆人中間完全看入了迷。等到錄像放完一輪，人群散開，他趕緊搶好最前面的座位拿好宣傳資料，等著下一輪開播，反復觀看。

據他回憶，他坐在前排一動不動地看了三遍腹腔鏡的操作錄像，急於用腦子記住每一個畫面。那時，他就已經想好了，他一回大陸，就要將腹腔鏡 LC 作為特大新技術加以專題介紹。為了能記得更詳細一些，他第二天又去展銷廳看錄像。當時，德國 Storz 公司的銷售代表就注意到了夏穗生，並詢問他是否有疑問。夏穗生表示到，他回大陸後要立刻做介紹腹腔鏡 LC 的學術報告，怕沒有經驗講不好，說不清楚，遺漏重要環節，所以一定要多看幾遍，好記住一切。這位銷售代表即刻拿出了一整套腹腔鏡全過程的彩色幻燈片相送。夏穗生喜出望外，如獲至寶。即刻回房，開始寫作介紹腹腔鏡的專題報告。

一個多月後，在成都，夏穗生應《實用外科雜誌》的邀請，參加了全國梗阻性黃疸學術會議，正式在此會議上，夏穗生首次向全國同仁做了腹腔鏡的介紹。腹腔鏡全程手術的幻燈片立刻給了同仁們耳目一新的感覺，會後各種詢問蜂擁而來，大家也都希望看到腹腔鏡的書面材料。

這樣，便有了〈第十二屆國際肝膽胰學術年會見聞——經腹腔鏡膽囊切除術簡介〉一文，此文發表在《實用外科雜誌》1991 年第 11 卷第四期上，是為那個信使所傳之信。

第十二届国际肝胆胰学术年会见闻

——经腹腔镜胆囊切除术简介

◎ 夏穗生

实用外科杂志 1991 年第 11 卷第 4 期

编者按　本文系夏穗生教授 1990 年 10 月 29 日在本刊举办的全国梗阻性黄疸学术会议上所作专题报告的一部分。该报告尤其是夏穗生教授所介绍的“经腹腔镜胆囊切除术”，引起与会代表极大兴趣，纷纷要求予以详细介绍。为更新知识，及时了解国际外科界的发展动向及信息，本刊特请夏教授重新撰写发表，供读者参考。

在麻醉下，经腹部切口作胆囊切除术，是 100 多年来治疗急性胆囊炎（结石性、非结石性）的标准手术。然而，近年来该手术开始受到挑战：一个不用手术，仅在腹部上开 4 个小洞，置入腹腔镜及一些辅助手术器械，同样可以切除胆囊的名为“经腹腔镜胆囊切除术”（laparoscopic cholecystectomy，LC）的新技术正在欧美兴起。这是我于 1990 年 8 月参加第十二届国际肝胆胰学术年会的最大见闻之一。会上美国 Berci 就此作了大会专题报告，德国兴华科仪公司（香港）配合大会，播放 LC 录像，并展示体外模拟装置，而且准备在国内展销。德国 Storz（香港）公司向我赠送了 LC 镜下彩照和操作示意图资料，现将主要内容作一简介。

1. 患者分别置入持久鼻胃管和导尿管。先取头低脚高位，使肠段上移。脐部刺入特制注气套针，以小于 1.56 kPa 的压力向腹腔内充以 CO_2 气，达中度气腹，至肝浊音消失为止。然后，患者转取头高脚低（20°～30°），略向左侧仰卧位，以便于显露肝胆部位。

2. 在脐部下缘作一长 11 mm 的皮肤切口（切口 A），因该处最薄，可置入腹腔镜（直径 10 mm）。切口 B 位于上腹正中线剑突下到脐部上 1/3 处。切口 C 位于右锁骨中线上，右肋缘下两横指处。切口 D 位于右腋前线肋缘下三横指处。一般来说，从切口 B、C、D 置入 5 mm 粗的套管针，经此可置进各种手术夹、钳、剪、剥离器及激光或电灼装置（图 1）。切口 B 也可以作大一些（放 11 mm 套管针），以置入较大口径的器械和银夹。

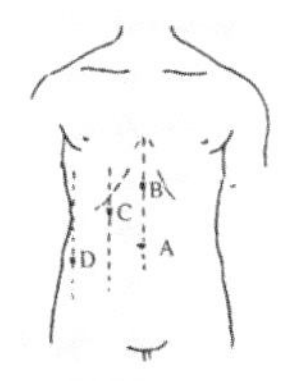

图 1　LC 切口示意图

3. 自切口 D 置入一无损伤长钳，夹住胆囊底部，向上提起，以显露 Hartmann 袋，该袋部可用从切口 C 进入的无损伤长钳夹

36. 倫理的泥潭（上）

“君子之過也，如日月之食焉。過也，人皆見之；更也，人皆仰之。”

——《論語·子張第十九》

估計所有的老師和家長都曾對孩子們說過“有錯就改，改了就是好孩子”這句話，當然他們自己常常表裏不一，未必做得到，但他們至少知道要求孩子這樣做。就這樣一句尋常言語，換成了美輪美奐的文言文，從大成至聖先師那裏引用，再通過中國衛生部在梵蒂岡教皇科學院舉辦的 2017 反對器官販賣全球峰會上轉述出來，突然間就變得意義非凡了。

醫學的核心是“人道之心”，“悲憫之心”、“濟世救人之心”，替代醫學更是如此，以一物替一物而救一人，其中的技術固然重要，如何獲得“替代一物”卻是直指人心的拷問。若是以救人這個高尚之名，行各種貓膩，醫學便失去人道之心，器官移植即刻淪為人世間最駭人聽聞的邪術。

用於臨床移植的替代器官可以有兩種：即屍體器官與活體器官，容作者分開詳述：

<u>屍體器官</u>

刑場上，一聲槍響時，遠處綠色手術車上護士顫抖的手按下了秒表，她若是膽子大一些，說不定她會偷瞄著行刑，若膽子小，她

也可以不看，只管聽槍聲按下秒表就可以了。一切都像是運動會一樣爭分奪秒……

幾個年輕的小夥子抬著擔架迅速衝向屍體，這活大概也只有小夥子能幹，一般人害怕屍體，而且刑場都是在不固定地點的郊外，肯定是沒有什麼好路的。他們的任務是儘快抬著屍體回到手術車上。想像一下，槍聲迴蕩，心裏的恐懼，屍體活生生的樣子，忐忑不平的路，護士手中滴答的秒表，恐怖片不過如此。

當然，槍響後，小夥子們不能立刻抬走屍體。法院是執行死刑的單位，他們要確認犯人已經死亡後，在死亡確認書上簽字。而檢察院不僅要確認死刑已經執行，犯人已經死亡，而且還要把屍體翻來覆去地檢查照相，這些照片是需要存檔的。這一切之後，屍體才能被醫院的擔架抬走以利用。

全過程聽上去十分恐怖，但這一切在中國曾經是有法可依的。1984年，最高法院、最高檢察院、公安部、司法部、衛生部、民政部六個部門聯合頒布了《關於利用死刑罪犯屍體或屍體器官的暫行規定》，允許醫療科研部門在一定的制約條件下，利用死刑罪犯屍體或屍體器官。在法律層面上，死刑犯是在執行死刑之前簽有自願捐獻紙面文書的，但在被關押期間的文書很難保證其自願性。

起初，在國家多部門的聯合執法下，這種國家各部門之間的行為還比較單純，可隨著移植技術的完善，生存率提高，需求增加，在利益的驅動下，讀者們完全可以自行想像在執行層面的漏洞與貓膩會有多少。這種司法途徑得到的器官由醫院與地方法院建立聯繫，背後完全成型的巨大利益鏈條不是作者能夠描述的。

由於我國每年死刑人數是一個國家機密，不得而知。而系統利用死刑犯屍體進行器官移植也是一個國家法律層面的事實。這樣從理論上說，外界因此可以從器官移植數量大概估算出死刑數量。這樣，與死刑犯數量密切關聯的器官移植事業，也就完全成為了一個灰色地帶，非常神秘。正因為這樣的不公開操作，坊間傳聞四起，使得使用死刑犯屍體器官的行為不再是一個單純的醫學行為，而被賦予了更多政治與人權色彩。

但，器官移植始終是醫學，而且是二十一世紀人類醫學的巔峰。之所以為巔峰，正是因為其由死而生，化死為生。死與生即為器官移植的兩面。其中，死比生更為重要，是先有了死，才有了生。若不讓死光榮，就不能讓生偉大。對器官來源避而不談，而一味強調其活人無數是一種虛偽至極的假人道，其性質就跟拼命遮醜而一味弘揚正能量一樣，到頭來只能以高尚之名滋生罪惡無數。

這種現實對於絕大多數器官移植醫生來說，是無奈、痛心與尷尬的。許多醫生在談到此事時，都不禁會淚流滿面。一個如此崇高的救人事業，怎麼就成了見不得人的勾當？

可這樣的現實就是玷污了器官移植醫學的崇高性，把器官移植醫生這一群體推向了一個極其難堪的位置上，他們因此飽受攻擊。事實上，醫生的痛苦與無奈是完全可以理解的。只要你以醫生的視角走進病房，你就會看見那些在絕望中苦苦掙扎等待的終末期病友。

許許多多腎衰竭的病友，靠著透析苦苦地等待。而拿到一個腎臟，就能救活一個人。在當時的制度下，在公民捐獻制度缺位的情況下，想用醫術救人，醫生就只有使用死刑犯屍體器官一條路可走，談不上什麼選擇，根本沒有選擇。

這樣的人權狀況確實不盡如人意，但如果有人拿人權狀況攻擊醫生而不是針對制度，作者以為，這是沒道理的。如果他們自己每天守在醫院裏，看著那些垂死的病友在苦苦等待器官移植，可能等到的就活了，沒等到的就死了。他們哪怕只在病房裏看一天，看看那些終末期病友苦苦哀求的眼神，他們攻擊的聲音就不會那麼理直氣壯，大家都是人，他們可能也會有什麼就用什麼。

回到刑場上的一幕。當槍響後，護士按下秒表的那一刻起，死刑犯屍體的熱缺血時間就已經開始計算了。通常被子彈射中頭部的犯人會即刻死亡，心跳和呼吸立刻停止。心臟停止跳動後，人體便失去了血液循環，屍體器官就開始處於熱缺血的狀態下。

熱缺血會對器官產生致命傷害，而每個器官能耐受熱缺血的時間是不一樣的，但都非常非常短。在一般溫度下，肝臟熱缺血只要超過十分鐘，最多 15 分鐘，就失去活力。腎臟耐受熱缺血時間稍長，但如果超過半小時，也很難指望它還能從損害中再活過來。從臨床經驗來看，要保證術後功能良好，熱缺血時間越短越好，最好不要超過 15 分鐘。

所以，當護士按下秒表時，停在行刑不遠處手術車上的所有人都繃緊了神經，所謂的手術車就是用大巴車改裝塗色而成的，一般塗成軍綠色，以防干擾。小夥子們拿著擔架就往屍體那裏跑，等到法院和檢察院的死亡確認後，才能抬著屍體往回跑。守在手術車上的醫生則全身消毒穿好了手術服。由於手術車的空間十分有限，擔架通常不能架得太高，醫生也無法站著手術，醫生都是全副武裝跪在地板上手術的。

當屍體擔架被抬上車後，手術車立刻啟動，離開行刑現場，以防意外狀況，所以這種切取屍體器官的手術是在車輛流動中操作的，常常非常窘迫。這時候，護士會拿著一把巨大的剪刀，用最快的速度剪掉屍體上的衣服，而醫生在此時開始手術。

一般的操作是在腹部劃開大十字剖口，縱切口上至劍突，下至恥骨聯合，橫切口在肚臍上兩指水平到兩側腋中線。進入腹部後，立刻在肝腎周圍放入無菌冰塊降溫，同時剖開腹主動脈插管灌注低溫保存液，並在下腔靜脈插管引出血液和低溫保存液，屍體的器官開始降溫，變成白色。

而護士在此時會按下秒表。秒表上顯示的時間，就是屍體器官熱缺血的時間。這個時間當然是越短越好，通常來講，從槍響到完成低溫灌注的時間都能被控制在七分鐘左右，最快可以到四分多鐘，最慢在八分鐘。若沒有司法、檢查、衛生多部門之間的配合，顯然這一系列操作是不可能完成的，更何況，通常在行刑的前三至五天，醫院還有去看守所給死刑犯抽血、配型等工作。

當低溫保存液進入屍體後，才算可以緩一口氣，屍體器官算是保住了，可以開始手術切取器官了。但迅速也是必須的，低溫保存液灌注後，就是器官的冷缺血時間，冷缺血時間也不能超過四個小時，特別是在早期，保存液並不是那麼高級的時候。在切取完屍體器官後，醫生會換乘跟在手術車後面的小車返回醫院，迅速進行移植手術，儘量縮短冷缺血時間。這樣，才能使器官在病人的體內復活。

而載著死刑犯屍體的手術車會前往火葬場火化，交到家屬手上的骨灰裏是沒有某些器官的。

誰都知道，這樣的制度是不妥的，是在國際上飽受詬病的，雖然確有大量病友被救活。但依然是尷尬的、無奈的，與文明世界格格不入的、必須更正的。

轉機

事情的轉機出現在 2005 年。

2005 年，衛生部代表中國政府在世界衛生組織西太區衛生高層會議上首次承認了中國的移植器官大部分來源於死刑犯屍體。說是勇氣、坦誠也罷或形勢所迫也罷，不管怎樣，承認都是改變的開始，正所謂“君子之過也，如日月之食焉。過也，人皆見之；更也，人皆仰之。”

2007 年 3 月 21 日，國務院《人體器官移植條例》頒布，中國器官移植事業開始試圖走上一條能被普世倫理接受的法制化軌道。眾所周知，死刑犯的源頭在司法體系，而司法體系在 2011 年前後出現了某些變動，死刑核准權交回了最高人民法院，死刑判決逐年減少，這已經是在源頭上減少器官移植對死刑犯屍體器官的慣性依賴。但真正的長久之計，還是迅速建立起一套符合國際倫理標準的、可持續發展的公民自願器官捐獻與移植體系。

但捐獻人體器官並非捐獻財物，這在歷史上是沒有過的。不同民族在長久的文化傳統下，對生與死的理解、對人去世後遺體的處理都有一套符合本民族文化傳統的習俗。想要建立起一套公民自願的器官捐獻體系，國家法律政策上的支持、思想習俗文化上的大量工作，媒體的倡導宣傳都是不可少的。

到了 2009 年，原衛生部與中國紅十字會總會聯合工作，探索公民自願器官捐獻體系的建設，同年，武漢市被列入全國十個試點工作城市之一。為解決器官來源的瓶頸，中國在 2010 年啟動了公民逝世後自願器官捐獻工作試點，成立了人體器官捐獻工作委員會（CODC）。

2013 年 2 月 25 日我國開始全面啟動了中國公民逝世後器官自願捐獻工作，2013 年 8 月國家衛生和計劃生育委員會出台《人體捐獻器官獲取與分配管理規定（試行）》，中國人體器官分配與共享計算機系統建立，器官捐獻和移植制度體系開始逐漸完善。

就在 2013 年，中國公民逝世後器官自願捐獻工作全面啟動後，3 月 26 日就是武漢市遺體器官捐獻者紀念日。當日的活動上，已經 89 歲的夏穗生，拄著拐杖，顫顫巍巍地掏出身份證在眾多媒體的見證下第一個帶頭填寫了器官捐獻登記表，留下一句話：

“沒有器官就沒有器官移植手術，再有能力的醫生也無法挽救病友的生命，所以捐獻者是偉大的，對以救死扶傷為己任的醫生來說，捐獻遺體器官是本分工作。”

時間回溯四十年，如果說 1973 年開始的狗肝移植實驗是他為中國器官移植所做的第一件事，那麼四十年後的 2013 年，他在器官捐獻登記表上的簽字就是他為中國器官移植所做的最後一件事了。

2014 年 12 月 3 日，在雲南昆明舉行的"中國 OPO 聯盟"會議上，中國人體器官捐獻與移植委員會主任黃潔夫宣布，從 2015 年 1 月 1 日起中國公民自願器官捐獻成為我國器官移植唯一器官合法來源。[23]

23 器官捐獻志願者服務網，https://www.savelife.org.cn/outer/index.jsp
中國人體器官捐獻管理中心，https://www.codac.org.cn/

山寺桃花始盛開

四年之後。

63 歲的恩施人陳爹爹（化名）覺得右眼畏光，經常流眼淚。一周後，右眼發炎劇痛，視力下降，看東西越來越模糊。到武漢同濟醫院就診後，確診為右眼蠶蝕性角膜潰瘍。這是一種嚴重的致盲性眼病，陳爹爹的右眼角膜已經潰瘍穿孔，還有白內障，只能等待角膜移植。

同時，家住仙桃 47 歲的王先生（化名）右眼邊緣性角膜變性，也就是周邊部的角膜越來越薄，最終會導致角膜穿孔和失明，也只能等待角膜移植。

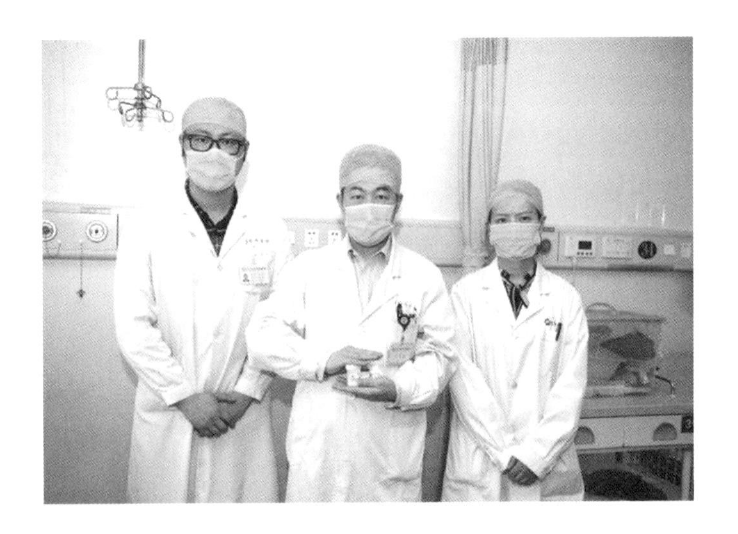

2019 年 4 月 22 日，同濟醫院眼科李貴剛醫師將夏穗生捐獻出的部分角膜移植給了王先生。手術前，王先生毫不猶豫地填寫了《武漢遺體捐獻志願者申請登記表》。複查時，醫生發現王先生移植的角膜已經很好的跟他自己的角膜愈合，視力也從手術前的 0.05 提高到了 0.3。

2019 年 4 月 28 日，李醫生又將夏穗生捐獻出的部分角膜移植給了陳爹爹，經過半個多月的康復，複診時，陳爹爹右眼移植的角膜已經愈合，視力也比手術前提高了許多。更重要的是，角膜移植手術避免了眼內炎、視網膜脫離、眼球萎縮這些導致陳爹爹眼睛失明的危險因素，為進一步治療，提高視力創造了條件。

願他們的視力都能得到徹底恢復，

在人間四月芳菲盡之時，

去看看那些始盛開的山寺桃花。

37. 倫理的泥潭（下）

<u>活體器官</u>

器官移植這種替代醫學可以使用的替代器官，簡單來說，就是兩種：屍體器官和活體器官。活體器官是指活人所提供的器官，屍體器官是指人死後所提供的器官。

相對於屍體器官，活人由於自己本身維持生命的要求，可以提供的器官是有限的。夏穗生在一篇科普文章中，通俗地講述了活人

如何提供器官：[24]

也許有人會問，器官給別人，自己怎麼辦？從生理角度上講，這是沒問題的。因為人體內有的重要器官如腎和肺都是成對的，其實，一個腎或肺已足夠維持一個人的生理需要。有的器官體積很大，如肝臟，肝的再生能力很強，切下 1/3 甚至 50% 移植給他人，供受雙方也都能具有足夠的肝功能。胰腺也一樣，移植節段胰尾足矣。當然，也有例外，如心臟，由於心臟的各部分解剖、生理功能各異，不能相互代替，所以，將一個供心切取部分來保持供心者性命的同時，達到救活受者，是迄今未能做到的。

活體器官移植最重要的還是嚴格的醫學倫理問題。國際上只允許兩類情況下的活體器官移植：

一是，血緣上有關聯的。

二是，情感上有聯繫的。

我國由於現實國情，規定更為狹窄：活體器官的接受人限於活體器官捐獻人的配偶、直系血親或者三代以內的旁系血親，或者有證據證明與捐獻人存在因幫扶等形成親情關係的人員。

臨床來看，腎移植是親屬活體移植中最多的。亞洲的親屬活體移植非常盛行，佔絕對優勢，這從一個側面也說明了東方傳統觀念、家庭與親情觀念的影響力，若不考慮此處可能有器官販賣的違法操作。西方親屬活體移植的比重遠遠小於東方，但死後器官捐獻的移植又遠遠大於東方，由此可見東西方文化屬性的巨大差異。

24 這句話僅是從生理學角度講述活體器官移植的可行性與不可行性，並非指活體器官移植對供者沒有影響。

從免疫學角度來說，器官移植術後一定會發生各種排斥反應，它可摧毀移植器官，導致失敗。而排斥反應的發生頻率和嚴重程度，主要取決於遺傳基因中 HLA（人類白細胞抗原）位點的差異，如果供、受兩者的 HLA6 個位點全部相符，則移植遠期效果較好。6 個位點錯配越多，效果越差。如果活體供、受雙方有近親血緣關係，6 個位點容易全相配。這也是為什麼親屬活體器官移植效果最好的原因。近親屬中，配偶是唯一沒有血緣關係的親屬，但奇怪的是，配偶活體移植的效果近似血緣親屬活體移植。

媒體報道的活體親屬器官移植中，那些感人的故事數不勝數，最出名的要數前不久的“暴走媽媽”了，她在七個月的時間內通過暴走治好了自己的脂肪肝，只為了捐出部分肝臟給患有肝功能不全的兒子。

親屬活體器官移植中，那些夫妻間、母子間、父女間、兄弟間、姐妹間，人世間所能見到的山盟海誓和生死與共也不過如此了。

但另一面，有時候，再嚴苛的法律也止不住造假的手段，假親屬、假結婚離婚、假關係證明在房地產市場都十分常見，更不用說救命急用了，這還是給器官販賣提供了可乘之機，但在國家法律層面，器官交易販賣是嚴重違法行為，被嚴格禁止的。

這個世界上只有一個國家的法律允許國家組織監控下的器官交易，那就是伊朗。相信沒有一個正常的國家會跟他們站在一起。

屍體器官與腦死亡

移植所用的替代器官都是人提供的，人體在死亡前被稱為活體，死亡後被稱為屍體。屍體器官和活體器官中間隔著“死亡”二字。這裏面，如何定義死亡便成了關鍵問題。

死亡在世界上任何一個民族看來都是一件無比重大之事，遠遠超出了醫學的範疇。但醫學對死亡有著十分清晰的認定：死亡就是生命的終結，是不可逆的。一個人一旦死亡，就是永遠死亡，不可能再復活。歷來人們對死亡的開始時刻有二種不同的看法：

一是心跳停止，這被稱為心死亡。

二是以中樞性自主呼吸停止為主要標準的腦死亡。腦死亡是全部腦功能或腦幹功能的永久性喪失。

傳統社會，無論東西，習慣都是以心跳停止的心死亡作為死亡的標準，也是法律上宣布死亡的依據。一般人群哪怕沒有任何相關知識，也都知道心跳是確定是否死亡的關鍵。這裏其實是一個反向推導思維，因為對於人類來說，心跳是最重要、最直接的生命指標，是“活著”的標誌，一旦失去，也就意味著死。

腦死亡的定義最早出現在美國，1968 年，美國哈佛醫學院發布了腦死亡哈佛標準，幾經修改完善。夏穗生在一篇科普文章中大致總結了如下細則以判斷腦死亡：

一，病因明確，需排除掉急性藥物中毒（如鎮靜劑安眠藥的使用）、低體溫（肛溫 32℃以下）、代謝及內分泌紊亂引起的疾病。

二，深昏迷：必須為Glasgow分級3度，不能說話、睜眼和運動，對任何疼痛刺激毫無反應。

三，雙側瞳孔必須固定並至少散大 4mm，對強光刺激無任何反應。

四，腦幹反射消失：包括瞳孔反射、外眼反射、角膜反射、作嘔和咳嗽反射全部消失。

五，無自主呼吸，需作窒息試驗證實。

六，不可逆情況：觀察時間長短取決於臨床判斷，一般觀察時長為 24 小時。

七，腦電圖平坦，腦醫學影像掃描或動脈造影無血液流動。

八，必須由經驗豐富，持有專業委員會證書的醫生專家，作出診斷和書面記錄，此處器官移植醫生應該回避。

為了慎重，夏穗生又著重強調了腦死亡與植物人的區別，他寫道：

腦死亡的實質內容是腦幹死亡。而脊髓部分可以死亡，也可以活著。腦幹死亡是必要條件，是區別腦死亡與植物人的關鍵。必須指出的是持續性植物人狀態仍然是活人，因為持續性植物人，儘管大腦已死亡，但腦幹以下仍存活，有正常的呼吸、循環功能，可長期活著，偶爾也有沉睡昏迷較長時間後，恢復清醒的報道。

腦死亡的採用與立法對器官移植極其重要，夏穗生寫道：

採用腦死亡供者的器官，優點是由於人工呼吸機的使用，腦死亡者雖已死亡，但其呼吸、血液循環和心跳可以維持很長時間，在此期間切取器官可以從容不迫地進行，如同正常手術一樣，可以作仔細的分離、切斷、結紮、止血等操作。並且由於器官幾乎沒有熱缺血時間，移植後功能能立刻恢復，這對缺血敏感器官如心、肺尤為重要，特別對心臟作為單一器官，又不能作活體移植，更是難能可貴。

相對來講，心跳停止的心死亡，血液循環失去，器官將在很短的時間內失去活力，能再被利用為器官移植的機會就很少了，這種時候的捐獻只有解剖學或器官移植科研作用，而不是立刻拯救生命了。

目前，全世界有 100 多個國家承認腦死亡標準，其中與我國民俗、文化相似的國家有日本、新加坡。在我國，也有台灣和香港兩地承認腦死亡標準。但必須清醒地認識到，腦死亡並不僅僅是一個醫學概念，其涉及倫理學、社會學、法學、民族習俗、文化傳統等等一系列問題。腦死亡繞過了“心跳”這一標準，就可能將一個仍然有“心跳”的人認定為死亡，這對於一個千年來認為“一切由心而生”的古老民族來說，可能還需要有一個逐漸接受的過程。

台灣在心死亡和腦死亡問題上的雙標非常有借鑒意義。當地法律規定：醫生從屍體上切取器官施行移植手術，必須在器官捐贈者被其診治醫生判定為死亡之後為之。若死亡是以腦死亡為標準，應遵循衛生主管部門的相關程序規定，判定死亡的醫生不得參與切取和移植手術。這其實是在說：死亡以心死亡為標準，若此處醫生以腦死亡為標準，則有另一套規定需要遵從，而這種法律就有了相當大的靈活度。

在 2007 年以前，我國的移植器官主要來源於心死亡的死刑犯屍體。但隨著法制體系與人權狀況的改善，這種器官來源逐年減少，直到 2015 年完全禁用。面對嚴重的器官供體短缺問題，倡導公民在自願無償原則下的死亡後愛心捐獻與腦死亡立法就顯得格外重要了。

但更重要的是：器官移植與腦死亡的關係絕不能倒置。器官移植只能是腦死亡標準的客觀被動受益者，而不是動機，也絕不能是動機。腦死亡不是為了提供高質量器官給器官移植，而是現代醫學對死亡標準的完善和補充、對急救醫學搶救原則的科學規範。

器官捐獻

其實，器官捐獻不論是心死亡後還是腦死亡後，都在一定程度上挑戰了傳統文化與習俗。只是腦死亡對傳統的挑戰更大，在習俗上更難以接受罷了。許多傳統習俗抱有一種"全屍"的理念，又或是某些"轉世"的理念，認為器官的缺失會導致某些嚴重的後果。

作者以為，這樣的問題，不應一味歸咎於傳統文化。文天祥說："人生自古誰無死，留取丹心照汗青！"很明顯，一個要用"心"來照汗青的人，哪裏想過全屍？

一個民族千年來的文化傳統是多元化、多種多樣的、大體量的，不應固執保守地糾纏在一兩個社會習俗上面。更何況，社會習俗與民族精英文化還是有相當大的差距，本民族有著大量弘揚大愛的傳統文化：

佛講慈悲："救人一命勝造七級浮屠。"

儒講仁愛：“仁者愛人。”

這裏面，哪有任何一點要保守全屍的意思？一味守住全屍恐怕是誤會低估了傳統文化，殊不知：

地獄不空，誓不成佛！！！

孟曰取義，孔曰成仁！！！

倫理的泥潭

在有了捐獻的器官後，公民自願捐獻系統是否能夠做到分配透明公正，拷問的則是人的良心。誰能得到器官？隊是怎麼排的，有沒有人在插隊？器官移植在技術成熟後，已經遠遠超出了醫學的範圍，處處都在拷問人的良心。

但人性有著天然邪惡的一面，常常不能順利通過拷問，要相信功名利祿之下，人確實是無所不能的。所以嚴苛的法律與制度在此時才顯得如此重要，可能只有成熟的法律與制度才能把器官移植這種替代醫術帶出倫理的泥潭，至少威懾、減少罪惡。

但我們並沒見過由神執掌的宇宙法，一切法律終歸不過是人間法、政權法、宗族法，這些都掌握在人的手上。所以，相對法律，作者更願意相信科學。科學若有一天，能成功研發出異種替代器官或人工器官，器官移植技術將直接跳過倫理人心的拷問，擺脫替代器官來源的限制，迎來技術大爆發。說到底，作者是個悲觀主義者，還是認為人心經不住拷問，跳過去為好。

不幸的是，技術爆發又會帶來新的倫理問題。當人的生命核心器官、生殖器官或思想意識器官被異種器官、人工器官代替時，人可還是人嗎？是不是已經成了人工組裝人？死亡是不是到那時便消失了？“人”作為一個物種是不是要重新定義了？

想像一下，當被造物成為造物主後，人們可能還會翻開 Dr. Thomas Starzl 寫的書《組裝人》[25] 尋找靈感，打發無窮無盡的人生。

光看書名，人們便可以猜到這個美國人肯定還在解剖狗的時候就料到終會有組裝人的那一天。而在大洋的另一頭，瘋狂的大躍進時，有個叫夏穗生的中國人也曾嘗試過移植狗肝，他說不定也曾這樣想過……

在科學與歷史的長河中，說不定有一些人，他們會真的面對這種死亡消失的轉折，無論是不是用器官移植或再造的方式，作者只能猜想，若是真面對著從被造物變成造物主的那一刻，他們心裏若不是極度的興奮便是極度的恐懼。

而這又是一個更大的倫理泥潭，以作者悲觀主義的思想方法，只能安慰自己：看看還有沒有什麼方法能跳過這個問題吧。

25 *The Puzzle People: Memoirs Of A Transplant Surgeon*, Dr. Thomas Starzl, University of Pittsburgh Press, 1992.

38. 師生與醫患

A teacher affects eternity, he can never tell where his influence stops.

--- Henry Adams

師生之間

夏穗生在 1962 年時評上副教授，文革後大學開始恢復秩序，1979 年時開始招收研究生。他於 1980 年時評上教授，1981 年時成為我國首批博士研究生導師。夏穗生對學生可謂萬分嚴格，明確要求碩士生做的課題必須是國內沒有的，博士生做的課題必須是國際上先進的。他的各式問題更是刁鑽古怪，不講情面，學生們常常被問得啞口無言，看到他繞道走的有不少，更是沒有不害怕他的。

国务院学位委员会
公　报

11月30日　　一九八一年第三号增刊　　（总号：4）

目　录

学科、专业名称	学位授予单位名称	指导教师姓名、职称
		杨之骏 教授
	苏州医学院	杜子威 教授
		鲍耀东 教授
	武汉医学院	夏穗生 教授
		童尔昌 教授
		裘法祖 教授
	中山医学院	何天骐 教授
	四川医学院	吴和光 教授
	广东省心血管病研究所	罗征祥 研究员
	第二军医大学	方之扬 教授
		吴孟超 教授
		徐印坎 教授
		屠开元 教授
	第三军医大学	黄志强 教授
		黎鳌 教授
	第四军医大学	陆裕朴 教授
眼科学	中国首都医科大学	劳远琇 教授
		胡铮 教授
	北京第二医学院	李荣德 研究员
		张晓楼 教授
	上海第一医学院	郭秉宽 教授
	中山医学院	毛文书 教授
		陈耀真 教授
耳鼻喉科学	上海第一医学院	吴学愚 教授
	河南医学院	董民声 教授
	武汉医学院	魏能润 教授
	军医进修学院	姜泗长 教授
口腔科学	北京医学院	邹兆菊 教授
		郑麟蕃 教授

— 98 —

對於國家高科技人才的培養，夏穗生留有專門的分析文章，他認為：要完成一項高質量的科技研究項目或探索一項新的尖端理論，都需要一個結構合理的科技梯隊。他在文章中形象地比喻了這種戰鬥梯隊。

从选拔高科技人才的战略要求出发，探讨如何加强我国博士生的培养问题

同济医科大学 夏穗生

培养人才的方法很多，我国现代化建设需要各方面各层次的人才，而博士生制度则是一条培养高层次学术与学科专门人才的可靠途径，其最终目的在于培养出大批年青一代的优秀高级科技人才。

一、

如所周知，完成一项高质量的科技研究工程或探索一项新的尖端理论，都需要一个结构合理的科技梯队。其中需有1～2个学术带头人为"统帅"，人数不多的学术核心成员，作为负责某一方面的"大将"，和相当人数有抱负、能脚踏实地工作的学术骨干，作为一个分题的"将"；然后再辅以大量的中、初级实验技术人员，构成了一个战斗实体，这个实体是宝塔形的。而博士生的培养制度就是提供"将"级以上高级科学家的候选人才库。

我国有大量的大学毕业生和硕士生，还有

其中，需要有一至兩個學術帶頭人為“統帥”。人數不多的學術核心成員，作為負責某一方面的“大將”。還需要相當人數有抱負、能腳踏實地工作的學術骨幹，作為一個分題的“將”。然後再輔以大量的中、初級實驗技術人員。

這樣的梯隊便構成了一個戰鬥實體，這個實體是寶塔形的，而博士生的培養就是提供“將”以上的人才庫。

對於他所從事的這門實用外科（屬臨床醫學中的普外科與器官移植學）的性質和特點，他認為應該從三個進程七個方面來培養博士生。

第一個進程包括三點：

會“做”。掌握實驗技能與手術操作，這是外科醫生最基本的。

會“講”。善於做學術報告，能把自己的工作成果系統全面的介紹出來。

會“寫”。能撰寫質量較高的學術論著，邏輯清楚，層次分明，行文流暢，有創新，有分析，有見解。

第二個進程包括兩點：

會“教”。能教帶下級醫生，善於講解、啟發，有別於一般臨床醫生。

會“管”。有一定的行政管理經驗、組織能力。

第三個進程包括兩點：

會“治理”。能分析行業現狀，制定技術路線、研究方法與研究途徑，合理安排人力物力。

會“思考”。能擁有敏鋭的目光，看出學科的新動向，善於思索，發現未知的方向性問題。

這三個進程中，夏穗生認為，第一個進程是基本的，可稱為“將”。若加上第二進程的兩點，便為“大將”，若再加上第三進程中的兩點，便成了“統帥”，真正的戰鬥梯隊便形成了。

當然，他也認為，這三個進程並非循序漸進的，亦非截然分開的。學生由於天賦、大學根基、外文、社會經歷等等複雜因素，在各方面的差異是極大的。事實上，人無完人，才無全才，導師還是應該發現學生的基本素材，引導其發揮所長。

對於博士生導師的角色，夏穗生也是有明確認知的。他最為強調的便是“甘為人梯”與“伯樂相馬”的精神。由於器官移植是一門引進的實用外科技術，在教學方面自然有獨特的地方，當然也有與其他學科相同的地方。

對此，夏穗生特別強調的是以下幾點：

手術技巧。外科手術事關人命，學生在經驗不足時，上手術台肯定是十分緊張的。夏穗生不留餘力地鼓勵他的學生，被學生引用最多的一句話便是“你們大膽做，成績是你們的，失敗是我的，責任我來擔”。

夏穗生對學術腐敗恨之入骨，他反復告誡學生：做學問要誠實，學問最忌諱便是摻假與浮躁。

他十分看重外語能力，他自己熟練掌握德語、英語，還會閱讀法語文獻，因為他的課題在當時都是國內首創，需要廣泛閱讀外國文獻。

至於勤奮這一條，在他這裏，基本上是可以忽略不論的。因為，在他看來，勤奮是基本配置。

當然，師生間是靈魂授受。古人說，天地君親師，可見老師對一個人的重要性。

師生交往中自然少不了那些不為外人道的細節與故事，那才是真正的感人之處。可作者並非夏穗生的學生，自然是無法提供更多教學與相處中的細節，也無意在此轉述他的學生所提供的細節。

因為作者也有自己的老師，知道老師與學生之間都是靈魂相交的故事。每個人也都有自己的老師，許多人的老師都是對自己影響最大的人，特別是對於擁有某些執著精神追求的人來說，其影響力遠超父母。

轉述恐怕會令此種情感大打折扣。

醫患之間

2005 年夏穗生曾在《中國實用外科雜誌》發表過一篇有關醫學哲學思考的文章，這是他公開發表的唯一一篇此種類型的文章，此文清晰地講述了他認為作為一個醫生，應該以怎樣的方式去對待病友。

外科疾病诊治过程的哲学思考

◎ 夏穗生

中国实用外科杂志 2005 年 1 月第 25 卷第 1 期

诊治外科疾病的目的和其他专科相同，是治愈疾病，挽救患者生命，也即是任何一名医师的天职。对一名外科医师来说，要考虑两个方面：一是在什么思想指导下，看待求治的患者，二是能否具有诊治该疾病的实际本领，包括施行手术，简言之，是医患关系观和外科技术论。

1 医患关系观

患者患外科疾病到门诊或急诊求医，外科医师一接触患者，第一个问题是如何看待患者，医患之间是什么关系？按照目前实际，有下列各种不同的观点：① 职责观点：作为外科医师，对前来求治的患者，根据自身经验和单位规范，进行有步骤地检查、确定诊断和施行治疗，因此，整个诊治过程是治病，不是社交，和患者不发生其他任何联系。② 恩赐观点：外科医师把进行各种诊断检查、服药、做手术都是看作对患者的恩赐，患者只能谢恩，不得有疑问、猜想和任何不满。③ 盈利观点：将开刀治病视为一种"赚钱"的好机会，作为外科主刀医师，一方面有意夸大病情的危险程度，另一方面吹嘘自己的技术，用欺骗语言或威胁、恐吓手法，使患者及其家属深信非找他难以治愈，但暗示请他亲自主刀，要有所表示，把治病手术技术作为敛财的手段。④ 出名观点：把治愈疾病，作为沽名钓誉的捷径，通过多种渠道，把自己吹捧成经验丰富，胜任高精尖手术，是一位突出的优秀外科专家，千方百计扩大自己的影响。

上述种种观点都是错误的。正确的医患关系应是视患者为亲人的观点：患者的一切痛苦，就是外科医师自身的病痛。外科医师治病，应切实做到无私奉献，施展全身本领，治愈疾病，才无愧于心。如果手术难度非自己可以胜任，应老实承认，诚心诚意介绍患者到有能力施行此种手术的医院，以达到手术成功挽救生命的最终目的。

2 外科技术论

外科治病是在患者身上的实际操作，特别是手术，需掌握娴熟的技术，同时也伴有一定的风险，分述如下。

(1)首先是诊断　要获取正确诊断，必须按步骤进行全面系统检查：① 当面询问患者的病史；② 此次发病时首先和陆续出现的症状；③ 病灶局部和全身都要仔细检查，医师要亲自对患者作直接望、触、叩、听和多种症候群试验检查；④ 进行必要的生化检验(血、尿、粪三大常规和对疾病相关的特异项目检测)以及影像学(X 线、CT、B 超、核素)的选项检查；⑤ 特异的专业检查如长程心电图检查等；⑥ 视病情需要作穿刺或切取活检病理报告；⑦ 必要时请其他有关专业医师(如内、妇、儿、五官科)会诊，然后综合分析结果，排除无关疾病，确定正确诊断和发现并存病。

(2) 其次是治疗　在外科主刀医师决定施行手术治疗的方针和拟定手术、术后整体方案后，随即组织术前讨论会。由外科手术队伍、麻醉科、手术室和病房有关医护人作者在此詳述此文內容，也是因為醫學這個應該“一切以病人為中心”的事業，卻因為技術盛行與初心變化，正在離病人越來越遠。這恐怕是所有人都不願意看到的。

在文中，夏穗生清楚地表明了在醫患關係中，要徹底摒棄以下常見的錯誤觀點：

職責觀點：認為整個診治過程是治病，不是社交，和患者不發生其他任何聯繫。

恩賜觀點：把治療看作對患者的恩賜，患者只能感恩，不能有疑問、猜想與不滿。

盈利觀點：把外科手術作為一種斂財的手段。

出名觀點：把治愈疾病當成自己沽名釣譽的手段。

那應該以怎樣的態度對待病友呢？

他寫道：

正確的醫患關係應是視患者為親人的觀點：患者的一切痛苦，就是外科醫師自身的病痛。外科醫師治病，應切實做到無私奉獻，施展全身本領，治愈疾病，才無愧於心。

醫患關係實為醫院的根本。今日通行之醫學實為西方醫學，醫院也是西學東漸之物，我國傳統並沒有現今意義上的醫院。由於現今的醫療系統實為晚清西學東漸以來的移植之物，多少有些排斥反應與水土不服，多少需要一些免疫抑制劑。

產生於西方文明之下的現代醫學，脫胎於基督教，在技術不發達時期，醫院實為教會的收容所。充當醫生與護士的都是神父與修女。在基督教的教義下，病患被其家人托付給了神在人間的代表也就是教會，作為醫生的神父與修女則負責收留與照顧。醫生對病人的收容、照顧與醫治代表著"神愛世人"，是為了彰顯神的愛。

這樣從西方傳統上說，醫患之間就有了某種神見證下的神聖性。醫患之間的關係是神見證下的托付與被托付的關係。今日之醫院雖已完全脫離教會，獨立存在，但在文化傳統上，這種神聖的托付關係就是醫院的來處。

這種文化傳統在我國是完全不同的，我國傳統社會重宗族親情，病人作為家族中最虛弱、最需要照顧的人，是絕對不會離開家庭的保護而被托付給社會機構的。大夫是上門服務的，看病的方式為望聞問切，看完後，作出判斷開出藥方，由家屬負責去藥店拿藥。從這種意義上說，大夫與病人之間是沒有托付和負責關係的，因為大夫也很清楚，如果他開的藥方不管用，病人家屬自會另請高明。這種醫患關係下，護士也是不存在的，因為家屬充當了護士。

現代醫學與醫院傳入我國之後，逐漸脫離了其宗教背景，被移植進了文化傳統完全不同的社會之中。醫患之間沒有了神聖的托付關係，病人與醫生之間缺乏互信而引發的衝突已經成為了社會不能忽視的問題。

其實，本國傳統雖沒有現代意義上這種為大眾提供醫療服務的公共機構，但絕不缺乏仁愛與慈悲為懷的人文精神。在現代醫學缺乏人文根基的境況下，讓醫學找到人文情懷就格外重要。現代醫院的來處是基督教，但能建立起醫患之間神聖托付關係的絕不僅僅只有基督教，本民族有大量人文精神可以成為醫患間神聖托付關係的替代，當然僅靠“為人民服務”這種行政口號是絕對不夠的。

從夏穗生的文章中看，他本人是將醫學的人文情懷寄托在了人倫“親情”與佛教“慈悲”的理念之上。他在文中寫道：

外科醫師的行醫主導思想，應視患者為親人。一名外科醫生應該具有“救人一命勝造七級浮屠”的慈悲思想，用自己掌握的外科技術，有決心實現“在鬼門關前，搶回患者性命”的心願，以盡醫師的天職。

當然，不因貧富貴賤區分對待病人也是極其重要的。

古話說，醫者父母心。醫生眼中，所有的病人都應該被視為孩子，就像佛眼中，一切都叫眾生一樣。

如果在此只討論醫生應該如何對待病人是不夠的。病人對醫生的影響與意義在哪裏呢？世界腎移植先驅 Joseph Murray 在《靈魂的手術》中說：

“手術對我來說最有意義的部分——不是解決難題的智力挑戰，不是幫助別人帶來的嘉獎，也不是所救之人對你的感謝。在患者身上，我們見到了最原始的人性——恐懼、絕望、勇氣、理解、希望、無奈接受、英雄主義。我們的患者教給我們如何對待生命，特別是，如何面對逆境。”

說到底，是病人成就了醫生。

就夏穗生來說，他對手術室或醫院之外的生活根本興趣寥寥無幾。他生活在一個純粹的醫學世界裏，在他奮戰一生的領域，正是病人成就了他的智慧、勇氣與仁心。

對於器官移植來說，除了病人，還多了偉大的捐獻者。器官移植術中，病人與捐獻者之間那些生死悲歡的輪替，就算對一個慣見生死的外科醫生來說，總還是會有些無法言說的意義。

- 此文送給他們 -

夏穗生年表[26]

餘姚

1924.04.17	出生於浙江省餘姚縣韓夏村一個鄉紳家庭
1930-1935	在餘姚韓夏村啟蒙小學與啟粹小學接受童蒙教育

上海

1935-1942	就讀於滬江大學附屬中學[27]
1942-1945	上海德國醫學院 Deutsche Medizinische Akademie Schanghai，DMAS
1946-1949	上海國立同濟大學醫學院，畢業後留附屬中美醫院外科工作
1949	上海同濟大學醫學院附屬中美醫院外科工作
1950.01-03	參加上海血吸蟲防治大隊（太合）第一小組
1951.08-1952.02	上海抗美援朝志願醫療隊第六隊（駐紮吉林長春）住院軍醫
1952.12.20	與石秀湄在上海結婚
1955.05	全家隨上海同濟大學醫學院及附屬同濟醫院遷往漢口

26 小學時，曾使用名夏漢祥，中學開始後便一直使用名夏穗生。曾使用過筆名“惠生”、“禾生”在《大眾醫學》上發表過文章。

27 中學期間，夏穗生曾短暫在私立上海中學與浙江春暉中學就讀過。

武漢

1955.05	武漢醫學院附屬第二醫院外科，講師，主治醫師
1957	施行了五次典型性肝切除手術
1958	發表〈肝部分切除手術〉一文，這是我國病肝切除外科治療肝疾病的開端
1958.09.10	夏穗生將一隻狗的肝臟移植到另一隻狗的右下腹，手術後這隻狗存活了十個小時，這是我國首例肝移植實驗研究
1959-1960	參加湖北省陽新縣除害滅病隊
1962	武漢醫學院附屬二院外科副教授
1962	100 例新鮮屍體肝門外科解剖並系統觀察了結果，發表〈肝門外科解剖〉一文
1964	發表了〈肝外科近展〉一文，這是我國第一篇介紹肝移植的學術論文
1965.09-1966.02	參加湖北省第二批巡迴醫療隊
1965.09	武漢醫學院腹部外科研究室成立，夏穗生任副主任
1966	文化大革命開始，夏穗生被打成“資產階級反動學術權威”，參加“勞動改造”
1970.05-1970.09	武漢醫學院谷城教改隊教材編寫組，副組長
1972.12	武漢醫學院腹部外科研究室恢復建制，擬定肝移植和臟器保存液作為重點課題
1973.09-1977.12	130 例狗原位肝移植實驗，摸索出一條完整術式，可供肝移植臨床參考，這是我國系統性器官移植研究的開端

1975.01-1976.05	參加中國援阿爾及利亞醫療隊梅迪亞醫院外科
1978	發表標誌性論文〈130 例狗原位肝移植動物實驗和臨床應用〉、〈130 次狗原位肝移植手術的分析〉
1978.10.08	臨床肝移植第三例，該病友術後存活 264 天，為早期肝移植最長一例
1980	武漢醫學院附屬二院外科教授
1980.09	武漢醫學院器官移植研究所成立，夏穗生任副所長
1980	《中華器官移植雜誌》副總編輯[28]
1981	夏穗生成為我國首批博士研究生指導老師[29]
1982-1983	我國首例臨床胰腺移植，於第二例後，發表〈人異體胰節段移植 2 例報告〉，是我國第一篇胰腺移植報道
1983	我國首例帶血管腎上腺移植
1983	《中國實用外科雜誌》副總編輯
1984	衛生部批准器官移植病房建製 30 張床，這是我國首個器官移植病房
1984	《中華實驗外科雜誌》總編輯
1985	我國首例屍體供脾移植
1985-1994	同濟醫科大學器官移植研究所，所長
1986-2001	衛生部器官移植重點實驗室，主任
1989	我國首例親屬活體脾移植
1990	首次在我國引進腹腔鏡膽囊切除技術

28 夏穗生學術任職還有：中華醫學會外科學會副主委、中華醫學會器官移植學會主委、衛生部人體器官移植技術臨床應用委員會（OTC）顧問委員等。

29 共培養博士後 1 人，博士 44 人，碩士 25 人。

1993	《臨床外科雜誌》總編輯
1994	我國首例腹部多器官聯合移植
1995	《器官移植學》由上海科學技術出版社出版，這是我國首部器官移植學的著作[30]
2013.03.26	夏穗生登記成為一名遺體（器官）捐獻志願者
2019.04.16	夏穗生在武漢同濟醫院離世[31]

30 夏穗生共發表第一作者學術論文 270 餘篇，主編專著 20 餘本。

31 2019.04.22 夏穗生所捐獻的部分眼角膜被移植給了一位 47 歲的病友，2019.04.28 夏穗生所捐獻的部分眼角膜被移植給了一位 63 歲的病友。

參考資料

書目

（蘇）鮑里斯・帕斯捷爾納克（Boris Leonidovich Pasternak）著，黃燕德譯：《日瓦戈醫生》（天津：天津人民出版社，2014）

（美）費正清（John K. Fairbank）編，楊品泉等譯：《劍橋中華民國史》1912-1949，上卷（北京：中國社會科學出版社，1994）

（美）費正清（John K. Fairbank），費維愷（Albert Feuerwerker）編，劉敬坤等譯：《劍橋中華民國史》1912-1949，下卷（北京：中國社會科學出版社，1994）

葛兆光著：《中國思想史》第二版（上海：復旦大學出版社，2016）

何小蓮著：《西醫東漸與文化調適》（上海：上海古籍出版社，2006）

湖北衛生廳編：《名醫風流在北非》（北京：新華出版社，1993）

李樂曾著：《德國對華政策中的同濟大學（1907-1941）》（上海：同濟大學出版社，2007）

楊奎松，林蘊暉，沈志華，錢庠理，卜偉華，王海光，史雲、李丹慧，韓綱，蕭冬連著：《中華人民共和國史》（香港：香港中文大學出版社）

盧剛、王鋼編：《德源中華 濟世天下——同濟醫學院故事集》（武漢：華中科技大學出版社，2017）

（美）洛伊斯 .N. 瑪格納（Lois N. Magner）著，劉學禮譯：《醫學史》（上海：上海人民出版社，2019）

馬先松、趙小抗編：《同濟醫院志》（武漢：武漢出版社，2000）

（美）R. 麥克法夸爾（Roderick MacFarquhar），費正清（John K. Fairbank）編，謝亮生等譯：《劍橋中華人民共和國史》上卷 革命的中國的興起 1949-1965 年（北京：中國社會科學出版社，1990）

（美）R. 麥克法夸爾（Roderick MacFarquhar），費正清（John K. Fairbank）編，謝亮生等譯：《劍橋中華人民共和國史》下卷 中國革命內部的革命 1966-1982 年（北京：中國社會科學出版社，1992）

慕景強著：《民國西醫高等教育（1912-1949）》（杭州：浙江工商大學出版社，2012）

慕景強著：《西醫往事——民國西醫教育的本土化之路》（北京：中國協和醫科大學出版社，2010）

（法）潘鳴嘯（Michel Bonnin）著，歐陽因譯：《失落的一代》（香港：香港中文大學出版社，2009）

（英）史蒂夫．帕克（Steve Parker）著，李虎譯：《DK 醫學史》（北京：中信出版集團，2019）

王瑞來著：《近世中國——從唐宋變革到宋元變革》（太原：山西教育出版社，2015）

王紹光著，王紅續譯：《超凡領袖的挫敗：文化大革命在武漢》（香港：香港中文大學出版社，2009）

翁智遠、屠聽泉編：《同濟大學史》第一卷（1907-1949）（上海：同濟大學出版社，2007）

吳國盛著：《什麼是科學》（廣州：廣東人民出版社，2016）

吳國盛著：《科學的歷程》（長沙：湖南科學技術出版社，2018）

夏穗生編：《中華器官移植學》（南京：江蘇科學技術出版社，2011）

夏穗生、於立新、夏求明主編：《器官移植學》第二版（上海：上海科學技術出版社，2009）

夏穗生編：《臨床移植醫學》（杭州：浙江科學技術出版社，1999）

夏穗生、陳孝平主編：《現代器官移植學》（北京：人民衛生出版社，2011）

夏穗生編：《腹部臟器移植研究》（武漢：湖北科學技術出版社，2005）

夏穗生著：《夏穗生醫學論文選集》（南京：江蘇科學技術出版社，2012）

許紀霖著：《安身立命：大時代中的知識人》（上海：上海人民出版社，2019）

許曉鳴編：《雋永——滬江大學歷史建築》（上海：上海文化出版社，2006）

徐中約著：《中國近代史》（香港：香港中文大學出版社，2001）

余英時著：《中國近世宗教倫理與商人精神》（台北：聯經出版事業股份有限公司，1987）

（美）約書亞．梅茲里希（Joshua Mezrich）著，韓明月譯：《當死亡化作生命》（北京：中信出版集團，2020）

曾盈編：《同濟大學醫學院圖史》（上海：同濟大學出版社，2019）

張曉麗著：《近代西醫傳播與社會變遷》（南京：東南大學出版社，2015）

左玉河著：《從四部之學到七課之學》（上海：上海書店出版社，2004）

古籍

中國農村數據庫 China Rural Database《上虞桂林夏氏宗譜》

英文書籍

Calne, Roy, Art, *Surgery and Transplantation* (London: Williams & Wilkins, 1996)

Murray, Joseph, *Surgery of the Soul* (Boston: Watson Publishing International, 2001)

Starzl, Thomas, *The Puzzle People: Memoirs of a Transplant Surgeon* (Pittsburgh: University of Pittsburgh Press, 1992)

論文、報紙資料

程再鳳：〈晚清紳士家庭的孩子們（1880-1910）〉（華東師範大學碩士論文，2011 年）

黃潔夫：〈推動我國器官移植事業健康發展的關鍵性舉措——心死亡器官捐獻試點工作原則性思考〉，《中國器官移植雜誌》，第一期（2011 年），頁 1-4。

黃潔夫：〈中國器官捐獻的發展歷程與展望〉，《武漢大學學報》（醫學版），第 37 卷第 4 期（2016 年 7 月），頁 517-522。

李安山：〈中國援外醫療隊的歷史、規模及其影響〉，《外交評論》，第一期（2009 年），頁 25-45。

李樂曾：〈同濟大學歷史上的德籍教師〉，《同濟大學學報》（社會科學版），第 12 卷第 2 期（2002 年 4 月），頁 12-17。

李亦婷：〈晚清上海的英語培訓班——以英華書館和上海同文館為個案的研究〉，《都市文化研究（第 8 輯）——城市史與城市社會學》，頁 268-275。

凌富亞：〈孤島時期基督教中學的教育危機與應對〉，《江南大學學報》（人文社會科學版），第 18 卷第 1 期（2019 年 1 月），頁 63-68。

蘇知心：〈新中國建立初期高校院系調整的歷史考察〉，《江蘇第二師範學院學報》，第 34 卷第 1 期（2018 年 2 月），頁 25-31。

徐茂明：〈江南士紳與江南社會：1368-1911〉（蘇州大學博士論文，2001 年）

楊佐平：〈在“孤島”堅持辦學的滬江大學〉，《文匯報》，2015 年 8 月 21 日，第 007 版。

周武：〈太平軍戰事與江南社會變遷〉，《社會科學》，01 期（2003 年），頁 93-102。

網絡資料

微信公眾號 魯旭安：〈中國巨星夏穗生出生在餘姚一個怎樣的殷實之家？獨家發布！〉2019-05-08

其他資料

夏穗生日記 1971-2015

夏穗生未發表科普文稿《從傳奇起步》

餘姚韓夏村照片由魯旭安提供

夏穗生簽名照片由周漢新提供